21世纪普通高等职业教育机械电子系列规划教材

21 SHIJI PUTONG GAODENG ZHIYE JIAOYU JIXIE DIANZI XILIE GUIHUA JIAOCAI

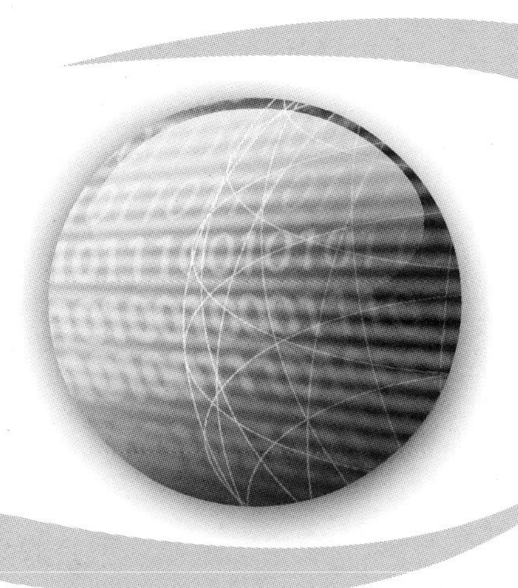

数字电子技术项目教程

Digital Electronic Technology

主　编：孙　琳

副主编：童　星　张　淼

编　委：（编委排名以姓氏笔画为序）

王震婷　冯珊珊　朱　敏

孙　琳　张　淼　童　星

上海交通大学出版社

内容提要

本书采用“项目导向、任务驱动”的教学模式，改变了以往“理论、实验、课程设计”三段式教学方式。全书设计了七个教学项目，每个项目又由多个任务组成。在项目的学习中展现了真实、完整的实际工作任务，充分体现了基于工作过程的全新教学理念。七个教学项目分别以信号灯的控制电路、多数表决器、数字显示罗盘、抢答器、具有整点报时功能的可校时数字钟、存储器 EPROM、数字电压表的制作与调试等实际内容为载体，涵盖了数字电子技术的主要内容。每一项目配有相关内容的实验实训及一定量的习题，便于教师教学与读者自学。

本书可作为高职高专院校电类专业数字电子技术类课程的教材，也适用于应用型本科、成人高等学校师生使用，同时还可供其他相关专业师生及工程技术人员参考。

图书在版编目(CIP)数据

数字电子技术项目教程/孙琳主编. —上海：上海交通大学出版社，2010

ISBN 978-7-313-06627-5

Ⅰ.①数… Ⅱ.①孙… Ⅲ.①数字电路—电子技术—高等学校：技术学校—教材 Ⅳ.①TN79

中国版本图书馆 CIP 数据核字(2010)第 126927 号

数字电子技术项目教程

孙 琳 主 编

上海交通大学出版社出版发行

(上海市番禺路 951 号 邮政编码 200030)

电话：64071208 出版人：韩建民

武汉武铁印刷厂 印刷 全国新华书店经销

开本：787mm×1092mm 1/16 印张：15.5 字数：388 千字

2012 年 8 月第 1 版 2012 年 8 月第 1 次印刷

印数：1～2000

ISBN 978-7-313-06627-5/TN 定价：32.00 元

21 世纪普通高等职业教育机械电子系列规划教材

编审委员会

21世纪普通高等职业教育机械电子系列规划教材

参编院校名录

湖南铁道职业技术学院(国家示范性高职院校)
芜湖职业技术学院(国家示范性高职院校)
平顶山工业职业技术学院(国家示范性高职院校)
辽宁交通高等专科学校(国家示范性高职院校)
兰州石化职业技术学院(国家示范性高职院校)
武汉职业技术学院(国家示范性高职院校)
淄博职业学院(国家示范性高职院校)
西安航空职业技术学院(国家示范性高职院校)
长春职业技术学院(国家示范性高职院校)
昆明冶金高等专科学校(国家示范性高职院校)
吉林工业职业技术学院(国家示范性高职院校)
大庆职业学院(国家示范性高职院校)
徐州建筑职业技术学院(国家示范性高职院校)
永州职业技术学院(国家示范性高职院校)
陕西工业职业技术学院(国家示范性高职院校)
黑龙江农业经济职业学院(国家示范性高职院校)
娄底职业技术学院
常州机电职业技术学院
常德职业技术学院
江西工业工程职业技术学院
六安职业技术学院
郑州职业技术学院
泰山职业技术学院
天津滨海职业学院
辽宁装备制造职业技术学院
武汉交通职业学院
襄樊职业技术学院
广东工贸职业技术学院
广东水利电力职业技术学院
滨州职业学院
随州职业技术学院
徐州工业职业技术学院
南充职业技术学院
内蒙古机电职业技术学院
宣城职业技术学院
成都电子机械高等专科学校
连云港职业技术学院
黑龙江信息技术职业学院
江西交通职业技术学院
江苏联合职业技术学院
漯河职业技术学院
江苏经贸职业技术学院
长治职业技术学院
济源职业技术学院
南京铁道职业技术学院
台州职业技术学院
辽宁信息职业技术学院
辽宁机电职业技术学院
德州科技职业学院
贵州电子信息职业技术学院
山东胜利职业学院
广州现代信息工程职业技术学院
济南工程职业技术学院
抚顺职业技术学院
咸阳职业技术学院
阜阳职业技术学院
苏州工业职业技术学院
重庆城市职业学院
安徽新华学院
河南城建学院
重庆交通科技职业学院
济南职业学院
江西工程职业学院
盐城纺织职业技术学院
咸宁职业技术学院
贵州航天职业技术学院
青岛滨海学院
辽宁石油化工大学职业技术学院
商丘科技职业学院
浙江工商职业技术学院
郑州工业安全职业学院
黑龙江工商职业技术学院
永城职业学院
华南理工大学广州汽车学院
山西综合职业技术学院
安徽电子信息职业技术学院
黑龙江林业职业技术学院
渤海船舶职业学院
辽阳职业技术学院
四川科技职业学院
曲江广播电视大学
荆州职业技术学院
十堰职业技术学院

Foreword 前言

本书根据高职高专教育特点和要求及编者多年高职高专教育的经验积累，贯彻以培养高职学生实践技能为重点、基础理论与实际应用相结合的指导思想，采用“项目导向、任务驱动”的教学模式，本着保证基础、掌握基本概念、结合生产实际、注重能力培养的原则，力求体现“精练”与“实用”。在内容安排上，以应用为目的，注重实用性、先进性，尽量删繁就简，遵循由浅入深、循序渐进的认知规律，将基本知识的学习融合在实际实训项目中，重点放在器件的外部特性和使用上，使教材重点突出、概念清楚、实用性强，注重综合应用能力和基本技能的培养。体系上贯穿应用实例，重点阐明器件、电路、系统的工作原理，强调分析与应用、实践技能的提高。

数字电子技术是一门应用性很强的专业基础课，实践性较强，这就要求学习者既要掌握基础理论知识，又要结合生产实际，注重能力培养，学习起来有较大的难度。在教学中要根据高职高专学生的知识基础及就业岗位需求组织教学内容，同时应采用适宜的教学方法，教、学、练一体化，注意理论教学与实践教学的融合。本教材将教学内容分为若干个相对独立的实训项目，每个项目由若干个任务组成。教学过程应充分发挥学生的主动性、积极性，课内学习与课外自学相结合。

本书在编写过程中充分考虑了高职学生的学习特点及实际工作需要，注重教材的应用性、先进性、可读性，适用于高职电类专业学生使用，也适用于应用型本科、成人高等学校学生使用。全书设计了七个教学项目，每个项目又由多个任务组成。在项目的学习中体现了真实、完整的实际工作任务，充分体现了基于工作过程的全新教学理念。七个教学项目分别以信号灯的控制电路、多数表决器、数字显示罗盘、抢答器、具有整点报时功能的可校时数字钟、存储器 EPROM、数字电压表的制作与调试等实际项目内容为载体，涵盖了数字电子技术的主要内容。每一项目配有相关内容的实验实训及一定量的习题，便于教师教学与读者自学。

本书编写时在基础理论方面避免内容偏多、偏难、偏深的倾向，注重分析问

题和解决问题能力的培养,理论与实践相结合。在理论讲授中,注重传授实用知识和实用技术。各项目内容安排相对独立,便于不同专业、不同学时的课程根据需要选学。

本书由辽宁信息职业技术学院孙琳任主编。孙琳编写了项目五、项目六,并负责全书的修改及统稿。辽宁信息职业技术学院冯珊珊编写了项目1,武汉交通职业学院童星编写了项目2,昆明冶金高等专科学校王震婷和朱敏分别编写了项目3和项目4,辽阳职业技术学院张淼编写了项目7。

在本书编写过程中,辽宁信息职业技术学院自动控制系领导和教师提供了许多有价值的参考意见及参考资料。本书还得到了湖北众邦文化传播有限公司及上海交通大学出版社的大力支持和帮助。在此对为本书出版做出贡献的同志们表示衷心的感谢。

由于编者水平有限,书中不足之处,热忱欢迎广大专家及读者提出宝贵意见。

编　者
2010年6月

Contents

目　录

项目1 信号灯的控制电路

项目剖析

本项目是数字电路学习的基础，概括地介绍数字电路的概念及应用，并详细讲解数字电路中数制和码制的概念、各种编码间的转换方法、基本逻辑运算及逻辑关系、逻辑函数的化简等内容。

本项目以信号灯的控制电路为主线，电路由电源、开关、灯泡等简单的器件搭建而成，将文中提及的知识点全面覆盖并完整融合在实际逻辑模型的应用之中。学好本项目，是学好数字电路知识的基础。

本项目由三个任务组成：

任务1　数制与码制

任务2　由信号灯建立逻辑事件与实际电路的直观认识

任务3　逻辑函数的化简

项目目标

本项目为数字电路教学的基础知识部分，项目的重点在于了解数字电路的基本概念和基本应用，通过对"信号灯的控制电路"这一主题的学习，达到以下主要教学目标：

(1)了解该课程的主要教学内容和教学任务。

(2)掌握数制与码制。

(3)熟练掌握信号灯控制电路的原理及控制方法的分析和应用。

(4)掌握逻辑函数的化简方法。

任务 1 数制与码制

【任务目标】

(1)理解各种数制的含义。

(2)熟练掌握各种数制间相互转换的方法。

(3)掌握各种常用码制。

一、概述

数字电子技术中，电路中处理的主要是数字信号。数字信号是指在时间上和数值上都断续变化的离散信号，如计算机键盘输入的信号、生产线上记录个数的计数信号等。这些信号的特点是其变化发生在一系列离散的瞬间，其值也是离散的，其离散值有两个，常用数字 0 和 1 来表示。这里的 0 和 1 不仅可以表示数量的大小，还可以表示一个事物相反的两种状态，如电平的高与低、脉冲的有与无、开关的闭合与断开以及灯的亮与灭等。

数字信号可以进行两种运算，即算术运算及逻辑运算。当数字信号 0 和 1 用来表示数量的大小时，它们进行的是算术运算；当数字信号 0 和 1 用来表示两种不同的状态时，它们进行的是逻辑运算。处理数字信号的电路称为数字电路。数字电路的任务主要是脉冲信号的产生、变换、传送、控制、记忆、计数和运算等。在数字电路中，大部分情况下是对数字信号进行逻辑运算，因此，数字电路又可以称为数字逻辑电路。

与模拟电路相比，数字电路具有易于高度集成化，工作准确可靠，抗干扰，产品系列多，成本低，可以进行逻辑运算和控制等一系列优点，因此它在计算机、电视、雷达、自动控制、仪器仪表等领域得到了广泛的应用。

数字电路根据结构的不同，可以分为分立元件电路和集成电路两大类。分立元件电路是将晶体管、电阻、电容等元件用导线在电路板上连接起来的电路；集成电路是将上述器件通过半导体技术制造在一块半导体材料上形成一个不可分割的整体电路。伴随着半导体技术的发展，现在常见的数字电路通常都是集成电路。根据集成度的不同，数字电路又可以分成小规模集成电路(SSI，1～10 个门/片或 10～100 个基本元件/片，如各种逻辑门电路、触发器等)、中规模集成电路(MSI，10～100 个门/片或 100～1 000 个基本元件/片，如编码器、译码器、数据选择器、计数器、寄存器等)、大规模集成电路(LSI，100～1 000 个门/片或 1 000～10 000 个基本元件/片，如微处理器、中央控制器、存储器、接口电路等)、超大规模集成电路(VLSI，大于 1 000 个门/片或大于 10 000 个基本元件/片，如各种型号的单片机等)。根据半导体导电类型的不同，数字集成电路又可以分为双极型数字集成电路和单极型数字集成电路。双极型数字集成电路即以双极型晶体管(二极管、三极管)为基本器件构成的电路，如 TTL、ECL 等集成电路；单极型数字集成电路即以 MOS 单极型晶体管为基本器件构成的电路，如 NMOS、PMOS、CMOS 等集成电路。

二、二进制计数器

数制是一种计数方法，它是进位计数制度的简称。在日常生活和生产实践中人们习惯使用十进制(Decimal)的计数方法，而在数字系统中多采用二进制(Binary)、八进制(Octal)或十六进制(Hexadecimal)。

在讲述数制之前，必须先说明几个概念：

基数——在某种数制中，允许使用的数字符号的个数，称为这种数制的基数。

系数——任一种 N 进制中，第 i 位的数字符号 K_i，称为第 i 位的系数。

权——任一种 N 进制中，N^i 称为第 i 位的权。

1. 几种常用数制

1)十进制

十进制的基数为10，数码为0,1,2,3,4,5,6,7,8,9。运算规律为逢十进一，即9+1=10。

任意一个十进制数都可以表示为各个数位上的数码与其对应的权的乘积之和，称为位权展开式。

十进制数的权展开式：

$$[M]_{10}=K_{n-1}\times 10^{n-1}+K_{n-2}\times 10^{n-2}+\cdots+K_1\times 10^1+K_0\times 10^0=\sum_{i=0}^{n-1}K_i\times 10^i$$

如：

$$(5555)_{10}=5\times 10^3+5\times 10^2+5\times 10^1+5\times 10^0$$

又如：

$$(209.04)_{10}=2\times 10^2+0\times 10^1+9\times 10^0+0\times 10^{-1}+4\times 10^{-2}$$

2)二进制

二进制的基数为2，数码为0和1，运算规律为逢二进一，即1+1=10。

二进制数的权展开式：

$$[M]_2=K_{n-1}\times 2^{n-1}+K_{n-2}\times 2^{n-2}+\cdots+K_1\times 2^1+K_0\times 2^0=\sum_{i=0}^{n-1}K_i\times 2^i$$

如：

$$(101.01)_2=1\times 2^2+0\times 2^1+1\times 2^0+0\times 2^{-1}+1\times 2^{-2}=(5.25)_{10}$$

3)八进制

八进制的基数为8，数码为0,1,2,3,4,5,6,7。运算规律为逢八进一，即7+1=10。

八进制数的权展开式：

$$[M]_8=K_{n-1}\times 8^{n-1}+K_{n-2}\times 8^{n-2}+\cdots+K_1\times 8^1+K_0\times 8^0=\sum_{i=0}^{n-1}K_i\times 8^i$$

如：

$$(207.04)_8=2\times 8^2+0\times 8^1+7\times 8^0+0\times 8^{-1}+4\times 8^{-2}=(135.0625)_{10}$$

4)十六进制

十六进制的基数为16，数码为0,1,2,3,4,5,6,7,8,9,A,B,C,D,E,F。运算规律为逢十六进一，即F+1=10。

十六进制数的权展开式：

$$[M]_{16}=K_{n-1}\times 16^{n-1}+K_{n-2}\times 16^{n-2}+\cdots+K_1\times 16^1+K_0\times 16^0=\sum_{i=0}^{n-1}K_i\times 16^i$$

如：

$$(\text{D8.A})_2 = 13\times 16^1+8\times 16^0+10\times 16^{-1}=(216.625)_{10}$$

2. 几种数制间的对应关系

几种常用数制间的对应关系如表 1.1 所示。

表 1.1　几种数制间的对应关系

十进制	二进制	八进制	十六进制	十进制	二进制	八进制	十六进制
0	0000	0	0	8	1000	10	8
1	0001	1	1	9	1001	11	9
2	0010	2	2	10	1010	12	A
3	0011	3	3	11	1011	13	B
4	0100	4	4	12	1100	14	C
5	0101	5	5	13	1101	15	D
6	0110	6	6	14	1110	16	E
7	0111	7	7	15	1111	17	F

三、不同数制间的相互转换

1. 二进制、八进制、十六进制转换为十进制

将二进制、八进制、十六进制数按权展开，求各位数值之和，即可得到相应的十进制数。

【例 1.1】 分别将$(1001111)_2$、$(246)_8$、$(8\text{E})_{16}$转换为十进制数。

【解】 $(1001111)_2=1\times 2^6+0\times 2^5+0\times 2^4+1\times 2^3+1\times 2^2+1\times 2^1+1\times 2^0$

$=64+0+0+8+4+2+1$

$=(79)_{10}$

$(246)_8=2\times 8^2+4\times 8^1+6\times 8^0$

$=128+32+6$

$=(166)_{10}$

$(8\text{E})_{16}=8\times 16^1+14\times 16^0$

$=128+14$

$=(142)_{10}$

【例 1.2】 将数$(1010.11)_2$、$(265.34)_8$、$(4\text{B}3.75)_{16}$转换为十进制数。

【解】 $(1010.11)_2=1\times 2^3+0\times 2^2+1\times 2^1+0\times 2^0+1\times 2^{-1}+1\times 2^{-2}$

$=8+0+2+0+0.5+0.25$

$=(10.75)_{10}$

$(265.34)_8=2\times 8^2+6\times 8^1+5\times 8^0+3\times 8^{-1}+4\times 8^{-2}$

$=128+48+5+0.375+0.06248$

$=(181.43748)_{10}$

$(4\text{B}3.75)_{16}=4\times 16^2+\text{B}\times 16^1+3\times 16^0+7\times 16^{-1}+5\times 16^{-2}$

$=1024+176+3+0.4375+0.0585$

$=(1203.496)_{10}$

2. 十进制转换为二进制、八进制、十六进制

整数部分采用除基取余法，将得到的余数由低至高排列；小数部分采用乘基取整法，得到的整数由高至低排列。

【例 1.3】 将十进制数$(342.6875)_{10}$分别转换为二进制数、八进制数、十六进制数。

【解】 整数部分：

$$(342)_{10}=(101010110)_2=(526)_8=(156)_{16}$$

除数	被除数/商		余数
2	342		
2	171	…	0
2	85	…	1
2	42	…	1
2	21	…	0
2	10	…	1
2	5	…	0
2	2	…	1
2	1	…	0
	0	…	1

除数	被除数/商		余数
8	342		
8	42	…	6
8	5	…	2
	0	…	5

除数	被除数/商		余数
16	342		
16	21	…	6
16	1	…	5
	0	…	1

（余数由下向上读取）

小数部分：

$$(0.6875)_{10}=(0.1011)_2=(0.54)_8=(0.B)_{16}$$

$$\begin{array}{r} 0.6875 \\ \times\quad 2 \\ \hline 1.3750 \end{array}\ \cdots\ 1 \qquad \begin{array}{r} 0.6875 \\ \times\quad 8 \\ \hline 5.5000 \end{array}\ \cdots\ 5 \qquad \begin{array}{r} 0.6875 \\ \times\quad 16 \\ \hline 11.0000 \end{array}\ \cdots\ 11$$

$$\begin{array}{r} 0.3750 \\ \times\quad 2 \\ \hline 0.7500 \end{array}\ \cdots\ 0 \qquad \begin{array}{r} 0.5000 \\ \times\quad 8 \\ \hline 4.0000 \end{array}\ \cdots\ 4 \qquad (11)_{10}=(B)_{16}$$

$$\begin{array}{r} \times\quad 2 \\ \hline 1.5000 \end{array}\ \cdots\ 1$$

$$\begin{array}{r} 0.5000 \\ \times\quad 2 \\ \hline 1.0000 \end{array}\ \cdots\ 1$$

（整数由上向下读取）

两部分相加得到：

$$(342.6875)_{10}=(101010110.1011)_2=(526.54)_8=(156.B)_{16}$$

3. 二进制与八进制之间的转换

1)二进制转换为八进制

以小数点为界，将二进制数的整数部分从低位开始，小数部分从高位开始，每三位一组，首尾不足三位的补零，然后每组三位二进制数用一位八进制数表示。

【例 1.4】 将二进制数$(1111010010.01)_2$ 转换为八进制数。

【解】 $(001,111,010,010.010)_2=(1722.2)_8$

↓ ↓ ↓ ↓ ↓

1 7 2 2 . 2

2)八进制转换为二进制

将一位八进制数用三位二进制数表示即可。

【例 1.5】 将八进制数$(6407.2)_8$ 转换为二进制数。

【解】 $(6\ \ 4\ \ 0\ \ 7.\ \ 2)_8=(110\ 100\ 000\ 111\ .\ 010)_2$

↓ ↓ ↓ ↓ ↓

110 100 000 111 .010

4. 二进制与十六进制间的转换

1)二进制转换为十六进制

以小数点为界，将二进制数的整数部分从低位开始，小数部分从高位开始，每四位一组，首尾不足四位的补零，然后将每组四位二进制数用一位十六进制数表示。

【例 1.6】 将二进制数$(10110100111100.01001)_2$转换为十六进制数。

【解】 $(0010,1101,0011,1000.0100,1000)_2=(2D3C.48)_{16}$

↓ ↓ ↓ ↓ ↓ ↓

2 D 3 8 . 4 8

2）十六进制转换为二进制

将一位十六进制数用四位二进制数表示即可。

【例 1.7】 将十六进制数$(4FB.CA)_{16}$转换为二进制数。

【解】 $(4\ \ F\ \ B\ .\ C\ \ A)_{16}=(010011111011.11001010)_2$

↓ ↓ ↓ ↓ ↓

0100 1111 1011 . 1100 1010

四、码制

在数字系统中为了表达更多的信息，可以将二进制中的若干个 0 和 1 按一定的规律组合在一起，形成不同的代码，每个代码表示固定的含义，称为编码。编码所遵循的规律称为码制。

1. BCD 码

用四位二进制代码表示一位十进制数的编码方法，称为二-十进制代码，或称 BCD 码。BCD 码有多种形式，常用的有 8421 码、5421 码、2421 码、余 3 码等，如表 1.2 所示。

表 1.2 常用 BCD 码

十进制数	有权码				无权码
	8421 码	5421 码	2421(A)码	2421(B)码	余 3 码
0	0000	0000	0000	0000	0011
1	0001	0001	0001	0001	0100
2	0010	0010	0010	0010	0101
3	0011	0011	0011	0011	0110
4	0100	0100	0100	0100	0111
5	0101	1000	0101	1011	1000
6	0110	1001	0110	1100	1001
7	0111	1010	0111	1101	1010
8	1000	1011	1110	1110	1011
9	1001	1100	1111	1111	1100

1）8421 码

8421 码是有权码，用四位二进制代码表示一位十进制数，从高位到低位各位的权分别为 8,4,2,1。8421 码中只利用了四位二进制数 0000～1111 十六种组合的前十种 0000～1001，分别表示 0～9 十个数码，其余 6 种组合 1010～1111 是无效的。8421 码与十进制间直接按各位转换。

设各位系数为 K_3，K_2，K_1，K_0，则它们所代表的值分别为

$$8421=K_3\times 8+K_2\times 4+K_1\times 2+K_0\times 1$$

例如：

$(8\quad 6)_{10}=(10000110)_{BCD}$

↓ ↓

1000 0110

2)5421码和2421码

5421码和2421码也属于恒权码，它们也是用四位二进制数代表一位十进制数，其从高位到低位各位的权分别为5，4，2，1和2，4，2，1。

设各位系数为K_3、K_2、K_1、K_0，则它们所代表的值分别为

$$5421=K_3\times5+K_2\times4+K_1\times2+K_0\times1$$

$$2421=K_3\times2+K_2\times4+K_1\times2+K_0\times1$$

3)余3码

余3码是无权码，每位无固定权值。它也是用4位二进制数表示的数减3代表一位十进制数，但不能由各位二进制数的权求得代表的十进制数，如：

$$(86.2)_{10}=(1011\ 1001.\ 0101)_{余3码}$$

2.可靠性编码

为了尽量减少、发现和纠正代码在形成和传输过程中因各种原因而出现的错误，就产生了可靠性编码。

1)格雷码

格雷码又称循环码，是无权码。它有多种编码形式，但有一个特点：相邻两个代码之间仅有一位不同，且以中间为对称的两个代码也只有一位不同。当计数状态按格雷码递增或递减时，每次状态更新仅有一位代码变化，减少了出错的可能性，这在实际应用中很有意义。格雷码如表1.3所示。

表1.3 格雷码

十进制数	二进制数	格雷码
0	0 0 0 0	0 0 0 0
1	0 0 0 1	0 0 0 1
2	0 0 1 0	0 0 1 1
3	0 0 1 1	0 0 1 0
4	0 1 0 0	0 1 1 0
5	0 1 0 1	0 1 1 1
6	0 1 1 0	0 1 0 1
7	0 1 1 1	0 1 0 0
8	1 0 0 0	1 1 0 0
9	1 0 0 1	1 1 0 1
10	1 0 1 0	1 1 1 1
11	1 0 1 1	1 1 1 0
12	1 1 0 0	1 0 1 0
13	1 1 0 1	1 0 1 1
14	1 1 1 0	1 0 0 1
15	1 1 1 1	1 0 0 0

2)奇偶校验码

为避免二进制信息在存储及传输过程中可能出现的将0误传为1或将1误传为0,就出现了奇偶校验码。它的每个代码由两部分组成:一是奇偶校验位,占一位,它是根据计算方法求得并附加在信息位后的;二是信息位,它是需传递的信息,由位数不限的二进制代码组成。

奇偶校验位分为奇校验和偶校验两种。代码中有奇数个1称为奇校验,代码中有偶数个1称为偶校验。奇偶校验码如表1.4所示。

表1.4 奇偶校验码

十进制数	8421奇校验码		8421偶校验码	
	信息码	校验位	信息码	校验位
0	0 0 0 0	1	0 0 0 0	0
1	0 0 0 1	0	0 0 0 1	1
2	0 0 1 0	0	0 0 1 0	1
3	0 0 1 1	1	0 0 1 1	0
4	0 1 0 0	0	0 1 0 0	1
5	0 1 0 1	1	0 1 0 1	0
6	0 1 1 0	1	0 1 1 0	0
7	0 1 1 1	0	0 1 1 1	1
8	1 0 0 0	0	1 0 0 0	1
9	1 0 0 1	1	1 0 0 1	0

3. 常用字符代码

字符代码是对常用字母、符号进行的编码。常用的字符代码有ASCII码(美国标准信息交换码)、ISO码(国际标准化组织码)和我国国家标准码等。

ASCII码是7位二进制数组合成的编码,它能表示0~9十个数字码、26个英文字母、各种常用符号及字符等,目前已被确认为国际标准代码。

任务2 由信号灯建立逻辑事件与实际电路的直观认识

【任务目标】

(1)熟练掌握基本逻辑运算及其表示方法。

(2)理解复合逻辑门电路的功能和应用。

(3)掌握逻辑代数的基本运算。

(4)掌握逻辑函数的描述方法及其相互转换。

一、基本逻辑运算及其表示方法

19世纪中叶,英国数学家乔治·布尔提出了描述客观事物逻辑关系的数学方法,这种数学方法也称为布尔代数,而后,克劳德·香农将这一数学方法应用到继电器开关电路的设计

中，所以又称为开关代数或逻辑代数。在逻辑代数中，用字母表示变量与函数，且变量与函数的取值只有0和1两种可能。这里的0和1不再表示数量的大小，只代表不同的逻辑状态，如信号灯的亮与灭、电路开关的通与断等。我们把这种二值变量称为逻辑变量，简称变量；这种二值函数称为逻辑函数，简称函数。

1. 基本逻辑运算

在逻辑代数中，任何一个复杂的逻辑关系都可以用三种基本逻辑运算结合组成，这三种最基本的逻辑运算分别是与逻辑运算、或逻辑运算及非逻辑运算。

1)与逻辑

首先以图1.1为例。图1.1中有两个开关A、B，其工作状态如表1.5所示。根据对电路的分析，我们知道只有当开关A、B同时闭合时，灯才能亮。通过对此例的分析，可以得出这样一种因果关系：只有当决定某一事件(如灯亮)的条件(如开关闭合)全部具备时，这一事件(如灯亮)才会发生，这种因果关系称为与逻辑关系。

表1.5 与逻辑状态举例

A	B	灯
断开	断开	灭
断开	闭合	灭
闭合	断开	灭
闭合	闭合	亮

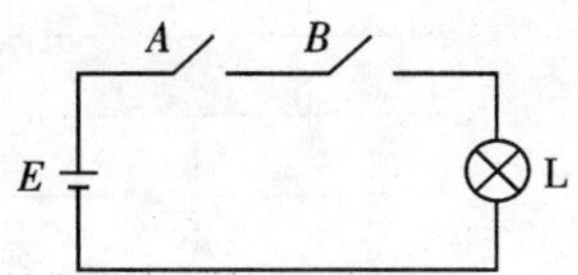

图1.1 与逻辑电路

现在用A、B作为开关的状态变量(逻辑变量)，以取值1表示开关闭合，以取值0表示开关断开；用F来表示灯的状态变量(逻辑函数)，以取值1表示灯亮，以取值0表示灯灭。逻辑变量与逻辑函数所有可能取值的一一对应关系可由表1.6表示。这种表称为真值表。

表1.6 与逻辑的真值表

A	B	F
0	0	0
0	1	0
1	0	0
1	1	1

逻辑变量和逻辑函数之间的关系也可以用数学表达式来描述，称为逻辑函数表达式。与逻辑关系可以用逻辑函数表达式写成：

$$F=A\cdot B$$

逻辑代数中，将实现与逻辑关系的运算称为与逻辑运算，又称为逻辑乘，简称与运算。与逻辑运算符号为“·”，在不导致混淆的情况下，可将其省略。通过对与逻辑的分析可以得出结论：只有在逻辑变量取值全部为1时，逻辑函数F才为1；其他取值时，F均为0。

2)或逻辑

将图1.1改为图1.2所示电路，两个开关A、B的工作状态如表1.7所示。根据对电路的分析，我们知道任一开关A或B闭合时，灯都能亮。通过对此例的分析，可以得出这样一种因果关系：只要决定某一事件(如灯亮)的条件(如开关闭合)有一个或几个具备时，这一事件(如灯亮)就会发生，这种因果关系称为或逻辑关系。

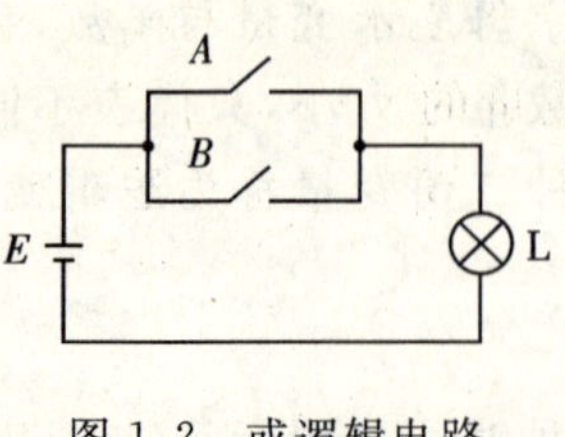

图 1.2 或逻辑电路

表 1.7 或逻辑状态举例

A	B	灯
断开	断开	灭
断开	闭合	亮
闭合	断开	亮
闭合	闭合	亮

同样，用 A、B 作为开关的状态变量(逻辑变量)，以取值 1 表示开关闭合，以取值 0 表示开关断开；用 F 来表示灯的状态变量(逻辑函数)，以取值 1 表示灯亮，以取值 0 表示灯灭。或逻辑的真值表如表 1.8 所示。

表 1.8 或逻辑的真值表

A	B	F
0	0	0
0	1	1
1	0	1
1	1	1

或逻辑关系可以用逻辑函数表达式写成：

$$F=A+B$$

这种运算称为或逻辑运算，又可以称为逻辑加，简称或运算。或逻辑运算符号为“+”。通过对或逻辑的分析可以得出结论：只要有一个逻辑变量取值为 1，逻辑函数 F 就为 1；只有当全部逻辑变量取值为 0 时，F 才为 0。

3)非逻辑

现在分析图 1.3，一个开关 A 的工作状态如表 1.9 所示。对电路分析后我们得出结论：当决定某一事件(如灯亮)的条件(如开关闭合)具备时，这一事件(如灯亮)就不会发生，反之，决定事件的条件不具备时，事件发生。这种因果关系称为非逻辑关系。

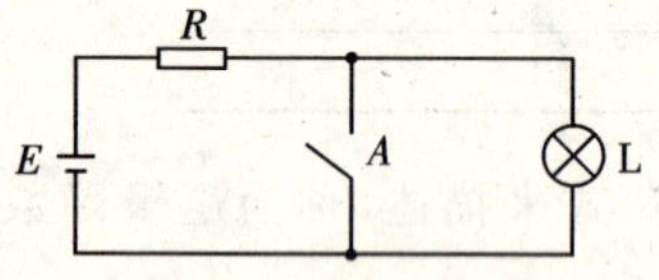

图 1.3 非逻辑电路

表 1.9 非逻辑状态举例

A	灯
断开	亮
闭合	灭

非逻辑的真值表如表 1.10 所示。

表 1.10 非逻辑的真值表

A	F
0	1
1	0

非逻辑关系可以用逻辑函数表达式写成：

$$F=\overline{A}$$

上式中 $\overline{A}$ 读作“A 非”，这种运算称为非逻辑运算，简称非运算，又可以称为反相运算，或求补

运算。运算符号为"一"。通过对非逻辑的分析可以得出非运算的特点:非0即1,非1即0。

图1.4所示为常用与、或、非逻辑运算的图形符号,这些图形符号也用于表示相应的门电路。图中上边一行是目前国家标准局规定的符号,下边一行是国外通用的符号。

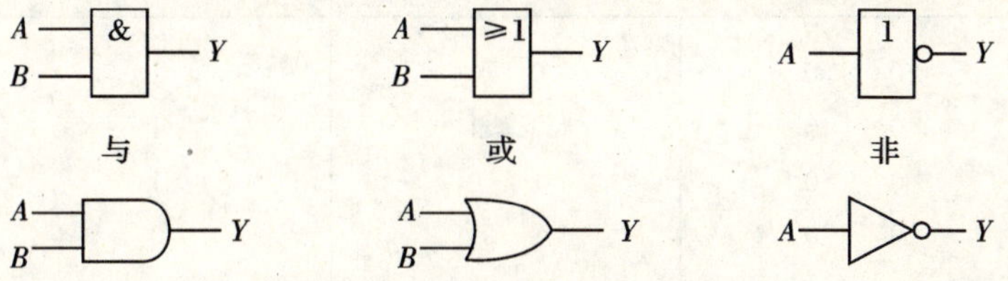

图1.4　与、或、非的图形符号

二、复合逻辑运算

在实际应用中,经常出现一些较为复杂的逻辑表达式,它们都是由与、或、非三种最基本的逻辑表达式复合形成的。当它们进行混合运算时,运算顺序为非→与→或,有括号先算括号内的。若括号与非号下的变量一致,则括号可以省略,如:

$$F=\overline{(A+B)}=\overline{A+B}$$

下面介绍几种基本的复合逻辑运算。

1. 与非逻辑运算

与非逻辑运算是与运算和非运算的复合,它是将逻辑变量先进行与运算再进行非运算。其表达式为

$$F=\overline{AB}$$

与非逻辑的真值表如表1.11所示。可以看出,对于与非逻辑运算,只要逻辑变量中有一个取值为0,F就为1;只有当逻辑变量取值全为1时,F才为0。

2. 或非逻辑运算

或非逻辑运算是或运算和非运算的复合,它是将逻辑变量先进行或运算再进行非运算。其表达式为

$$F=\overline{A+B}$$

或非逻辑的真值表如表1.12所示。可以看出,对于或非逻辑运算,只要逻辑变量中有一个取值为1,F就为0;只有当逻辑变量取值全为0时,F才为1。

表1.11　与非逻辑的真值表

A	B	F
0	0	1
0	1	1
1	0	1
1	1	0

表1.12　或非逻辑的真值表

A	B	F
0	0	1
0	1	0
1	0	0
1	1	0

3. 与或非逻辑运算

与或非逻辑运算是与运算、或运算和非运算的复合,它是将逻辑变量先进行与运算后进行或运算再进行非运算。其表达式为

$$F=\overline{AB+CD}$$

其真值表如表 1.13 所示，验证后可以得出结论：只有当 $A=1,B=1$ 或 $C=1,D=1$ 时，F 为 0，其他情况下，F 均为 1。

表 1.13　与或非逻辑的真值表

A	B	C	D	F
0	0	0	0	1
0	0	0	1	1
0	0	1	0	1
0	0	1	1	0
0	1	0	0	1
0	1	0	1	1
0	1	1	0	1
0	1	1	1	0
1	0	0	0	1
1	0	0	1	1
1	0	1	0	1
1	0	1	1	0
1	1	0	0	0
1	1	0	1	0
1	1	1	0	0
1	1	1	1	0

4. 同或和异或逻辑运算

同或和异或逻辑是只有两个逻辑变量的函数。如果当两个逻辑变量 A 和 B 相同时，逻辑函数 F 为 1，否则 F 为 0，则这种逻辑关系称为同或，其真值表如表 1.14 所示。同或逻辑函数表达式为

$$F=A\odot B=\overline{A}\overline{B}+AB$$

如果当两个逻辑变量 A 和 B 相异时，逻辑函数 F 为 1，否则 F 为 0，则这种逻辑关系称为异或，其真值表如表 1.15 所示。异或逻辑函数表达式为

$$F=A\oplus B=A\overline{B}+\overline{A}B$$

表 1.14　同或逻辑的真值表

A	B	F
0	0	1
0	1	0
1	0	0
1	1	1

表 1.15　异或逻辑的真值表

A	B	F
0	0	0
0	1	1
1	0	1
1	1	0

观察表 1.14 和表 1.15 后可发现，同或和异或具有互补关系，即

$$A\odot B=\overline{A\oplus B}$$

实际应用中需注意：对逻辑变量给予不同的定义可表达不同的逻辑关系。若用电路来实现逻辑关系，可用高电平表示逻辑 1，低电平表示逻辑 0，这种规定下的逻辑关系称为正逻辑关系；同时也可以用高电平表示逻辑 0，用低电平表示逻辑 1，这种规定下的逻辑关系称为

负逻辑关系。对于图 1.1 所示的电路，如果采用正逻辑来定义开关和灯，则开关闭合为 1，断开为 0，灯亮为 1，灭为 0，则成 $F=A\cdot B$ 的逻辑关系。若采用负逻辑来定义开关和灯，则开关闭合为 0，断开为 1，灯亮为 0，灭为 1，则成 $F=A+B$ 的逻辑关系。因此，对于同一逻辑电路而言，采用正逻辑还是负逻辑，直接影响逻辑关系。在本书中，如无特殊说明，均采用正逻辑。

图 1.5 所示为常用复合逻辑运算的图形符号，这些图形符号也用于表示相应的门电路。图中上边一行是目前国家标准局规定的符号，下边一行是国外通用的符号。

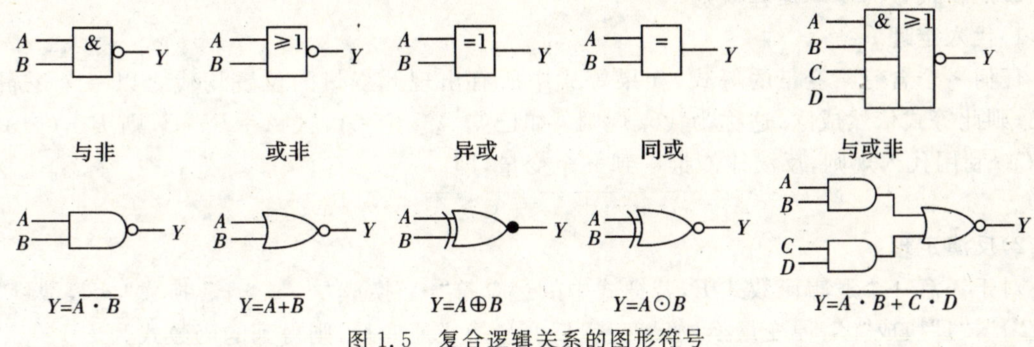

图 1.5　复合逻辑关系的图形符号

三、逻辑代数的基本运算

1. 逻辑函数的基本定理

(1)0－1 律：

$$A\cdot 0=0 \qquad A+1=1$$

(2)互补律：

$$A\cdot \overline{A}=0 \qquad A+\overline{A}=1$$

(3)非非律：

$$\overline{\overline{A}}=A$$

(4)自等律：

$$A\cdot 1=A \qquad A+0=A$$

(5)重叠律：

$$A\cdot A=A \qquad A+A=A$$

(6)交换律：

$$A\cdot B=B\cdot A \qquad A+B=B+A$$

(7)结合律：

$$A\cdot(B\cdot C)=(A\cdot B)\cdot C \qquad A+(B+C)=(A+B)+C$$

(8)分配律：

$$A\cdot(B+C)=AB+AC \qquad A+BC=(A+B)(A+C)$$

(9)吸收律：

$$A+AB=A \qquad A(A+B)=A$$

(10)摩根定律：

$$\overline{AB}=\overline{A}+\overline{B} \qquad \overline{A+B}=\overline{A}\,\overline{B}$$

(11)几种常用公式定律：

①合并定律：

$$AB+A\overline{B}=A \qquad (A+B)(A+\overline{B})=A$$

②消去定律：

$$A+\overline{A}B=A+B \qquad A(\overline{A}+B)=AB$$

$$AB+\overline{A}C+BC=AB+\overline{A}C \qquad (A+B)(\overline{A}+C)(B+C)=(A+B)(\overline{A}+C)$$

2. 逻辑代数的基本运算规则

1)代入定理

任何一个含有某变量的等式，如果等式中所有出现此变量的位置均代之以一个逻辑函数式，则此等式依然成立，这称为代入规则。如已知 $A+0=A$，且 $A=B+C$，则 $B+C+0=B+C$。利用代入规则，反演律能推广到 n 个变量，即

$$\overline{A_1+A_2+\cdots+A_n}=\overline{A_1}+\overline{A_2}+\cdots+\overline{A_n}$$

2)反演定理

对于任意一个逻辑函数式 F，若把式中的运算符“·”换成“+”，“+”换成“·”，常量“0”换成“1”，“1”换成“0”，原变量换成反变量，反变量换成原变量，则得到的函数式为 $\overline{F}$ 。

运用反演定理时需注意两点：必须保持原函数的运算次序；不属于单个变量上的非号保留，而非号下面的函数式按反演规则变换。例如：

$$F(A,B,C)=A\overline{B}+\overline{(A+C)B}+\overline{A}\,\overline{B}\,\overline{C}$$

其反函数为

$$\overline{F}=(\overline{A}+B)\overline{A}\,\overline{C}+\overline{B}(A+B+C)$$

3)对偶定理

对于任意一个逻辑函数 F，若把式中的运算符“·”换成“+”，“+”换成“·”，常量“0”换成“1”，“1”换成“0”，则得到 F 的对偶式 F'。例如 ：

$$F=\overline{AB+\overline{A}C}+1\cdot B$$

其对偶式为

$$F'=\overline{(A+B)\cdot(\overline{A}+C)}\cdot(0+B)$$

四、逻辑函数的描述方法及其相互转换

1. 逻辑函数的描述方法

逻辑函数的描述方法有真值表、逻辑函数表达式、逻辑图、卡诺图及硬件描述语言等。此处介绍前三种，有关卡诺图及硬件描述语言将在后面叙述。

1)真值表

将输入变量取值的所有状态组合逐一列出，并求出函数值，列成表，即为真值表。

【例 1.8】 有 a,b,c 三个输入信号，只有当 a 为 1，且 b,c 至少有一个为 1 时输出为 1，其余情况输出为 0。要求按题意列出真值表。

【解】 a,b,c 三个输入信号共有 8 种可能的组合，如表 1.16 左侧三列所示。对应每一个输入信号的组合均有一个确定输出。根据题意，输出为表 1.16 右侧列所示。则表 1.16 为所求真值表。

表 1.16 例 1.8 的真值表

a	b	c	F
0	0	0	0
0	0	1	0
0	1	0	0
0	1	1	0
1	0	0	0
1	0	1	1
1	1	0	1
1	1	1	1

2)逻辑函数表达式

将输出和输入之间的关系写成与、或、非运算的组合式，就得到逻辑函数表达式。

根据例 1.8 中的要求及与、或逻辑的基本定义，"b,c 中至少有一个为 1"可以表示为或逻辑关系($b+c$)，同时还要 a 为 1，可以表示为与逻辑关系，写成 $a(b+c)$。因此可以得到例 1.8 的逻辑函数表达式：

$$F=a(b+c)$$

3)逻辑图

将逻辑函数表达式中各变量之间的与、或、非等逻辑关系用逻辑图形符号表示，即得到表示函数关系的逻辑图。

例 1.8 的逻辑图如图 1.6 所示。

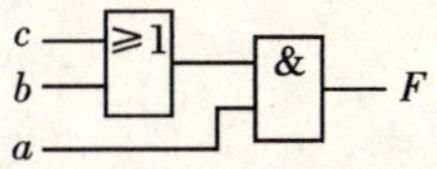

图 1.6 例 1.8 的逻辑图

2. 各种描述方法之间的相互转换

1)由真值表写出逻辑函数表达式

由真值表写出逻辑函数表达式的一般方法如下：

(1)由真值表中找出使逻辑函数输出为 1 的对应输入变量取值组合。

(2)每个输入变量取值组合状态以逻辑乘形式表示，用原变量表示变量取值 1，用反变量表示变量取值 0。

(3)将所有使输出为 1 的输入变量取值逻辑乘进行逻辑加，即得到逻辑函数表达式。

【例 1.9】 由表 1.17 写出逻辑函数表达式。

【解】 由表 1.17 可见，使 $F=1$ 的输入组合有 abc 为 000,001,010,100 和 111，所以逻辑函数表达式为

$$F=\bar{a}\bar{b}\bar{c}+\bar{a}\bar{b}c+\bar{a}b\bar{c}+a\bar{b}\bar{c}+abc$$

表 1.17 例 1.9 的真值表

a	b	c	F
0	0	0	1
0	0	1	1
0	1	0	1
0	1	1	0
1	0	0	1
1	0	1	0
1	1	0	0
1	1	1	1

2)由逻辑函数表达式列真值表

将输入变量取值的所有状态组合逐一列出,并将输入变量组合取值代入表达式,求出函数值,列成表,即为真值表。

3)由逻辑函数表达式画逻辑图

用逻辑图符号代替函数表达式中的运算符号,即可画出逻辑图。

【例 1.10】 已知逻辑函数表达式为 $F=\overline{\overline{A\overline{AB}}\cdot\overline{B\overline{AB}}}$,画出相应的逻辑图。

【解】 用与、或、非等逻辑图符号代替表达式中的运算符号,按运算的优先顺序连接起来,如图 1.7 所示。

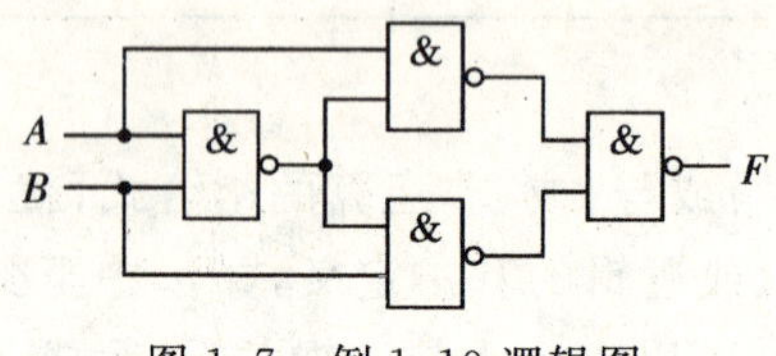

图 1.7 例 1.10 逻辑图

4)由逻辑图写逻辑函数表达式

从输入端开始逐级写出每个逻辑图形符号对应的逻辑运算,直至输出,就可以得到逻辑函数表达式。

任务 3 逻辑函数的化简

【任务目标】

(1)熟练掌握逻辑函数的标准形式。

(2)理解逻辑函数的建立方法。

(3)掌握逻辑函数的化简方法。

一、逻辑函数的标准形式

逻辑函数的标准形式有最小项表达式(标准与-或式)和最大项表达式(标准或-与式)。本书着重介绍最小项表达式(标准与-或式)。

1. 逻辑函数的最小项表达式

在一个逻辑函数的与—或表达式中,每一个乘积项(与项)都包含了全部输入变量,每个输入变量或以原变量形式或以反变量形式在乘积项中出现,并且仅仅出现一次,这样的函数表达式称为标准与-或式。由于包含全部输入变量的乘积项称为最小项,因此全部由最小项逻辑加构成的与-或表达式又称为最小项表达式。

1)最小项的性质

由于最小项包含了全部输入变量,且每个输入变量均以原变量或反变量形式出现一次,因此它具有以下性质:

(1)在输入变量的任何取值下必有一个最小项,而且只有一个最小项的值为1。

(2)全部最小项之和为1。

(3)任意两个最小项的乘积为0。

2)最小项编号

假设一个3变量函数,$A\overline{B}C$ 为其最小项,只有当 $A=1,B=0,C=1$ 时才会使最小项 $A\overline{B}C=1$,如果将 $A\overline{B}C$ 取值101看做二进制数,那么它所表示的十进制数为5,为了以后书写及使用方便,记作 m_5。据此,可以得到3变量最小项编号表,如表1.18所示。

表1.18　3变量最小项编号表

A	B	C	对应的最小项	编号
0	0	0	$\overline{A}\overline{B}\overline{C}$	m_0
0	0	1	$\overline{A}\overline{B}C$	m_1
0	1	0	$\overline{A}B\overline{C}$	m_2
0	1	1	$\overline{A}BC$	m_3
1	0	0	$A\overline{B}\overline{C}$	m_4
1	0	1	$A\overline{B}C$	m_5
1	1	0	$AB\overline{C}$	m_6
1	1	1	ABC	m_7

3)求最小项表达式

(1)由真值表写出的逻辑函数表达式为最小项表达式,因此对一个任意的逻辑函数表达式可以先转换成真值表,再写出最小项表达式。

(2)利用公式将每一个乘积项所缺变量补齐,展开成最小项表达式。

【例1.11】 将 $F=A\overline{B}+B\overline{C}$ 转换成最小项表达式。

【解】 $F=A\overline{B}+B\overline{C}$ 的真值表如表1.19所示。

$$F=\overline{A}B\overline{C}+A\overline{B}\overline{C}+A\overline{B}C+AB\overline{C}=\sum m(2,4,5,6)$$

表1.19　例1.11的真值表

A	B	C	F
0	0	0	0
0	0	1	0
0	1	0	1
0	1	1	0
1	0	0	1
1	0	1	1
1	1	0	1
1	1	1	0

2. 逻辑函数的最大项表达式

逻辑函数的最大项表达式即标准或—与式。最大项是指这样的和项,它包含了全部变量,每个变量或以原变量或以反变量的形式出现,且仅仅出现一次,因此:

(1)在输入变量的任何取值下,必有一个最大项,而且只有一个最大项的值为0。

(2)全体最大项之积为0。

(3)任意两个最大项之和为1。

3. 逻辑函数的建立

前文中介绍了几种逻辑函数的表达方法，并详细说明了逻辑函数最小项表达式的建立。在实际情况中，任何一个具体的因果关系都可以用一个逻辑函数来描述。对于任意一个二值逻辑问题，我们可以设定此问题产生的条件为输入逻辑变量，此问题产生的结果为输出逻辑函数。当我们对输入逻辑变量和输出逻辑函数赋值后，就可以得到相应的逻辑函数。

【例 1.12】 军民联欢会的入场券分红、黄两色，军人持红票入场，群众持黄票入场。入口处设自动检票机，符合条件者方可放行，不符合条件者禁止入场。请建立相应逻辑式。

【解】 第一步，分析该逻辑事件的条件和结果，设定逻辑变量和逻辑函数。

设变量 A 为军民信号，军人为 1，群众为 0；变量 B 为红票信号，有红票为 1，无红票为 0；变量 C 为黄票信号，有黄票为 1，无黄票为 0。设定函数为 F，允许入场为 1，禁止入场为 0。

第二步，根据逻辑问题给出的条件列出真值表，如表 1.20 所示。

表 1.20 例 1.12 的真值表

A	B	C	F
0	0	0	0
0	0	1	1
0	1	0	0
0	1	1	1
1	0	0	0
1	0	1	0
1	1	0	1
1	1	1	1

填写真值表时需注意：

(1)应表示出逻辑变量全部的可能取值，当逻辑函数有 n 个逻辑变量时，共有 2^n 个不同变量取值组合。为避免遗漏，变量取值组合按二进制递增方式列出。

(2)根据逻辑问题给出的条件，写出所有变量组合的逻辑函数值。以该题为例，只有在输入变量的取值组合为

$$A=0,B=0,C=1;$$
$$A=0,B=1,C=1;$$
$$A=1,B=1,C=0;$$
$$A=1,B=1,C=1$$

时，函数 F 的值才为 1。

(3)写出逻辑函数表达式。本题 F 的逻辑函数表达式为

$$F=\overline{A}\overline{B}C+\overline{A}BC+AB\overline{C}+ABC$$

(4)利用公式及定律，上式还可以进一步化简为

$$F=\overline{A}C(B+\overline{B})+AB(C+\overline{C})=\overline{A}C+AB$$

二、公式法化简

公式法又称代数法，它是利用逻辑代数公式进行化简，可以化简任意逻辑函数，但取决于经验、技巧、洞察力和对公式的熟练程度。

公式法化简常用以下 4 种方法：

(1)合并法：常用公式 $AB+A\overline{B}=A$，两项合并为一项。

(2)吸收法：常用公式 $A+AB=A$ 及 $AB+AC+BCD+\cdots=AB+AC$，消去多余项。

(3)削去法：常用公式 $A+\overline{A}B=A+B$，削去多余变量；用公式 $AB+\overline{A}C+BC=AB+\overline{A}C$，削去多余项。

(4)配项法：常用公式 $A+\overline{A}=1$，将某乘积项乘以 $(A+\overline{A})$，一项展开成两项；常用的还有其他公式，如 $AB+\overline{A}C=AB+\overline{A}C+BC$，配 BC 项。配项的目的是为了和其他乘积项合并，以达到最简的目的。

【例 1.13】 化简函数 $F=\overline{(\overline{A+B}+\overline{A+C})\cdot\overline{(B\oplus C)\cdot(A\oplus B)}}$。

【解】
$$
\begin{aligned}
F&=\overline{(\overline{A+B}+\overline{A+C})\overline{(B\oplus C)(A\oplus B)}}\\
&=(A+B)(A+C)+(B\oplus C)(A\oplus B)\\
&=A+BC+(\overline{B}C+B\overline{C})(\overline{A}B+A\overline{B})\\
&=A+BC+\overline{A}B\overline{C}+A\overline{B}C\\
&=A+BC+B\overline{C}\\
&=A+B
\end{aligned}
$$

三、卡诺图化简

1. 卡诺图的概念

卡诺图法是化简逻辑函数的另一种有效方法。卡诺图就是将逻辑函数的最小项按一定规则排列而构成的矩形方格图。图中分成若干个小方格，每个小方格填入一个最小项，而且在几何位置上，上下或左右相邻的小方格具有逻辑相邻性，即两相邻小方格所代表的最小项只有一个变量的取值不同。因此对于有 n 个变量的逻辑函数，因其最小项有 2^n 个，所以该逻辑函数的卡诺图由 2^n 个小方格构成。图 1.8、图 1.9、图 1.10 分别是二变量、三变量、四变量的卡诺图。

A \ B	0	1
0	$\overline{A}\overline{B}$ m_0	$\overline{A}B$ m_1
1	$A\overline{B}$ m_2	AB m_3

图 1.8 二变量卡诺图

A \ BC	00	01	11	10
0	$\overline{A}\overline{B}\overline{C}$ m_0	$\overline{A}\overline{B}C$ m_1	$\overline{A}BC$ m_3	$\overline{A}B\overline{C}$ m_2
1	$A\overline{B}\overline{C}$ m_4	$A\overline{B}C$ m_5	ABC m_7	$AB\overline{C}$ m_6

图 1.9 三变量卡诺图

AB \ CD	00	01	11	10
00	$\overline{A}\overline{B}\overline{C}\overline{D}$ m_0	$\overline{A}\overline{B}\overline{C}D$ m_1	$\overline{A}\overline{B}CD$ m_3	$\overline{A}\overline{B}C\overline{D}$ m_2
01	$\overline{A}B\overline{C}\overline{D}$ m_4	$\overline{A}B\overline{C}D$ m_5	$\overline{A}BCD$ m_7	$\overline{A}BC\overline{D}$ m_6
11	$AB\overline{C}\overline{D}$ m_{12}	$AB\overline{C}D$ m_{13}	$ABCD$ m_{15}	$ABC\overline{D}$ m_{14}
10	$A\overline{B}\overline{C}\overline{D}$ m_8	$A\overline{B}\overline{C}D$ m_9	$A\overline{B}CD$ m_{11}	$A\overline{B}C\overline{D}$ m_{10}

图 1.10 四变量卡诺图

卡诺图的主要缺点是随着变量数目的增多，图形迅速复杂化，因此逻辑变量在五个以上时，很少使用卡诺图。

【例 1.14】 画出 $L(A,B,C,D)=\sum m(0,1,2,3,4,8,10,11,14,15)$ 的卡诺图。

【解】 $L(A,B,C,D)$的卡诺图如图 1.11 所示。

L: AB \ CD	00	01	11	10
00	1	1	1	1
01	1	0	0	0
11	0	0	1	1
10	1	0	1	1

图 1.11　例 1.14 的卡诺图

2. 逻辑函数的卡诺图

任何一个逻辑函数都能表示为若干个最小项之和的形式，而每一个最小项在卡诺图中都有相应的位置，那么自然可以用卡诺图来表示逻辑函数。具体做法是：先把逻辑函数化成最小项表达式，然后把式中各最小项所对应的方格内填入 1，其余方格内填入 0(也可不填)，就得到了该逻辑函数的卡诺图。也就是说，任何一个逻辑函数都等于其卡诺图上填 1 的那些最小项之和。

【例 1.15】 画出逻辑函数 $Y=A\overline{B}C+\overline{A}\overline{B}+ABC$ 的卡诺图。

【解】 先把该函数式转换成最小项表达式，即

$$Y=A\overline{B}C+\overline{A}\overline{B}+ABC=A\overline{B}C+\overline{A}\overline{B}\overline{C}+\overline{A}\overline{B}C+ABC=\sum m(0,1,5,7)$$

因此，该函数式的卡诺图如图 1.12 所示。

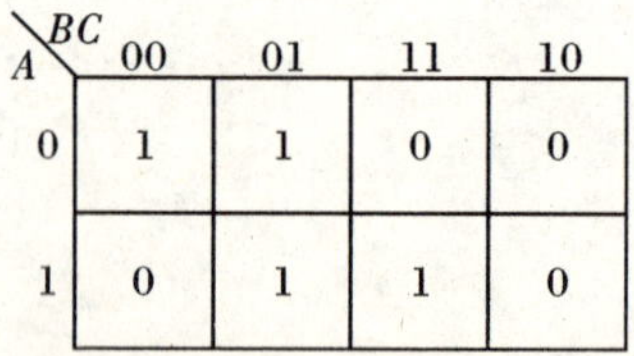

A \ BC	00	01	11	10
0	1	1	0	0
1	0	1	1	0

图 1.12　例 1.15 的卡诺图

3. 卡诺图化简的基本步骤

用卡诺图化简逻辑函数，其原理就是利用卡诺图中的相邻性，对相邻最小项进行合并。卡诺图的逻辑相邻性保证了在卡诺图中相邻两方格所代表的最小项只有一个变量不同，利用公式 $A+\overline{A}=1$，若相邻的两方格都为 1(简称 1 格)时，则对应的最小项就可以进行合并。合并的结果是消去这个不同的变量，保留相同的变量。这是卡诺图化简法的依据。

用卡诺图法化简逻辑函数的步骤如下：

(1)列出逻辑函数的最小项表达式，由最小项表达式确定变量的个数，画出逻辑函数的卡诺图。

(2)按合并最小项的规律合并最小项，将可以合并的最小项分别用包围圈(复合圈)圈出来。

(3)将每个包围圈所得的乘积项相加，就可得到逻辑函数最简“与或”表达式。

在用卡诺图化简时，最关键的是画圈这一步。化简时应注意以下几个问题：

(1)将卡诺图中的1格画圈，一个也不能漏圈，否则最后得到的表达式就会与所给函数不等，1格允许被一个以上的圈所包围。

(2)圈的个数应尽可能地少，即在保证1格一个也不漏圈的前提下，圈的个数越少越好。因为一个圈和一个与项相对应，圈数越少，与或表达式的与项就越少。

(3)按照 2^k 个方格来组合(即圈内的1格数必须为1,2,4,8等)，圈的面积越大越好。当 $2(2^1)$ 个相邻小方格的最小项合并时，消去1个互反变量；当 $4(2^2)$ 个相邻小方格的最小项合并时，消去2个互反变量；当 $8(2^3)$ 个相邻小方格的最小项合并时，消去3个互反变量；当 2^n 个相邻小方格的最小项合并时，消去 n 个互反变量，n 为正整数。即圈越大，可消去的变量就越多，与项中的变量就越少。

(4)最小项可以被重复使用，但每一个包围圈至少要有一个新的最小项(尚未被圈过)。图1.13给出了一些画圈的例子，供读者参考。

需要指出的是：用卡诺图化简逻辑函数时，由于对最小项画包围圈的方式不同，得到的最简与或式也往往不同。

卡诺图法化简逻辑函数的优点是简单、直观，容易掌握，但不适用于五变量以上逻辑函数的化简。

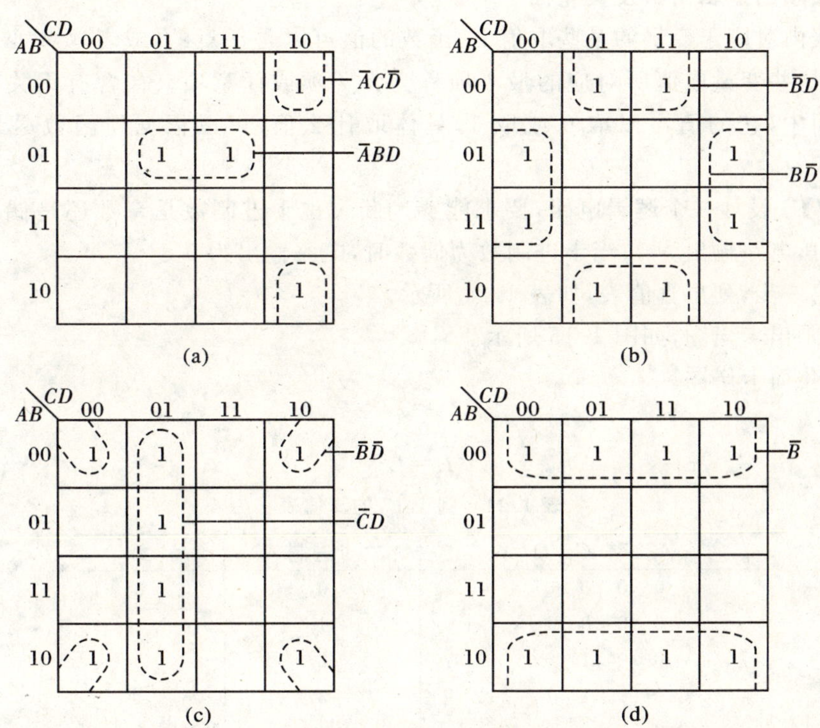

图1.13 最小项合并规律

(a)2个最小项合并； (b)4个最小项合并； (c)4个最小项合并； (d)8个最小项合并

【例 1.16】 用卡诺图化简逻辑函数 $F=\overline{A}\overline{B}\overline{C}+\overline{A}C\overline{D}+A\overline{B}C\overline{D}+A\overline{B}\overline{C}$。

【解】 (1)从表达式中可以看出它为四变量的逻辑函数,但是有的乘积项中缺少一个变量,不符合最小项的规定。因此,首先将每个乘积项中缺少的变量补上,写出最小项表达式:

$$
\begin{aligned}
F &=\overline{A}\overline{B}\overline{C}+\overline{A}C\overline{D}+A\overline{B}C\overline{D}+A\overline{B}\overline{C}\\
&=\overline{A}\overline{B}\overline{C}(D+\overline{D})+\overline{A}C\overline{D}(B+\overline{B})+A\overline{B}C\overline{D}+A\overline{B}\overline{C}(D+\overline{D})\\
&=\overline{A}\overline{B}\overline{C}D+\overline{A}\overline{B}\overline{C}\overline{D}+\overline{A}\overline{B}C\overline{D}+\overline{A}BC\overline{D}+A\overline{B}C\overline{D}+A\overline{B}\overline{C}D+A\overline{B}\overline{C}\overline{D}
\end{aligned}
$$

(2)画卡诺图,合并最小项(见图 1.14)。

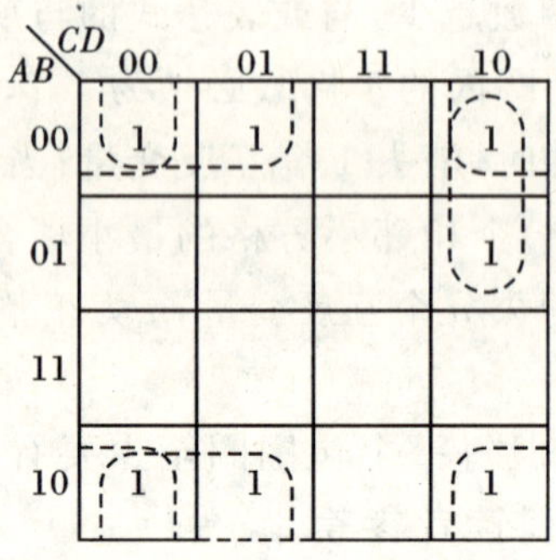

图 1.14　例 1.16 的卡诺图

(3)写出逻辑函数的最简与或式:

$$Y=\overline{B}\overline{D}+\overline{B}\overline{C}+\overline{A}C\overline{D}$$

4. 含无关项的逻辑函数及其化简

在真值表内对应于变量的某些取值下,函数的值可以是任意的,或者这些变量的取值根本不会出现,这些变量取值所对应的最小项称为无关项或任意项。在含有无关项逻辑函数的卡诺图化简中,它的值可以取 0 或取 1,具体取什么值,可以根据使函数尽量得到简化而定。

【例 1.17】 设计一个逻辑电路,要求能够判断一位十进制数是奇数还是偶数。当十进制数为奇数时,电路输出为 1;当十进制数为偶数时,电路输出为 0。

【解】 第一步,列出真值表,如表 1.21 所示。

第二步,画出卡诺图,如图 1.15 所示。

第三步,化简卡诺图。

解得:

$$L=D$$

表 1.21　例 1.17 的真值表

A　B　C　D	十进制	L
0　0　0　0	0	0
0　0　0　1	1	1
0　0　1　0	2	0
0　0　1　1	3	1
0　1　0　0	4	0
0　1　0　1	5	1
0　1　1　0	6	0

（续表）

A B C D	十进制	L
0 1 1 1	7	1
1 0 0 0	8	0
1 0 0 1	9	1
1 0 1 0	×	0
1 0 1 1	×	1
1 1 0 0	×	0
1 1 0 1	×	1
1 1 1 0	×	0
1 1 1 1	×	1

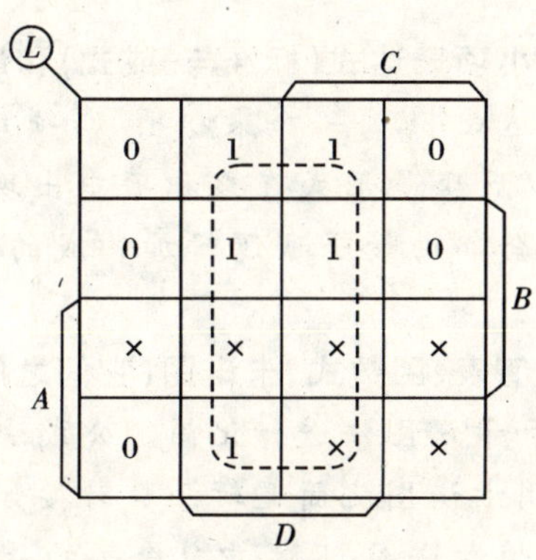

图1.15　例1.17的卡诺图

项目小结

通过本项目的学习，要求掌握以下知识点。

1. 数制与码制

数字电路中常用二进制来表示，不同进制之间可以进行相互转换。

二进制、八进制、十六进制转换为十进制的方法为：将二进制、八进制、十六进制数按权展开，求各位数值之和，即可得到相应的十进制数。

十进制转换为二进制、八进制、十六进制的方法为：将整数部分采用除基取余法，将得到的余数由低至高排列；小数部分采用乘基取整法，将得到的整数由高至低排列。

二进制转换为八进制的方法为：以小数点为界，将二进制数的整数部分从低位开始，小数部分从高位开始，每三位一组，首尾不足三位的补零，然后每组三位二进制数用一位八进制数表示。

二进制转换为十六进制的方法为：以小数点为界，将二进制数的整数部分从低位开始，小数部分从高位开始，每四位一组，首尾不足四位的补零，然后将每组四位二进制数用一位十六进制数表示。

码制包含BCD码、可靠性编码等。BCD码常见种类有8421码、5421码、2421码、余3

码等;可靠性编码包含格雷码、奇偶校验码等。

2. 三种最基本的逻辑运算:与逻辑运算、或逻辑运算及非逻辑运算

只有当决定某一事件的条件全部具备时,这一事件才会发生,这种因果关系称为与逻辑关系;只要决定某一事件的条件有一个或几个具备时,这一事件就会发生,这种因果关系称为或逻辑关系;当决定某一事件的条件具备时,这一事件就不会发生,反之,决定事件的条件不具备时,事件发生,这种因果关系称为非逻辑关系。

常用复合逻辑运算有与非逻辑运算、或非逻辑运算、与或非逻辑运算、同或及异或逻辑运算等。

3. 逻辑代数的基本公式、定理

逻辑代数的基本公式包含0-1律、互补律、交换律、分配律等,运算基本规则有代入定理、反演定理及对偶定理等。

4. 逻辑函数的标准形式:最小项表达式(标准与-或式)和最大项表达式(标准或-与式)

在一个逻辑函数的与-或表达式中,每一个乘积项(与项)都包含了全部输入变量,每个输入变量或以原变量形式,或以反变量形式在乘积项中出现,并且仅仅出现一次,这样的函数表达式称为标准与-或式,全部由最小项逻辑加构成的与-或表达式又称为最小项表达式。

5. 逻辑函数的描述方法:真值表、函数式、卡诺图(它们之间可以相互转换)

逻辑函数可以通过公式法和卡诺图法进行化简。公式法化简常用以下四种方法:合并法、吸收法、削去法及配项法。用卡诺图化简逻辑函数时按如下步骤进行:将逻辑函数写成最小项表达式;按最小项表达式填卡诺图,凡式中包含了的最小项,其对应方格填1,其余方格填0;合并最小项,即将相邻的1格圈成一组,形成卡诺圈(包围圈),每一组含2^n个方格,对应每个卡诺圈写成一个新的乘积项。将所有卡诺圈对应的乘积项相加。

思考与练习 1

1.1 数字信号与模拟信号的主要区别是什么?

1.2 将下列二进制数转换为十进制数、十六进制数。

(1)$(1001011)_2$　　(2)$(10001001)_2$　　(3)$(1011011)_2$

1.3 将下列十进制数转换为二进制数、十六进制数。

(1)$(12)_{10}$　　(2)$(211)_{10}$　　(3)$(75)_{10}$

1.4 将下列十六进制数转换为十进制数、二进制数。

(1)$(41)_{16}$　　(2)$(2B)_{16}$　　(3)$(C4)_{16}$

1.5 将下列十进制数改写为8421BCD码。

(1)$(25)_{10}$　　(2)$(2548)_{10}$　　(3)$(82)_{10}$

1.6 用逻辑代数的基本公式和常用公式将下列逻辑函数化为最简与或形式。

(1)$F=A\overline{B}+B+\overline{A}B$

(2)$F=A\overline{B}C+\overline{A}+B+\overline{C}$

(3)$F=\overline{\overline{A}BC}+\overline{A\overline{B}}$

1.7 写出题1.7图所示逻辑图的逻辑表达式。

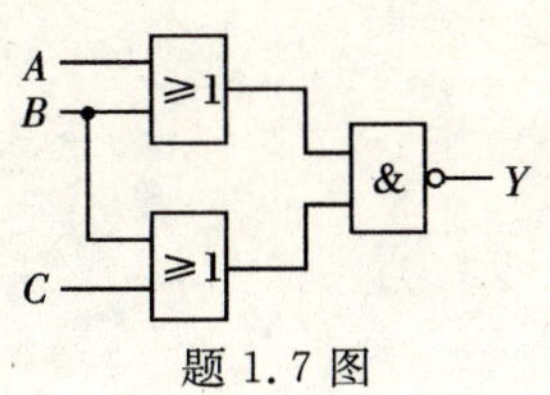

题 1.7 图

1.8 求下列函数的反函数并化简为最简与或形式。

(1)$Y=AB+C$

(2)$Y=(A+BC)\overline{C}D$

1.9 将下列各函数式化为最小项之和的形式。

(1)$F=\overline{A}BC+AC+\overline{B}C$

(2)$F=A\overline{B}\overline{C}D+BCD+\overline{A}D$

(3)$F=A+B+CD$

(4)$F=L\overline{M}+M\overline{N}+N\overline{L}$

1.10 化简下列逻辑函数。

(1)$F=A\overline{B}+\overline{A}C+\overline{C}\overline{D}+D$

(2)$F=\overline{A}(C\overline{D}+\overline{C}D)+B\overline{C}D+A\overline{C}D+\overline{A}C\overline{D}$

(3)$F=\overline{(\overline{A}+\overline{B})D}+(\overline{A}\,\overline{B}+BD)\overline{C}+\overline{A}\,\overline{C}BD+\overline{D}$

(4)$F=A\overline{B}D+\overline{A}\,\overline{B}\overline{C}D+\overline{B}CD+\overline{(A\overline{B}+C)}(B+D)$

1.11 已知题 1.7 图所示的逻辑图,试将其转换成逻辑函数的其他 4 种形式。

1.12 用卡诺图化简法将下列函数化为最简与或形式。

(1)$Y=ABC+ABD+\overline{C}\overline{D}+A\overline{B}C+\overline{A}C\overline{D}+A\overline{C}D$

(2)$Y=A\overline{B}+\overline{A}C+BC+\overline{A}+\overline{B}+ABC$

(3)$Y=\overline{A}\,\overline{B}+B\overline{C}+\overline{A}+\overline{B}+ABC$

(4)$Y=\overline{A}\,\overline{B}+AC+\overline{B}C$

(5)$Y=A\overline{B}\overline{C}+\overline{A}\,\overline{B}+\overline{A}D+C+BD$

(6)$Y(A,B,C)=\sum(m_0,m_1,m_2,m_3,m_5,m_6,m_7)$

(7)$Y(A,B,C)=\sum(m_1,m_3,m_5,m_7)$

(8)$Y(A,B,C)=\sum(m_0,m_1,m_2,m_3,m_4,m_6,m_8,m_9,m_{10},m_{11},m_{14})$

(9)$Y(A,B,C)=\sum(m_0,m_1,m_2,m_5,m_8,m_9,m_{10},m_{12},m_{14})$

(10)$Y(A,B,C)=\sum(m_1,m_4,m_7)$

项目2 多数表决器

项目剖析

本项目制作一个三人多数表决器，当多数人同意时，则表决通过。逻辑1(灯亮)表示同意通过，逻辑0(灯灭)表示不通过。

多数表决器由逻辑门电路组成。逻辑门电路是数字电路的基本单元电路。所谓"门"，就是一种条件开关，在一定条件下它能允许信号通过，条件不满足，则信号不能通过。因此，门电路的输入信号与输出信号之间存在一定的逻辑对应关系，所以门电路又称为逻辑门电路。对应于基本逻辑运算，最基本的门电路是与门、或门和非门，同时利用与、或、非门又可以构成各种逻辑门。在逻辑电路中，逻辑事件的是、否分别用电路电平的高、低来表示，若用"1"代表高电平、"0"代表低电平，则称为正逻辑，反之则为负逻辑。

多数表决器的电路设计好之后，我们可以利用Multisim软件对电路进行仿真测试，即不需要制作实物电路就可以验证其逻辑关系是否正确。Multisim软件可以进行模拟电路、数字电路和混合电路的仿真，特别适合于高等院校电工电子类课程的教学和实验应用，受到了高校师生的欢迎。

本项目由两个任务组成：

任务1　由多数表决器电路引入逻辑门电路的作用

任务2　利用Multisim软件进行电路设计和仿真测试

项目目标

逻辑门电路是数字电路学习中最基础的内容，任何复杂的数字电路都是由逻辑门电路组成的。Multisim软件是学习数字电路的工具，其工作区好像一块"实验板"，在上面可建立各种电路进行仿真实验。本项目通过围绕"多数表决器"的设计展开学习，要达到的主要目标为：

(1)掌握与门、或门和非门电路的功能和符号。

(2)掌握多数表决器的工作原理及应用。

(3)掌握Multisim软件的用法。

(4)掌握组合逻辑电路的分析和设计方法。

任务1 由多数表决器电路引入逻辑门电路的作用

【任务目标】

(1)掌握与门、或门和非门电路的功能和符号。
(2)掌握 TTL 门电路的工作原理。
(3)了解 OC 门、三态门(3S gate)。
(4)掌握多数表决器的工作原理及应用。

在数字电路中,逻辑门电路都是由半导体元件组成的,例如二极管门电路和三极管门电路。

一、与门、或门、非门电路的逻辑关系分析

1. 二极管与门电路

二极管与门电路如图 2.1(a)所示。由图可知,在输入 A、B 中,当有任意一个为低电平或两个同时为低电平时,与输入端相连的二极管就会获得正向电压而优先导通,使输出 F 为低电平,同时其他二极管因承受反向电压而截止;只有当所有输入同时为高电平时,每个二极管都截止,输出 F 才是高电平。二极管与门电路的导通关系如表 2.1 所示。可见,输入对输出呈现与逻辑关系,即 $F=A\cdot B$,其符号如图 2.1(b)所示,其真值表如表 2.2 所示。与门的逻辑功能可概括为:输入有 0,输出为 0;输入全 1,输出为 1。与门输入端的个数可以为两个或两个以上。

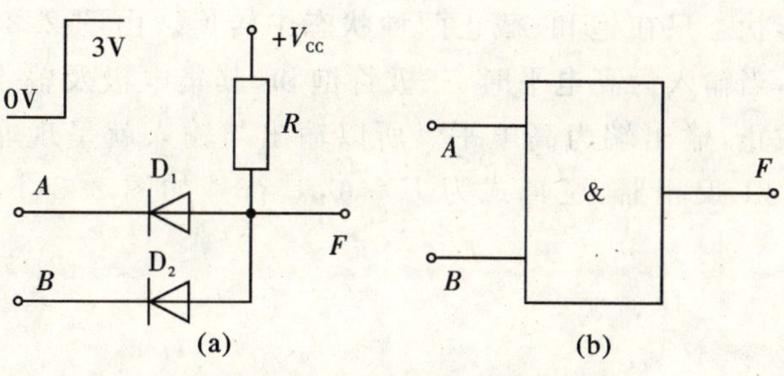

图 2.1　二极管与门电路和符号

表 2.1　二极管与门电路的导通关系

u_A	u_B	u_F	D_1	D_2
0V	0V	0V	导通	导通
0V	3V	0V	导通	截止
3V	0V	0V	截止	导通
3V	3V	3V	截止	截止

表 2.2　与门的真值表

A	B	F
0	0	0
0	1	0
1	0	0
1	1	1

2. 二极管或门电路

二极管或门电路如图 2.2(a)所示。由图可知，或门电路二极管的极性和与门电路接法相反，并采用了负电源。当输入 A、B 中有高电平时，相应的二极管就会优先导通，输出 F 为高电平，同时其他二极管截止；只有当输入 A、B 同时为低电平时，每个二极管都截止，F 才是低电平。二极管或门电路的导通关系如表 2.3 所示。显然 F 和 A、B 间呈现或逻辑关系，逻辑式为 $F=A+B$，其符号如图 2.2(b)所示，其真值表如表 2.4 所示。或门的逻辑功能可概括为：输入有 1，输出为 1；输入全 0，输出为 0。或门的输入端个数同样可以为两个或两个以上。

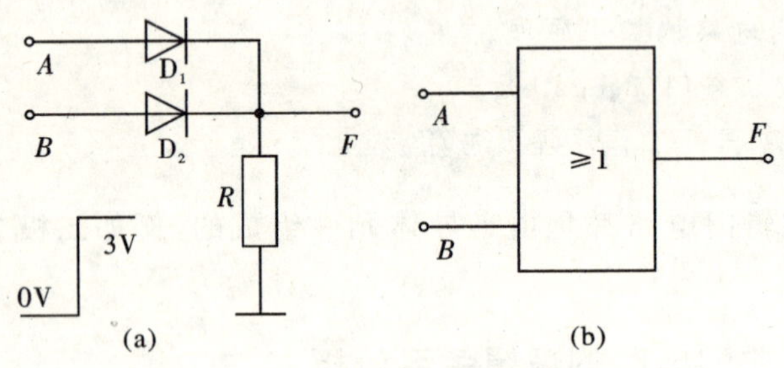

图 2.2　二极管或门电路和符号

表 2.3　二极管或门电路的导通关系

u_A	u_B	u_F	D_1	D_2
0V	0V	0V	截止	截止
0V	3V	3V	截止	导通
3V	0V	3V	导通	截止
3V	3V	3V	导通	导通

表 2.4　或门的真值表

A	B	F
0	0	0
0	1	1
1	0	1
1	1	1

3. 三极管非门电路

利用三极管的开关特性可构成三极管非门电路，如图 2.3(a)所示。非门电路不同于放大电路，三极管的工作状态只在饱和、截止两种状态中转换。由图 2.3(a)可知，三极管非门电路只有一个输入端，当输入为高电平时，三极管饱和，其集电极及输出端为低电平；当输入为低电平时，三极管截止，输出端为高电平。所以输出与输入就呈现非逻辑关系，此电路构成一个非门，也称为 BJT 反相器，逻辑式为 $F=\overline{A}$，其符号如图 2.3(b)所示，其真值表如表 2.5所示。

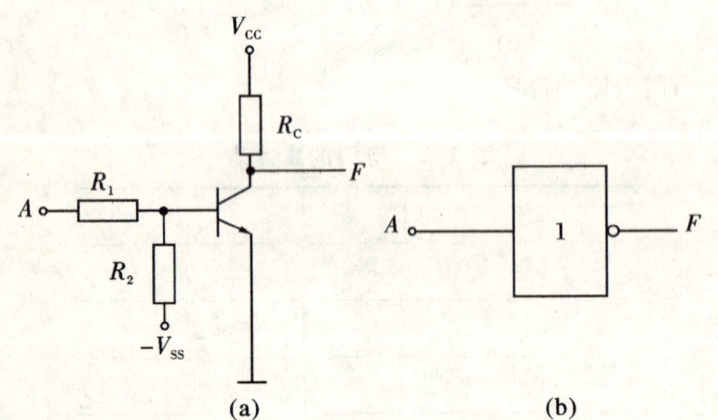

图 2.3　三极管非门电路和符号

表 2.5　非门的真值表

A	F
0	1
1	0

为了使三极管输入低电平时开关可靠地截止，可使电阻 R_1、R_2 和负电源 $-V_{ss}$ 参数相配合，三极管的基极为负电位，发射结反偏，三极管将可靠截止，输出为高电平。

利用与门、或门、非门三种基本逻辑门电路可组合成多种复合门电路。例如，将二极管与门和三极管非门电路连接起来，就可以构成图 2.4(a)所示的与非门电路，其逻辑式为 $F=\overline{AB}$，逻辑符号如图 2.4(b)所示，与非门电路的真值表如表 2.6 所示。与非门的逻辑功能可概括为：输入有 0，输出为 1；输入全 1，输出为 0。

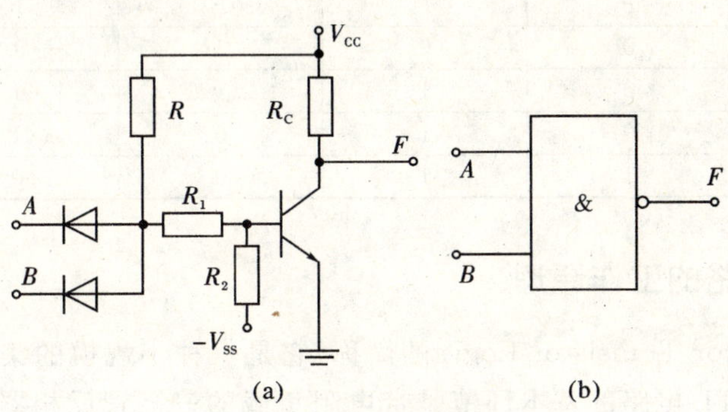

图 2.4　与非门电路和符号

表 2.6　与非门的真值表

A	B	F
0	0	1
0	1	1
1	0	1
1	1	0

如果将二极管或门和三极管非门电路连接起来，就构成了如图 2.5(a)所示的或非门电路，其逻辑式为 $F=\overline{A+B}$，逻辑符号如图 2.5(b)所示。或非门电路的真值表如表 2.7 所示。或非门的逻辑功能可概括为：输入有 1，输出为 0；输入全 0，输出为 1。

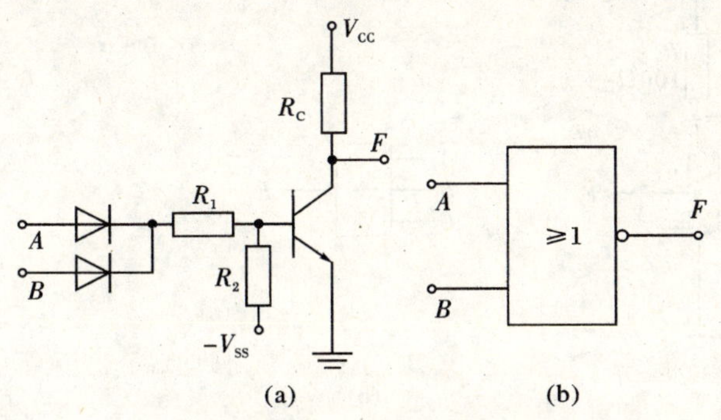

图 2.5　或非门电路和符号

表 2.7　或非门的真值表

A	B	F
0	0	1
0	1	0
1	0	0
1	1	0

对于上述的逻辑门电路，可以根据要求进行组合，构成不同逻辑功能的电路。表 2.8 列出了几种常见的逻辑门电路符号和逻辑表达式。

表 2.8　常见逻辑门电路

逻辑门			与	或	非	与非	或非
图形符号			&	≥1	1	&	≥1
逻辑式			$F=A\cdot B$	$F=A+B$	$F=\overline{A}$	$F=\overline{A\cdot B}$	$F=\overline{A+B}$
输入变量	A	B	F	F	F	F	F
	0	0	0	0	1	1	1
	0	1	0	1	1	1	0
	1	0	0	1	0	1	0
	1	1	1	1	0	0	0

二、TTL 门电路的工作原理

TTL 为 Transistor Transistor Logic 的简称，它是一种小规模的集成电路，由若干个三极管和电阻组成。TTL 电路的基本环节是带电阻负载的三极管反相器（非门），为了改善它的开关速度和其他性能，需要增加其他若干元器件。

1. TTL 与非门电路的结构和工作原理

典型的 TTL 与非门电路如图 2.6(a)所示，采用多发射极 BJT 用作 3 输入端 TTL 与非门的输入器件。图 2.6(b)所示为 TTL 与非门电路相应的逻辑符号。观察图 2.6(a)，该电路按图中虚线划分为三部分，从左至右依次为输入级、中间级和输出级。

输入级由多发射极晶体管 T_1 和电阻 R_1 组成，多个发射结看做与集电结相反的多个二极管，从而实现逻辑“与”的功能；中间级由晶体管 T_2 和电阻 R_2、R_3 组成，T_2 的集电极和发射极输出两个相位相反的信号分别控制 T_3 和 T_5；输出级由晶体管 T_3、T_4、T_5 和电阻 R_4、R_5 组成，T_3、T_4、T_5 组成推拉式输出电路，用以提高电路的带负载能力。

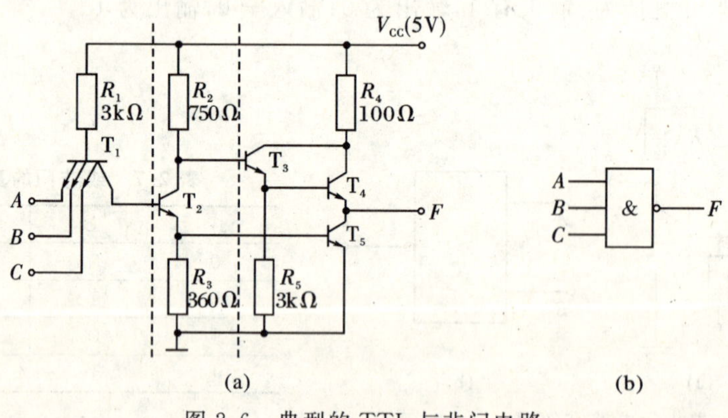

图 2.6　典型的 TTL 与非门电路

由图 2.6(a)分析可知，当输入 A，B，C 均为高电平时，T_1 输出高电平，T_2，T_5 导通，T_4 截止，输出为低电平；当 A，B，C 中至少有一个为低电平时，T_1 输出低电平，T_2，T_5 截止，T_3，T_4 导通，输出为高电平。因此，输出与输入之间为“与非”逻辑，即 $F=\overline{A\cdot B\cdot C}$。若 TTL 电路输入端悬空，则相当于输入高电平。

2. TTL 与非门集成电路芯片

TTL 与非门集成电路芯片种类很多，74LS 系列中含有多种常用的 TTL 与非门集成电路芯片，其综合性能优越、品种多、价格便宜。表 2.9 所示为几种常用的 TTL 集成芯片。

表 2.9 常用的 TTL 集成芯片

型 号	逻 辑 功 能
74LS00	四-2 输入与非门
74LS10	三-3 输入与非门
74LS20	二-4 输入与非门
74LS30	8 输入与非门

74LS00 有四个两输入端与非门，其引脚分配如图 2.7(a)所示；74LS20 有两个四输入端与非门，其引脚分配如图 2.7(b)所示。芯片内的各个逻辑与非门互相独立，可以单独使用，但共用一根电源引线和一根地线，如图 V_{cc} 为电源引脚，GND 为接地脚，NC 为空脚。

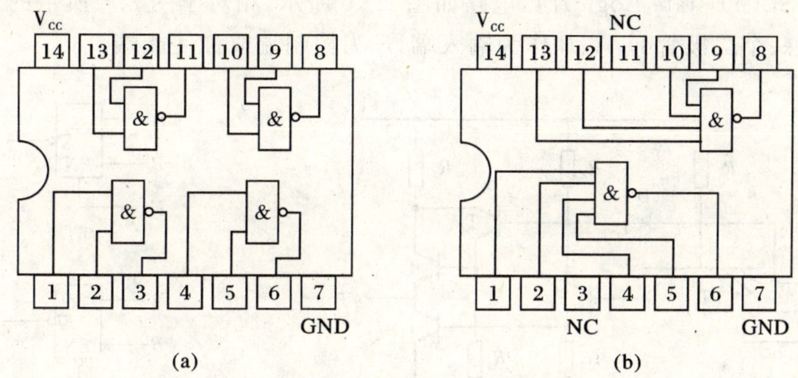

图 2.7 74LS00 和 74LS20 芯片的引脚分配图

三、OC 门、三态门介绍

1. OC 门

集电极开路与非门(Open Collector Gate)是一种输出端可以直接相互连接的特殊逻辑门，简称 OC 门，如图 2.8(a)所示。该电路把一般 TTL 与非门中的 T_3，T_4 去掉，令 T_5 的集电极悬空，从而把一般 TTL 与非门电路的推拉式输出级改为三极管集电极开路输出。图 2.8(b)所示为集电极开路与非门的逻辑符号。

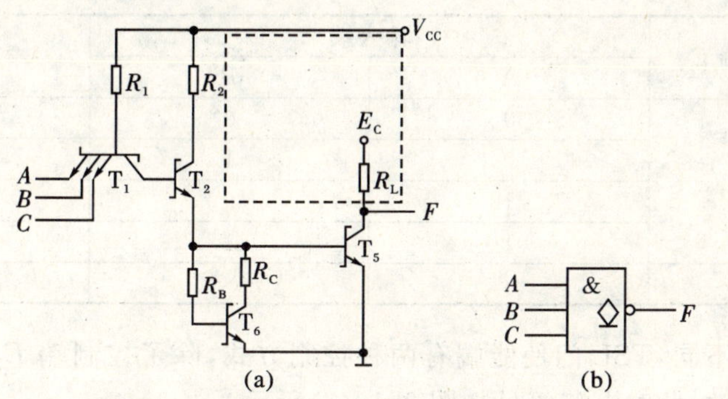

图 2.8 集电极开路与非门电路及其符号

由图 2.8(a)可知，当输入都为高电平时，T_2 和 T_5 饱和导通，输出为低电平 $U_{OL}\approx 0.3\ V$；输入有低电平时，T_2 和 T_5 截止，输出为高电平 $U_{OH}\approx V_{CC}$，因此具有与非功能。集电极开路与非门 T_5 的集电极要外接负载电阻 R_L 和电源 E_C 后才能正常工作。

集电极开路与非门应用很广泛，可以用它直接驱动发光二极管等。

图 2.9 所示为用 OC 门驱动发光二极管 LED 的显示电路，只有当 A，B 均为高电平，使输出 u_o 为低电平时，LED 才导通发光；否则 LED 中无电流流通，不发光。普通的 TTL 与非门不允许直接驱动电压高于 5 V 的负载，否则容易损坏电路。

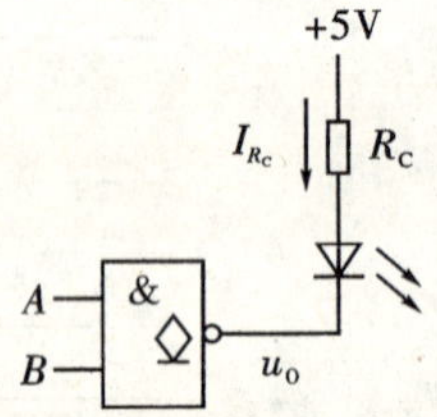

图 2.9　OC 门驱动发光二极管

2. 三态输出与非门

三态输出与非门电路与上述与非门的不同表现在逻辑门的输出除有高、低电平两种状态外，还有第三种状态——高阻状态(或称禁止状态)。这种三态门电路简称 TSL(Tristate Logic)门，电路如图 2.10 所示，相对于图 2.6 所示的普通 TTL 与非门电路多了一个二极管 D，A、B 作为输入端，E 为控制端或称使能端。

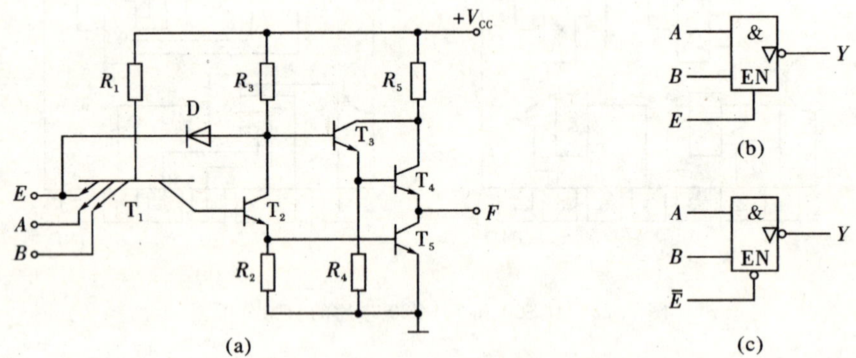

图 2.10　TSL 三态输出与非门电路及其图形符号

当控制端 $E=1$ 时，二极管 D 截止，三态门的输出状态完全取决于输入信号 A、B 的状态，其逻辑功能为 $F=\overline{A\cdot B}$；当控制端 $E=0$ 时，二极管 D 导通，T_4、T_5 都截止，输出端开路，呈现高阻状态。

只有使能信号 $E=1$ 时才允许三态门工作，故称 E 高电平有效。TSL 门的电路符号如图 2.10(b)所示，其逻辑状态表如表 2.10 所示。

表 2.10　TSL 门的逻辑状态表(×表示任意态)

控制端 E	输入端		输出端 Y
	A	B	
1	0	0	1
	0	1	1
	1	0	1
	1	1	0
0	×	×	高阻

由于电路结构不同，TSL 门使能端有两种控制方式，除了控制端 E 高电平有效外，还可以设计为低电平有效，此时电路符号如图 2.10(c)所示。

三态门不是指其具有三种逻辑值，在工作状态下，三态门的输出可为逻辑“1”或者逻辑“0”；在禁止状态下，其输出高阻相当于开路，表示与其他电路无关，高阻不是一种逻辑值。

三态与非门主要应用于总线传送，既可用于单向数据传送，也可用于双向数据传送。如图 2.11 所示为用三态门构成的单向数据总线，用一根导线轮流传送几个不同的数据或控制信号，此导线即为总线或称母线。当某个三态门的控制端为 1 时，该逻辑门处于工作状态，输入数据经反相后送至总线。为了保证数据传送的正确性，任意时刻多个三态门的控制端只能有一个为 1，其余均为 0，轮流高电平处于工作状态，即只允许一个数据端与总线接通，其余均断开，以便实现多个数据的分时传送。这种用总线来传送数据或信号的方法，在计算机中被广泛采用。

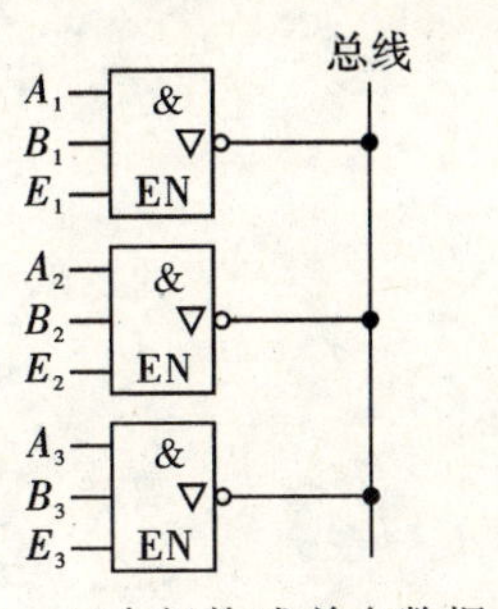

图 2.11　三态门构成单向数据总线

在使用 TTL 集成门电路时，应注意以下事项：

(1)电源电压(V_{CC})应满足在标准值 5 V±10%的范围内。

(2)TTL 电路的输出端不允许直接接电源或直接接地，并且所接负载不能超过规定的扇出系数。

(3)注意 TTL 门多余输入端的处理方法，与门和与非门的多余输入端接逻辑“1” 或者与有用输入端并接；或门和或非门的多余输入端接逻辑“0”或者与有用输入端并接。

四、多数表决电路

1. 任务要求

利用逻辑门电路设计一个三人多数表决电路，当多数人同意时，表决通过。逻辑 1(灯亮)表示同意通过，逻辑 0(灯灭)表示不通过。

2. 设计步骤

(1)根据任务要求列出真值表。A,B,C 分别代表三个人，“0”表示不同意，“1”表示同意。Y 为表决结果，“0”表示不通过，“1”表示通过。三人多数表决电路真值表如表 2.11 所示。

表 2.11　三人多数表决电路真值表

输　入			输出
A	B	C	Y
0	0	0	0
0	0	1	0
0	1	0	0
0	1	1	1
1	0	0	0
1	0	1	1
1	1	0	1
1	1	1	1

(2)由真值表写出逻辑表达式(与非式)：

$$Y=\overline{A}BC+A\overline{B}C+AB\overline{C}=AB+AC+BC=\overline{\overline{AB}\cdot\overline{BC}\cdot\overline{AC}}$$

(3)根据逻辑表达式画出电路图,如图 2.12 所示。

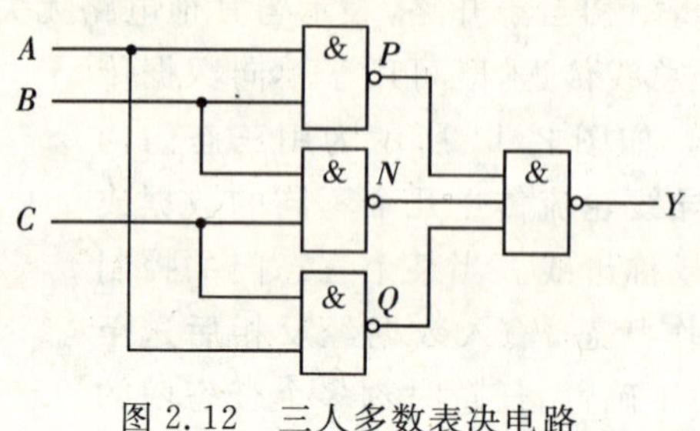

图 2.12 三人多数表决电路

任务2 利用 Multisim 软件进行电路设计和仿真测试

【任务目标】

(1)掌握 Multisim 软件的用法。

(2)利用 Multisim 软件仿真三人多数表决器。

(3)掌握组合逻辑电路的分析和设计方法。

一、Multisim 软件的功能

1. 电子线路的仿真及 Multisim 的应用

Multisim 是一种流行的适合电子线路教学和实验的仿真工具软件。随着计算机技术的发展,电子线路的仿真或模拟已成为电子系统设计的必要手段。20 世纪 80 年代末 90 年代初,加拿大 Interactive Image Technologies 公司推出了 Electronics Workbench(EWB),即虚拟“电子工作台”。它可以进行模拟电路、数字电路和混合电路的仿真,特别适合于高校电工电子类课程的教学和实验应用,受到了高校师生的欢迎。该公司后来又推出了 EWB 的升级版本 Multisim 2001、Multisim 10 等,使得该软件有了新的发展。

2. Multisim 用于教学的特点

Multisim 作为一种电子技术的实验和训练平台,具有界面直观、操作方便等优点。用户可以采用图形输入方式创建电路,元件和测试仪器均可以直接从屏幕图形中选取。测试和仿真方法也简便实用,可以大大提高电路分析和设计的效率。

通过 Multisim 构造的虚拟工作环境,不仅可以弥补由于实验经费不足使实验仪器、元器件缺乏的问题,而且排除了实际材料消耗和仪器损坏等现象。使用 Multisim 可以帮助学生更快、更好地掌握课堂讲授的内容,加深学生对电子线路概念和原理的理解,弥补课堂理论教学的不足。并且通过仿真,可以使学生熟悉常用电子仪器的使用和测量方法,进一步培养学生的综合分析能力和开发创新能力。

Multisim 主要应用于电路仿真,这主要得益于 Multisim 的元器件库可以提供种类繁多的电路元件,对于验证电路原理、学习和设计电路提供了方便。同时,根据需要,用户还可以

新建或扩充已有的元件库。

Multisim 提供的电路分析功能主要基于 pSpise 内核的功能，主要功能包括电路的瞬态分析和稳态分析、时域和频域分析、线性和非线性分析、噪声和失真分析等常规分析方法；还有离散傅里叶分析、电路零极点分析和交直流灵敏度分析等高级分析方法。另外，Multisim 还可以对被仿真电路中的元器件人为设置故障，如开路、短路和漏电等现象，针对不同故障可以观察电路的各种状态，加深对电路概念和原理的理解。这种体验在实际实验中是很难做到的。在进行仿真的同时，它还可以存储测试点的数据，测试仪器的工作状态，显示波形和具体数据，列出被仿真电路的元器件清单等。电子工作台所提供的元器件与目前较常用的电子线路分析软件 pSpise 的元器件库是完全兼容的，两者之间可以相互转换。同时，在该软件下完成的电路文件可以直接输出至常见的印刷线路板排版软件，如 Protel 和 orCAD，自动排出印刷电路板图，从而大大加快了产品的开发速度，提高了设计人员的工作效率。

3. Multisim 10 对电路进行仿真的基本步骤

2007 年 3 月美国国家仪器公司（NI）下属的 Electronics Workbench Group 发布了 Multisim 10，这是交互式 Spice 仿真和电路分析软件的最新版本。

使用 Multisim 10 对电路进行仿真的基本步骤如下：

(1)根据电路原理图所需的元器件，从元件库中选择相应的元器件，然后拖到工作区。

(2)根据电路要求设定元器件的参数和模型。

(3)根据电路特性选择适当的仪器仪表拖到工作区适当的位置。

(4)根据测试要求设置仪器仪表参数。

(5)将布局好的元器件和仪器仪表用导线逐一连接，并激活电路进行仿真。

(6)保存电路图和仿真结果。

下节将以三人多数表决器为例介绍 Multisim 10 的功能和使用方法。

二、利用 Multisim 10 对多数表决器电路进行仿真测试

1. 创建电路图

1)启动操作

启动 Multisim 10 以后，出现如图 2.13 所示的界面。启动后出现的窗口如图 2.14 所示。

图 2.13 启动界面

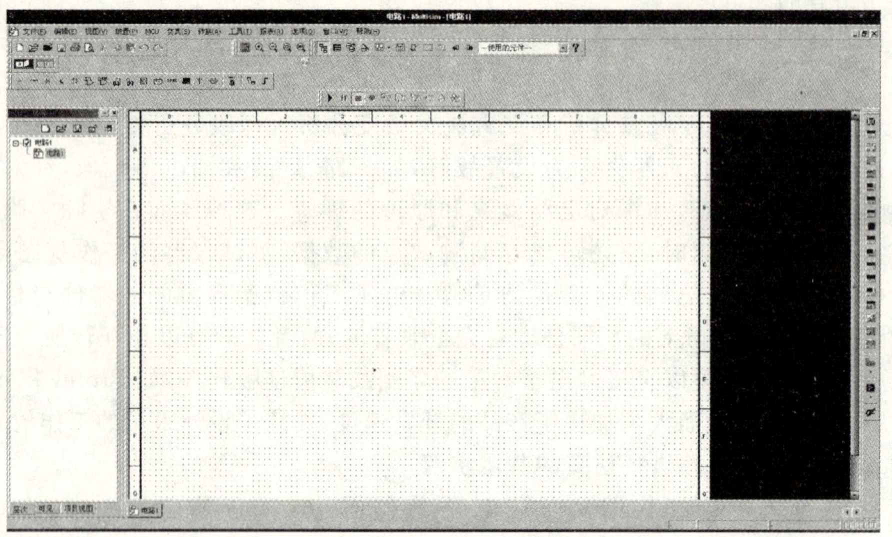

图 2.14　启动后的窗口

选择文件/新建/原理图，即弹出如图 2.15 所示的主设计窗口。

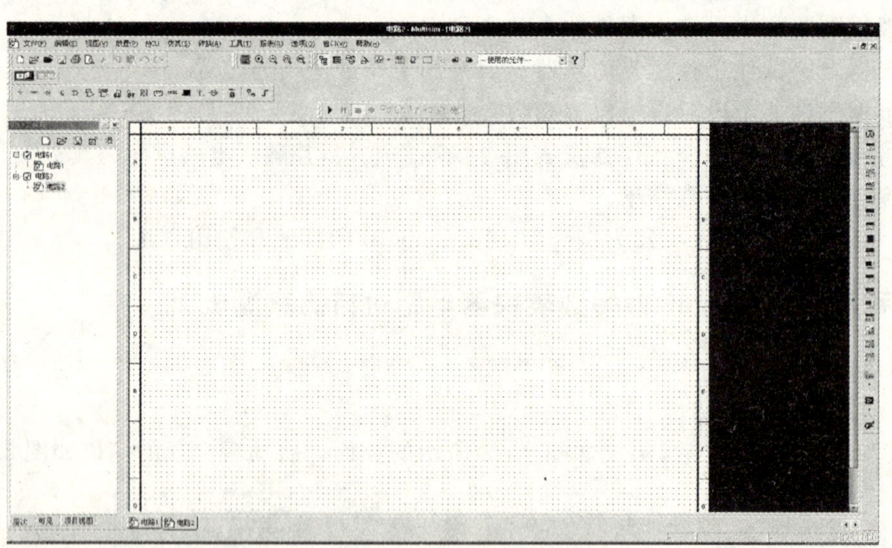

图 2.15　主设计窗口

2)添加元件

主设计窗口的左上角有元件库工具栏，如图 2.16 所示，将鼠标移到上面的时候会出现功能提示。

图 2.16　元件库工具栏

单击元件库工具栏中从左边数起第六个按钮“TTL”，出现如图 2.17 所示的对话框。

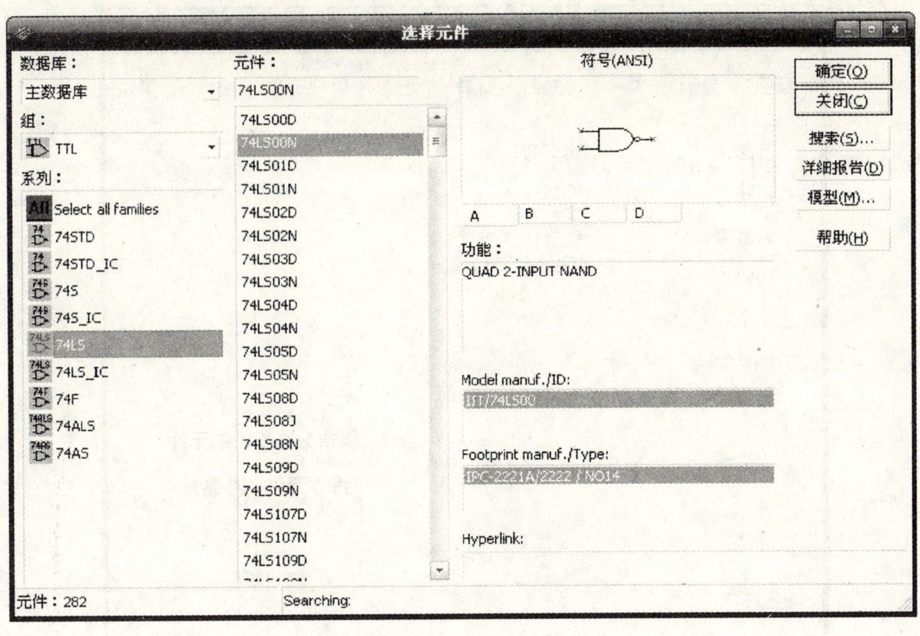

图 2.17 选择元件

根据三人多数表决电路，从元件库中选取三个 2 输入与非门和一个 3 输入与非门，如图 2.18 所示。74LS00 是四- 2 输入与非门，74LS10 是三- 3 输入与非门。

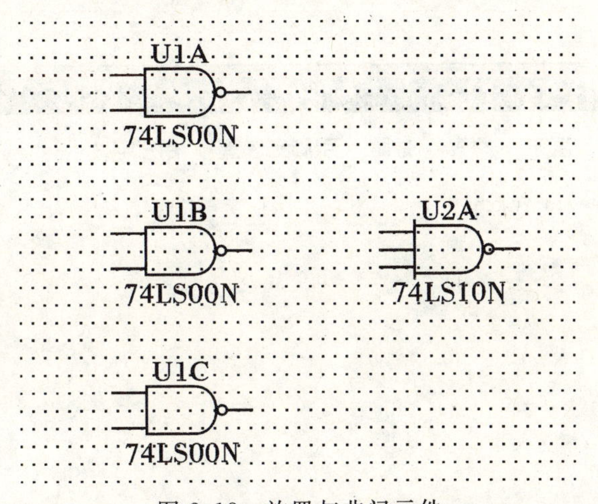

图 2.18 放置与非门元件

双击元件，会出现该元件的设置对话框，如图 2.19 所示，在其中可以设置元件的标签、编号、数值和模型参数等。

为了仿真三人多数表决电路，必须模拟输入和输出信号为“0”和“1”的两种状态，所以还需要一个电源、一个接地元件、三个选择开关、三个电阻和四个信号灯。从信号源库中选取电源和接地元件，从基础元件库中选取开关和电阻，从指示器库中选取信号灯。

双击开关元件，设置 J2 关键字为“B”，如图 2.20 所示，设置 J3 关键字为“C”。双击指示灯元件，将其标识分别改为“A”、“B”、“C”和“Y”。完成后如图 2.21 所示。

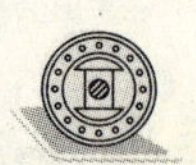

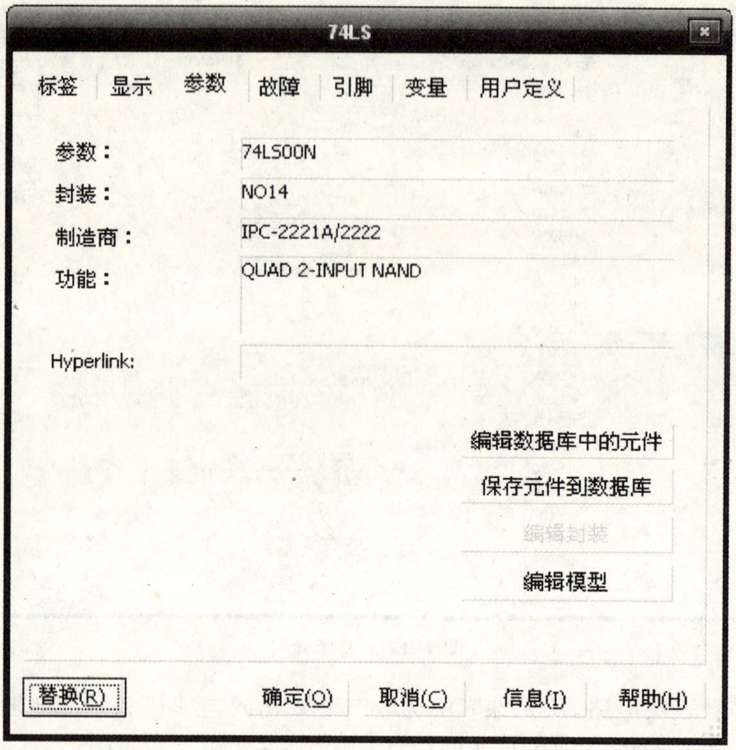

74LS
标签
显示
参数
故障
引脚
变量
用户定义
参数：
74LS00N
封装：
NO14
制造商：
IPC-2221A/2222
功能：
QUAD 2-INPUT NAND
Hyperlink:
编辑数据库中的元件
保存元件到数据库
编辑封装
编辑模型
替换(R)
确定(O)
取消(C)
信息(I)
帮助(H)

图 2.19　元件设置对话框

DIPSW1
标签
显示
参数
故障
引脚
变量
用户定义
Key for Switch:
替换(R)
确定(O)
取消(C)
信息(I)
帮助(H)

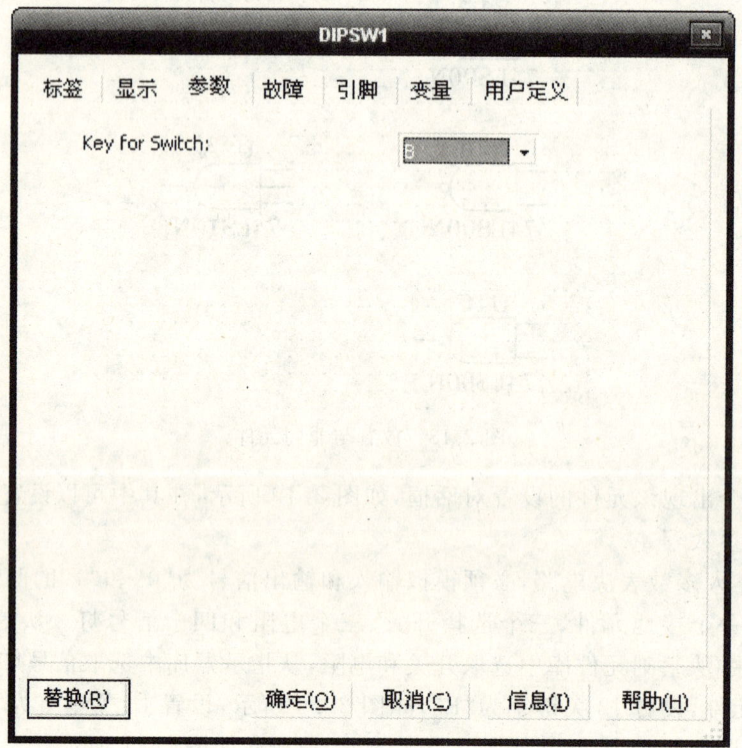

图 2.20　设置开关元件的关键字

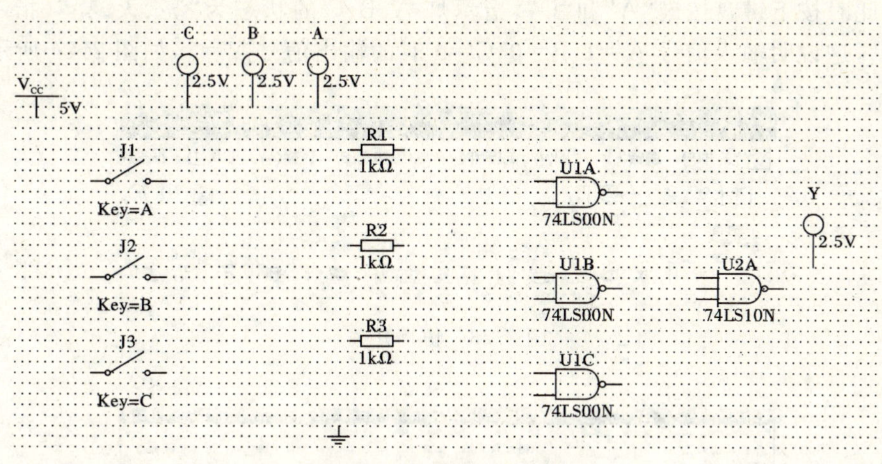

图 2.21　放置所有元件

3)元件的移动

选中元件,直接用鼠标拖曳要移动的元件。

4)元件的复制、删除与旋转

选中元件,用相应的菜单、工具栏选择命令或在单击鼠标右键弹出的快捷菜单中选择命令,进行需要的操作。

5)导线的操作

(1)连接。将鼠标指向某元件的端点,出现小圆点后按下鼠标左键拖曳到另一个元件的端点,出现小圆点后松开左键。

(2)删除。选定导线,直接点删除按钮,或单击鼠标右键,在弹出的快捷菜单中选择"删除"。

2. 实时仿真

连接好导线后的完整电路图如图 2.22 所示。键盘按键"A"按下时开关 J1 闭合,再按一下断开,J2 和 J3 类似。输入信号为"0"时,相应指示灯 A、B、C 灭;输入信号为"1" 时,相应指示灯 A、B、C 亮。输出信号为"0"时,指示灯 Y 灭;输出信号为"1" 时,指示灯 Y 亮。

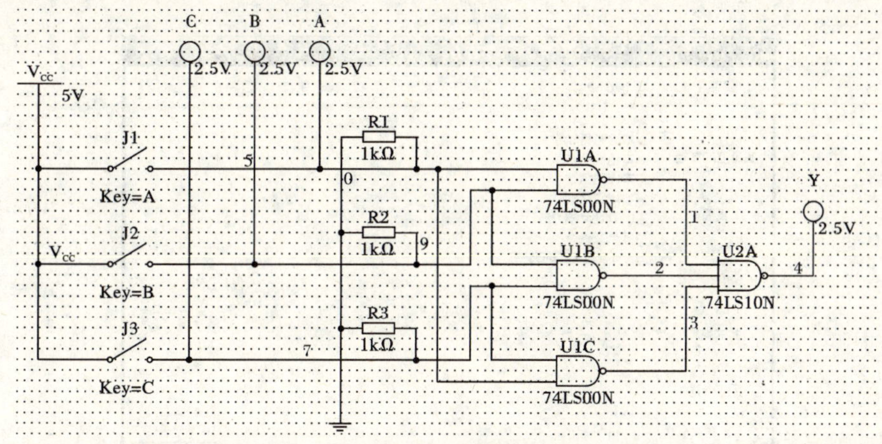

图 2.22　三人多数表决电路完整电路图

左上角菜单栏下方是仿真开关(见图 2.23),用鼠标左键单击仿真开关,就开始实时仿

真。比如,此时按下键盘按键“A”和“C”,指示灯 A、B、C 的状态为“亮、灭、亮”,指示灯 Y 的状态为“亮”,这说明输入信号 A=1、B=0、C=1 时的输出信号 Y=1,如图 2.24 所示。

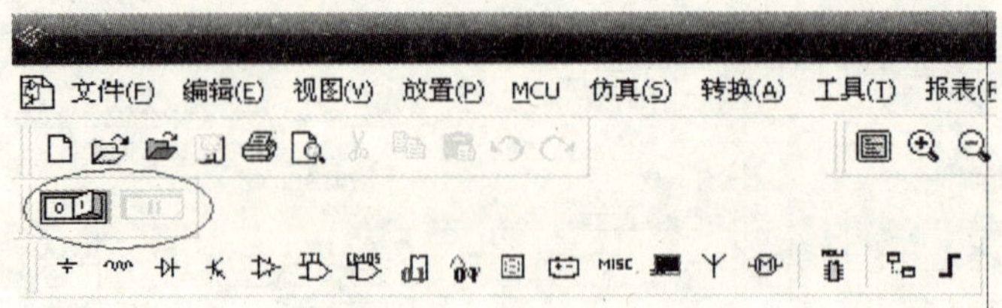

图 2.23 仿真开关

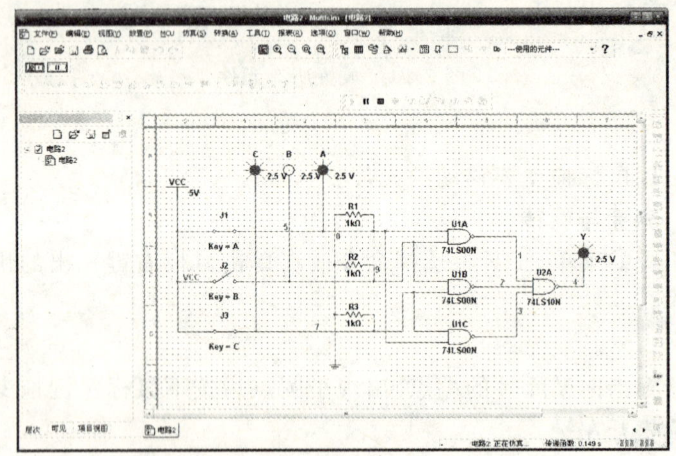

图 2.24 实时仿真

3. 保存文件

(1)电路图绘制完成,仿真结束后,执行菜单栏中的“文件/保存”可以自动按原文件名将该文件保存在原来的路径中。

(2)执行菜单栏中的“文件/另存为”,弹出对话框,如图 2.25 所示。

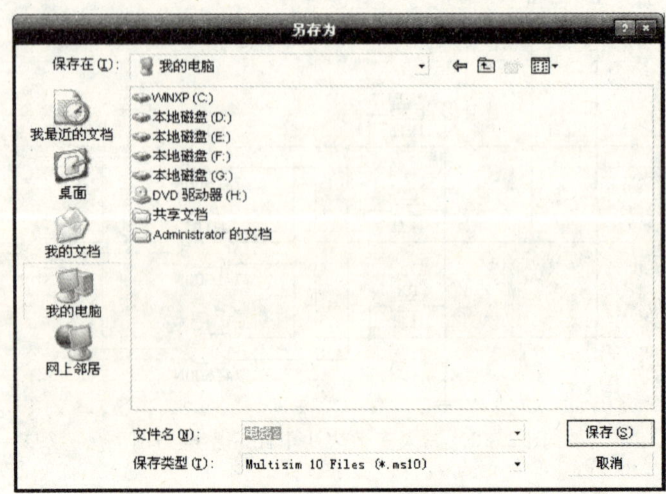

图 2.25 另存为对话框

在另存为对话框中选定保存路径，可以修改文件名并保存。

三、Multisim 10 的虚拟仪器

Multisim 10 提供了 21 种虚拟仪器，这些虚拟仪器与现实中所使用的仪器一样，可以直接通过仪器观察电路的运行状态。同时，虚拟仪器还充分利用了计算机处理数据速度快的优点，对测量的数据进行加工处理，并产生相应的结果。

在图 2.15 的主设计窗口中，右侧竖排的为仪表工具栏。常用的仪表有数字万用表、函数发生器、示波器、逻辑转换仪等，可根据需要选择使用。在这里只简要介绍一下数字万用表和逻辑转换仪的用法，其他仪表的使用方法类似，不再赘述。

1. 数字万用表的使用

1)调用数字万用表

从仪表工具栏中选中数字万用表放置在主电路图中。双击万用表图标，弹出参数设置对话框，如图 2.26 所示。

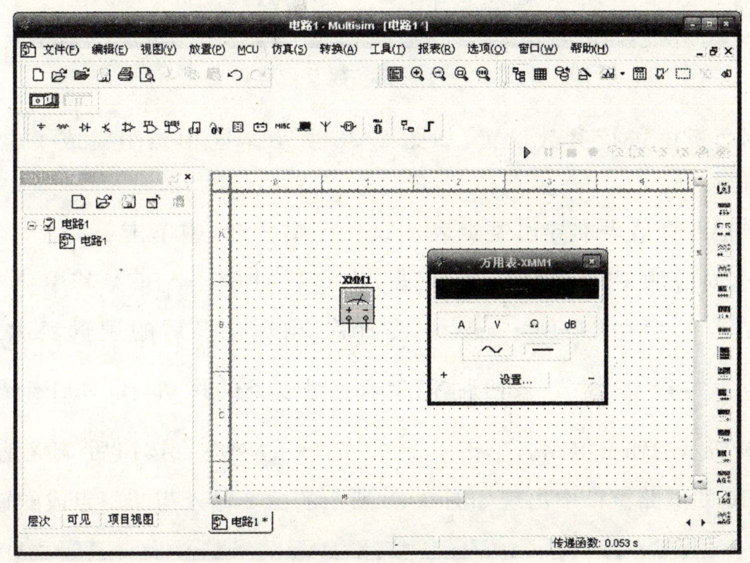

图 2.26　万用表的调用

2)万用表设置

单击万用表设置对话框中的“设置”按钮，弹出如图 2.27 所示的万用表设置对话框，在其中可进行万用表参数及量程设置。

2. 逻辑转换仪的使用

逻辑转换仪(Logic Converter)是 Multisim 10 软件特有的仪器，它能够完成真值表、逻辑表达方式和逻辑电路三者之间的相互转换。目前实际中还不存在与之对应的设备。

在数字电路中，组合逻辑电路的设计复杂而繁琐，尤其当输入与输出变量的个数很多时，处理起来更加麻烦。利用 Multisim 10 的逻辑转换仪可以大大地简化和缩短组合逻辑电路的设计过程。

此处还是以三人多数表决器的设计来简要地说明。

从仪表工具栏中选中逻辑转换仪放置在主电路图中，双击逻辑转换仪图标，在弹出的逻

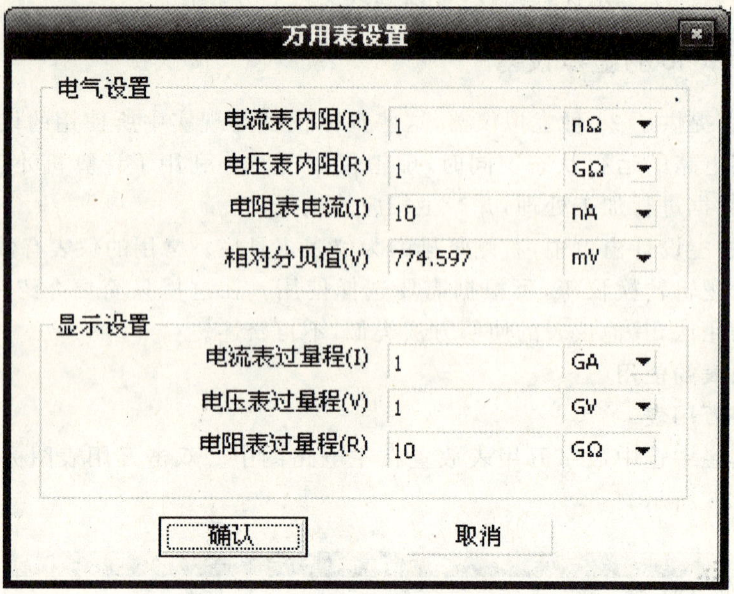

万用表设置

电气设置

电流表内阻(R)	1	nΩ
电压表内阻(R)	1	GΩ
电阻表电流(I)	10	nA
相对分贝值(V)	774.597	mV

显示设置

电流表过量程(I)	1	GA
电压表过量程(V)	1	GV
电阻表过量程(R)	10	GΩ

确认　　取消

图 2.27　万用表参数及量程设置

辑转换仪的控制面板中进行参数设置，如图 2.28 所示。这相当于完成了电路设计的第一步——建立真值表。

设计第二步是由真值表推导出逻辑表达式。在图 2.28 中单击 10|1 → A|B 按钮后，出现真值表对应的逻辑表达式：A′BC＋AB′C＋ABC′＋ABC。其中 A′表示对 A 的电平逻辑取反。单击 10|1 SIMP A|B 按钮后，出现化简后的逻辑表达式：AC＋AB＋BC。单击 A|B → 门 按钮后，随着蓝色进度条的移动，在 Multisim 10 的电路窗口中出现如图 2.29 所示的输出电路。单击 A|B → NAND 按钮后，随着蓝色进度条的移动，在 Multisim 10 的电路窗口中出现如图 2.30 所示的由 2 输入与非门组成的输出电路。

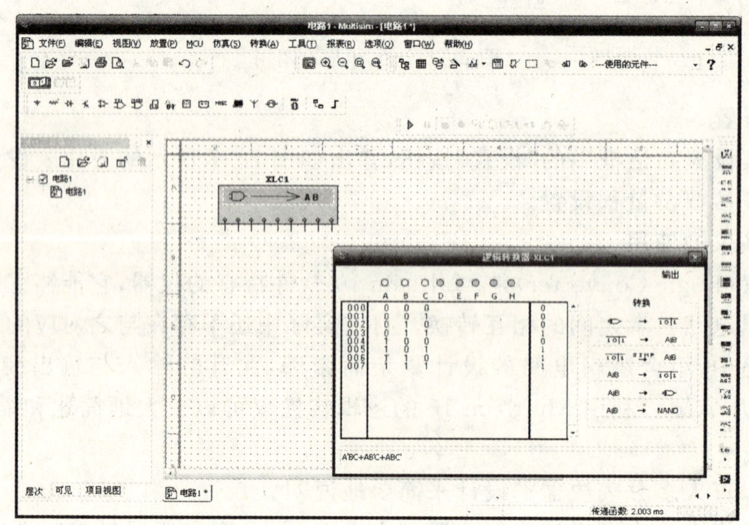

图 2.28　逻辑转换仪面板

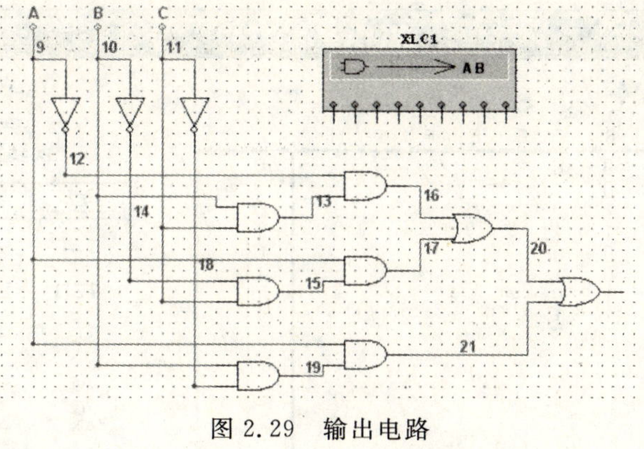

图 2.29 输出电路

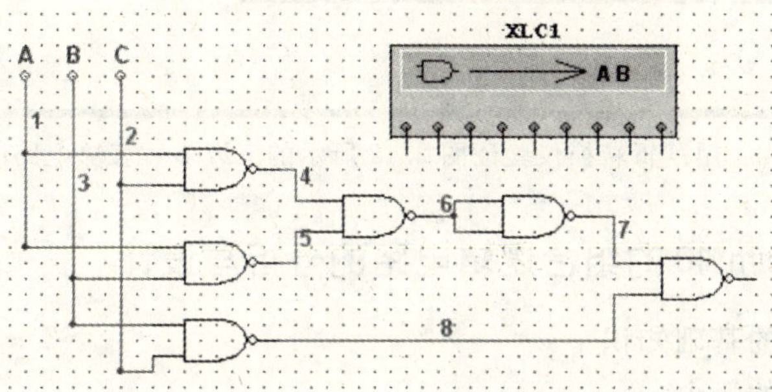

图 2.30 由 2 输入与非门组成的输出电路

由逻辑转换仪输出的电路与 2.1.4 节设计的三人多数表决器的电路稍有区别，但是逻辑功能一样。

Multisim 10 除了可以像 2.2.2 节那样利用开关和指示灯等元件验证图 2.12 所示的三人多数表决电路的逻辑关系，还可以利用逻辑转换仪来进行验证。逻辑转换仪左边起前 8 个引脚是输入端，最右边的 1 个引脚是输出端。本例有 3 个输入和 1 个输出，电路如图 2.31 所示。双击逻辑转换仪图标，在弹出的逻辑转换仪的控制面板中单击 [门电路→10|1 按钮]，会出现如图 2.32 所示的结果。结果与真值表完全一致，说明该电路的逻辑关系正确。

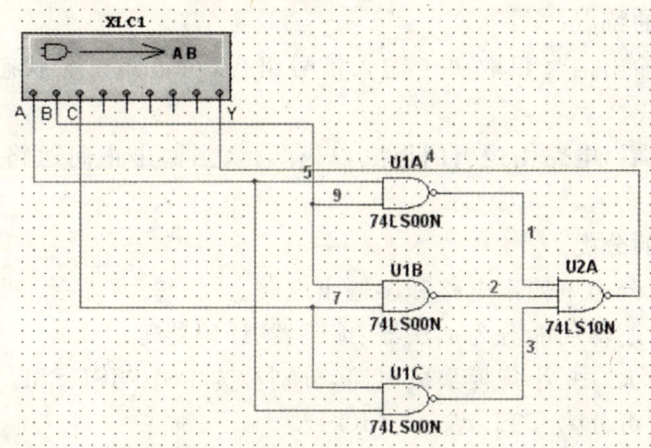

图 2.31 用逻辑转换仪验证图 2.12 所示的三人多数表决电路

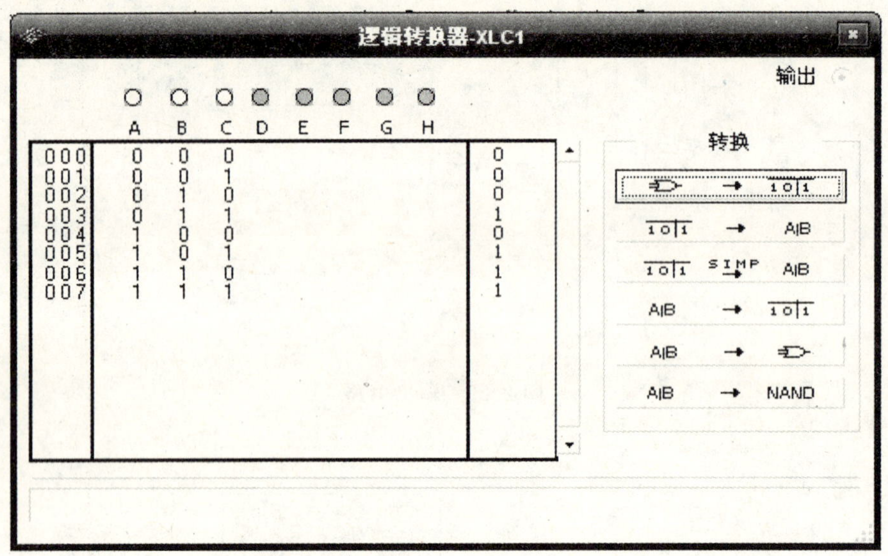

图 2.32　用逻辑转换仪验证图 2.12 所示的三人多数表决电路的结果

四、基于 Multisim 10 的组合逻辑电路的分析与设计

1. 组合逻辑电路的基础知识

1)组合逻辑电路的概念

在任一时刻,如果逻辑电路的输出状态只取决于输入各状态的组合,而与电路原来的状态无关,则称该电路为组合逻辑电路。图 2.33 是组合逻辑电路的一般框图,假设它有 n 个输入端,m 个输出端,则可用下列逻辑函数描述:

$$Y_i = f_i(x_0, x_1, \cdots, x_{n-1}) \quad (i=0,1,\cdots,m-1)$$

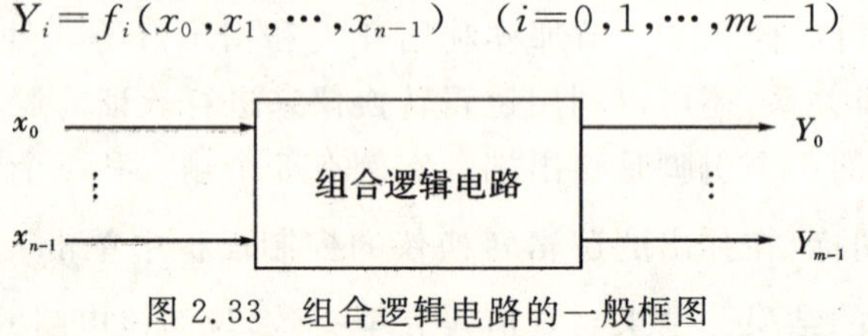

图 2.33　组合逻辑电路的一般框图

2)组合逻辑电路的特点

(1)从功能上看,输出信号只取决于输入信号组合,与电路过去状态无关。即组合电路没有记忆功能。

(2)从电路结构上看,电路由逻辑门组成,只有输入到输出正向通路,无输出到输入反馈通路。

3)组合逻辑电路的分类

(1)按输出端数可分为单输出电路和多输出电路。

(2)按所接电路的逻辑功能分为加法器、编码器、译码器等。

(3)按集成度分为大、中、小规模集成电路,分别称为 LSI、MSI、SSI。

(4)按器件的极型可分为 TTL 型和 CMOS 型。

2. 组合逻辑电路的分析

分析逻辑电路的目的在于确定逻辑图的逻辑功能。其一般分析步骤如下：

(1)由逻辑图写出逻辑表达式。

(2)化简逻辑表达式，求出最简函数式(与或表达式)。

(3)列出真值表。

(4)写出输出与输入的逻辑功能说明。

【例 2.1】 试分析图 2.34 所示逻辑电路的功能并用 Multisim 10 仿真。

【解】 (1)写出逻辑表达式：

$$F_1=\overline{A\,\overline{B}},\quad F_2=\overline{\overline{A}B}$$

$$F=\overline{F_1F_2}=\overline{\overline{A\,\overline{B}}\cdot\overline{\overline{A}B}}$$

(2)进行逻辑变换和化简：

$$F=\overline{\overline{A\,\overline{B}}\cdot\overline{\overline{A}B}}=\overline{\overline{A\,\overline{B}}}+\overline{\overline{\overline{A}B}}=A\,\overline{B}+\overline{A}B$$

(3)列出真值表，如表 2.12 所示。

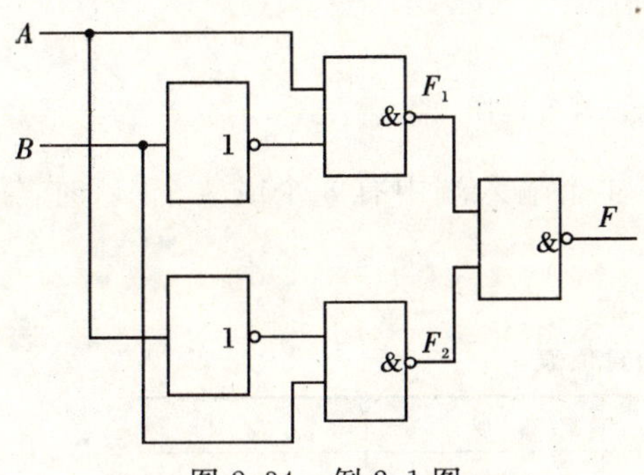

图 2.34 例 2.1 图

表 2.12 例 2.1 的真值表

输入		输出
A	B	F
0	0	0
0	1	1
1	0	1
1	1	0

(4)由真值表可以确定该逻辑电路实现的是异或功能，也可直接用一个异或门来代替。

(5)利用 Multisim 10 对电路进行仿真，仿真电路如图 2.35 所示。

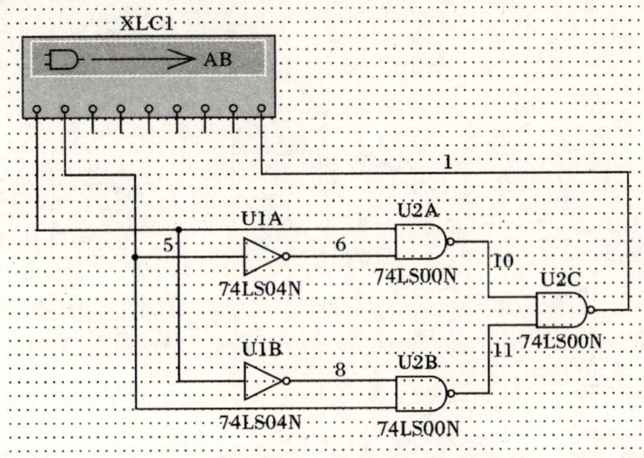

图 2.35 例 2.1 的仿真电路

3. 组合逻辑电路的设计

设计的目的在于根据所要求的逻辑功能，求解满足此功能的逻辑电路。一般设计步骤如下：

(1)根据逻辑功能写出真值表。根据设计要求，首先确定输入变量和输出变量，并对它们进行逻辑状态赋值，确定逻辑“1”和逻辑“0”所对应的状态，然后准确列写真值表。

(2)根据真值表写出逻辑表达式。

(3)用卡诺图法或逻辑代数法进行化简，求出最简逻辑表达式。

(4)按照最简逻辑表达式，画出相应的逻辑图。

可用图 2.36 来表示其设计过程。

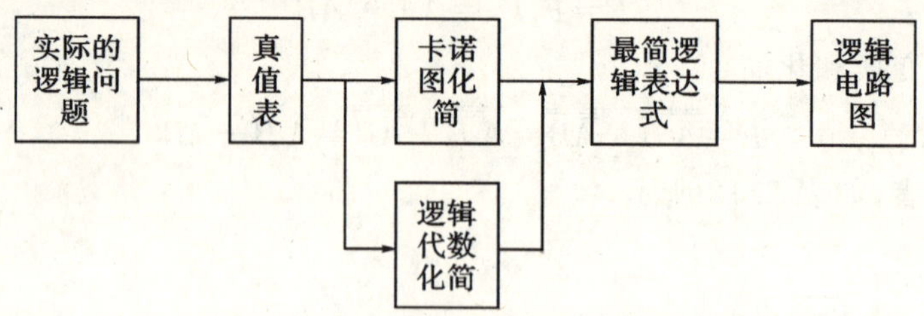

图 2.36　组合逻辑电路设计方框图

【例 2.2】 用“与非门”设计一个表决电路。在 4 个输入端中有 3 个或 4 个“1”时，输出为“1”。

【解】 (1)分析题意，列出真值表，如表 2.13 所示。

表 2.13　例 2.2 的真值表

A	B	C	D	Z
0	0	0	0	0
0	0	0	1	0
0	0	1	0	0
0	0	1	1	0
0	1	0	0	0
0	1	0	1	0
0	1	1	0	0
0	1	1	1	1
1	0	0	0	0
1	0	0	1	0
1	0	1	0	0
1	0	1	1	1
1	1	0	0	0
1	1	0	1	1
1	1	1	0	1
1	1	1	1	1

(2)用卡诺图化简，如图 2.37 所示。

BC \ DA	00	01	11	10
00				
01			1	
11		1	1	1
10			1	

图 2.37　例 2.2 的卡诺图

(3)写出逻辑表达式：

$$Z = ABC + BCD + ACD + ABD$$
$$= \overline{\overline{ABC} \cdot \overline{BCD} \cdot \overline{ACD} \cdot \overline{ABD}}$$

(4)用“与非门”构成的逻辑电路，如图 2.38 所示。

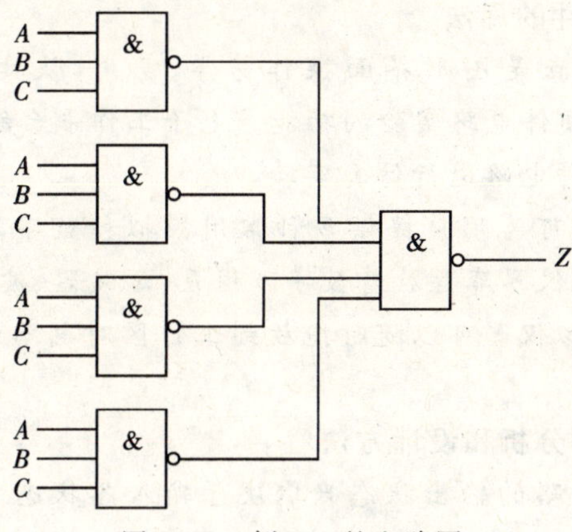

图 2.38　例 2.2 的电路图

(5)利用 Multisim 10 对电路进行仿真，电路如图 2.39 所示。

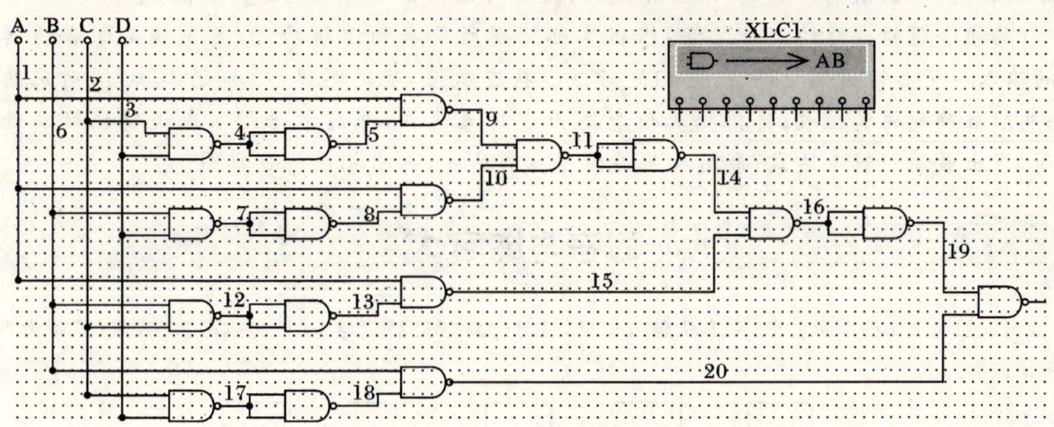

图 2.39　例 2.2 的仿真电路

项目小结

通过本项目的学习，要求掌握的主要内容有以下几点：

1. 与门、或门和非门电路

与、或、非是数字逻辑运算的三种基本关系，可用数字逻辑门电路去实现。能实现与运算的电路叫与门，能实现或运算的电路叫或门，能实现非运算的电路叫非门(反相器)。

用分立件半导体二极管、三极管等可组成与门、或门、非门及与或门、与非门等复合门电路，还可以采用 TTL 集成门电路实现逻辑运算。

在 TTL 集成逻辑门电路使用中，要注意电源的正确连接方法，注意多余输入端的正确处理。

2. 掌握 Multisim 10 软件的用法

Multisim 10 软件的特点是图形界面操作易学、易用，快捷、方便，真实、准确。使用 Multisim 10 可实现大部分硬件电路实验的功能。电子工作平台的设计试验工作区好像一块“实验板”，在上面可建立各种电路进行仿真实验。

电子工作平台的器件库可为用户提供多种常用模拟和数字器件，设计和试验时可任意调用。电子工作平台的虚拟仪器库存放着数字万用表、示波器、波特图仪、逻辑转换仪、16 位数字信号发生器等，这些虚拟仪器可以随时拖放到工作区对电路进行测试，并直接显示有关数据或波形。

3. 掌握组合逻辑电路的分析和设计方法

(1)在任一时刻，逻辑电路的输出状态只取决于输入各状态的组合，而与电路原来的状态无关。其输入、输出逻辑关系按照逻辑函数的运算法则。

(2)组合逻辑电路的分析方法：由所给定的逻辑图写出逻辑表达式；用逻辑代数法或卡诺图法化简，求出最简函数式；列出真值表；最后写出输出与输入的逻辑功能说明。

(3)组合逻辑电路的设计方法：根据实际问题所要求的逻辑功能，首先确定组合逻辑电路的输入变量和输出变量，并对它们进行逻辑状态赋值，确定逻辑“1”和逻辑“0”所对应的状态；然后准确列写真值表；再根据真值表写出逻辑表达式，并用卡诺图法或逻辑代数法进行化简，求出最简逻辑表达式；最后按照最简逻辑表达式，画出相应的逻辑图。

思考与练习 2

2.1 如题 2.1 图所示波形，A、B 为输入信号，试分别对“与门”、“与非门”、“或门”、“或非门”画出各自的输出波形。

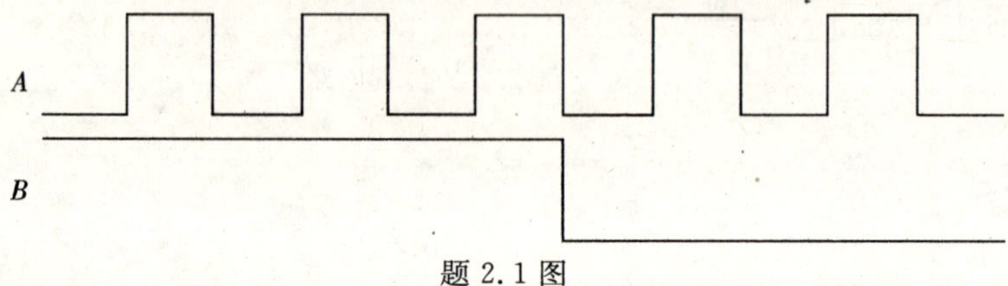

题 2.1 图

2.2 根据下列逻辑式分别画出逻辑电路图,并用 Multisim 10 软件进行仿真测试。

(1)$Y=(A+B)C$,　(2)$Y=AB+BC$,

(3)$Y=\overline{A}+ABC$,　(4)$Y=A(B+C)+BC$。

2.3 写出题 2.3 图所示的逻辑表达式,并用 Multisim 10 软件进行仿真测试。

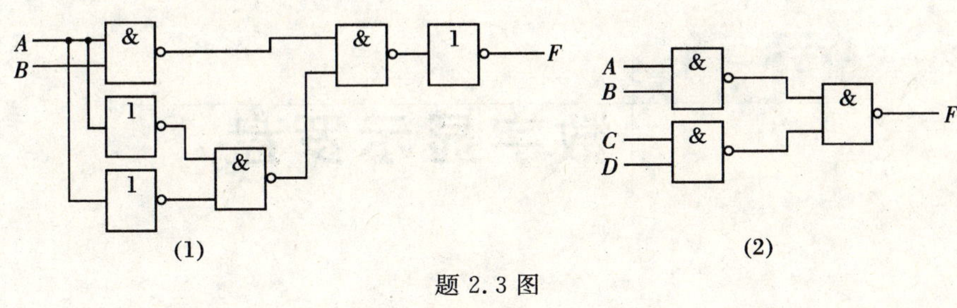

题 2.3 图

项目3

数字显示罗盘

项目剖析

本项目制作一个数字显示罗盘，可以显示 8 个方位，即东、南、西、北、东北、东南、西北、西南。下图为它的原理框图。如何实现框图中的各项功能，相信在你完成以下各任务内容的学习后，就会找到这些问题的答案。

本项目制作简单，效果明显，特别适合初学者学习。通过本项目的学习，大家会对编码器、译码器的使用有个初步的认识，为今后的学习与工作打下必要的基础。如果条件允许，还可以制作出数字显示罗盘实物进行焊接调试，以增进学习的兴趣。

本项目由三个任务组成：

任务 1　编码器部分设计

任务 2　译码器部分设计

任务 3　其他电路（加法器、数据选择器、数据比较器）

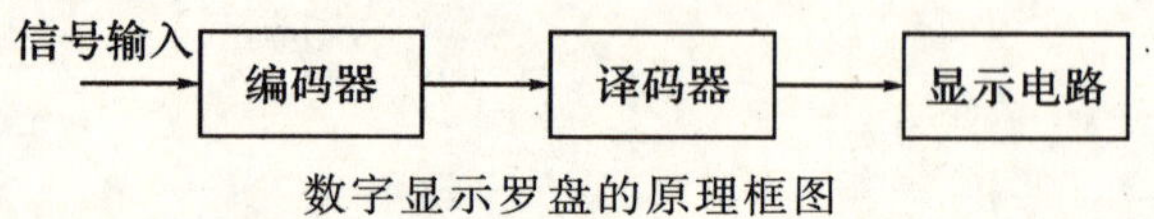

数字显示罗盘的原理框图

项目目标

编码器和译码器是组成数字系统的重要部件，对它们的分析与应用是整个数字电路学习的基础和重点。本项目通过围绕“数字显示罗盘”的制作展开学习，要达到的主要目标为：

(1)掌握编码器的工作原理及分析方法。

(2)掌握译码器的工作原理及分析方法。

(3)熟练掌握集成编码器、译码器的逻辑功能及应用。

(4)掌握加法器的工作原理及逻辑功能。

(5)掌握数据选择器的逻辑功能。

(6)掌握数据比较器的逻辑功能。

任务1 编码器部分设计

【任务目标】

(1)了解编码器的功能和特点。

(2)掌握编码器的工作原理及分析方法。

(3)掌握集成编码器的逻辑功能。

(4)掌握集成编码器的级联方法。

在数字系统中,常常将具有特定意义的信息变成相应的二进制代码,此过程称为编码。实现编码功能的电路称为编码器。编码器有二进制编码器、十进制编码器和优先编码器等。

一、二进制编码器

1. 4线-2线编码器

编码器有若干个输入,在某一时刻只有一个输入信号被转换为二进制代码。用 n 位二进制代码对 2^n 个信号进行编码的电路,称为二进制编码器。

下面分析4输入、2输出编码器的工作原理。

4线-2线编码器的功能表如表3.1所示。

表3.1 4线-2线编码器的功能表

输入				输出	
I_3	I_2	I_1	I_0	Y_1	Y_0
0	0	0	1	0	0
0	0	1	0	0	1
0	1	0	0	1	0
1	0	0	0	1	1

表3.1所示的编码器为高电平输入有效,即输入为高电平"1"时相应有输出。因此可以由功能表得到如下逻辑表达式:

$$Y_1=\overline{I}_0\overline{I}_1I_2\overline{I}_3+\overline{I}_0\overline{I}_1\overline{I}_2I_3$$

$$Y_0=\overline{I}_0I_1\overline{I}_2\overline{I}_3+\overline{I}_0\overline{I}_1\overline{I}_2I_3$$

将上述逻辑表达式转换为与非-与非式:

$$Y_1=\overline{\overline{\overline{I}_0\overline{I}_1I_2\overline{I}_3}\cdot\overline{\overline{I}_0\overline{I}_1\overline{I}_2I_3}}$$

$$Y_0=\overline{\overline{\overline{I}_0I_1\overline{I}_2\overline{I}_3}\cdot\overline{\overline{I}_0\overline{I}_1\overline{I}_2I_3}}$$

可以画出用与非门实现的逻辑图,如图3.1所示。该逻辑电路可以实现表3.1所示的编码功能,即当 $I_0\sim I_3$ 中某一个输入为1时,输出 Y_1Y_0 为相对应的代码。例如,当 I_2 为1时,

Y_1Y_0 为 10。

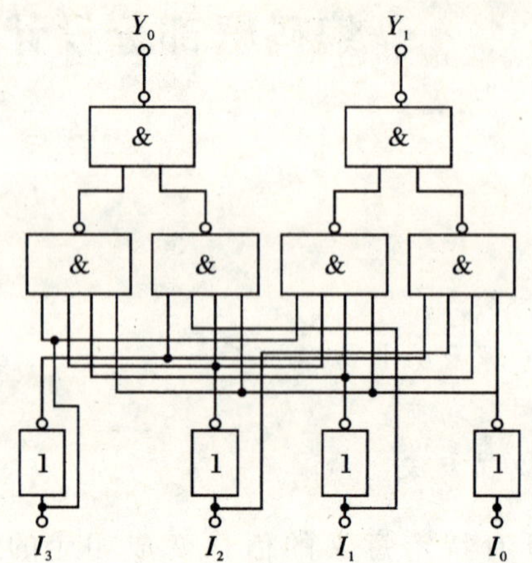

图 3.1　由与非门构成的 4 线-2 线编码器

2. 8 线-3 线编码器

当输入为 $I_0 \sim I_7$ 8 个信号时，输出为 $Y_2Y_1Y_0$ 三位二进制代码。下面分析 8 输入、3 输出编码器的工作原理。

8 线-3 线编码器的功能表如表 3.2 所示。

表 3.2　8 线-3 线编码器的功能表

输入								输出		
I_7	I_6	I_5	I_4	I_3	I_2	I_1	I_0	Y_2	Y_1	Y_0
0	0	0	0	0	0	0	1	0	0	0
0	0	0	0	0	0	1	0	0	0	1
0	0	0	0	0	1	0	0	0	1	0
0	0	0	0	1	0	0	0	0	1	1
0	0	0	1	0	0	0	0	1	0	0
0	0	1	0	0	0	0	0	1	0	1
0	1	0	0	0	0	0	0	1	1	0
1	0	0	0	0	0	0	0	1	1	1

由表 3.2 所示的编码器功能表可得到如下逻辑表达式：

$$Y_2 = I_4 + I_5 + I_6 + I_7 = \overline{\overline{I_4}\,\overline{I_5}\,\overline{I_6}\,\overline{I_7}}$$

$$Y_1 = I_2 + I_3 + I_6 + I_7 = \overline{\overline{I_2}\,\overline{I_3}\,\overline{I_6}\,\overline{I_7}}$$

$$Y_0 = I_1 + I_3 + I_5 + I_7 = \overline{\overline{I_1}\,\overline{I_3}\,\overline{I_5}\,\overline{I_7}}$$

可以画出逻辑图，如图 3.2 所示。该逻辑电路可以实现表 3.2 所示的编码功能，即当 $I_0 \sim I_7$ 中某一个输入为 1 时，输出 $Y_2Y_1Y_0$ 为相对应的代码。例如，当 I_5 为 1 时，$Y_2Y_1Y_0$ 为 101。

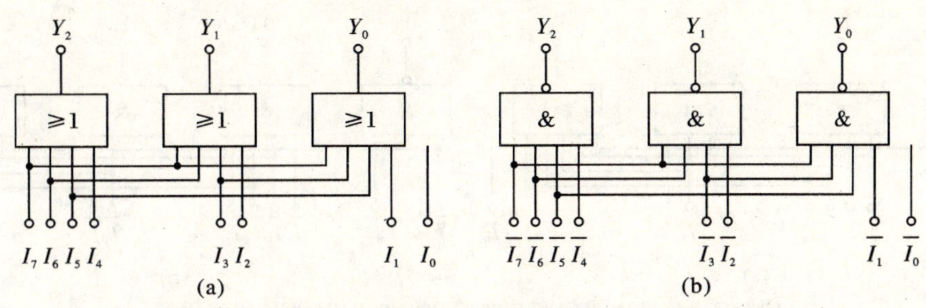

图 3.2　分别由或门和与非门构成的 8 线-3 线编码器

(a)由或门构成的 8 线-3 线编码器；(b)由与非门构成的 8 线-3 线编码器

二、十进制编码器

将 0～9 十个十进制数转换为二进制代码的电路称为二-十进制编码器，也叫 8421BCD 码编码器。下面分析 8421BCD 码编码器的工作原理。

8421BCD 码编码器的功能表如表 3.3 所示。

表 3.3　8421BCD 码编码器的功能表

输入										输出			
I_9	I_8	I_7	I_6	I_5	I_4	I_3	I_2	I_1	I_0	Y_3	Y_2	Y_1	Y_0
0	0	0	0	0	0	0	0	0	1	0	0	0	0
0	0	0	0	0	0	0	0	1	0	0	0	0	1
0	0	0	0	0	0	0	1	0	0	0	0	1	0
0	0	0	0	0	0	1	0	0	0	0	0	1	1
0	0	0	0	0	1	0	0	0	0	0	1	0	0
0	0	0	0	1	0	0	0	0	0	0	1	0	1
0	0	0	1	0	0	0	0	0	0	0	1	1	0
0	0	1	0	0	0	0	0	0	0	0	1	1	1
0	1	0	0	0	0	0	0	0	0	1	0	0	0
1	0	0	0	0	0	0	0	0	0	1	0	0	1

表 3.3 所示的编码器输入 10 个互斥的数码，输出 4 位二进制代码。由功能表可得到如下逻辑表达式：

$$Y_3 = I_8 + I_9 = \overline{\overline{I}_8\,\overline{I}_9}$$

$$Y_2 = I_4 + I_5 + I_6 + I_7 = \overline{\overline{I}_4\,\overline{I}_5\,\overline{I}_6\,\overline{I}_7}$$

$$Y_1 = I_2 + I_3 + I_6 + I_7 = \overline{\overline{I}_2\,\overline{I}_3\,\overline{I}_6\,\overline{I}_7}$$

$$Y_0 = I_1 + I_3 + I_5 + I_7 + I_9 = \overline{\overline{I}_1\,\overline{I}_3\,\overline{I}_5\,\overline{I}_7\,\overline{I}_9}$$

可以画出逻辑图，如图 3.3 所示。该逻辑电路可以实现表 3.3 所示的编码功能，即当 $I_0 \sim I_9$ 中某一个输入为 1 时，输出 $Y_3Y_2Y_1Y_0$ 为相对应的代码。例如，当 I_9 为 1 时，$Y_3Y_2Y_1Y_0$ 为 1001。

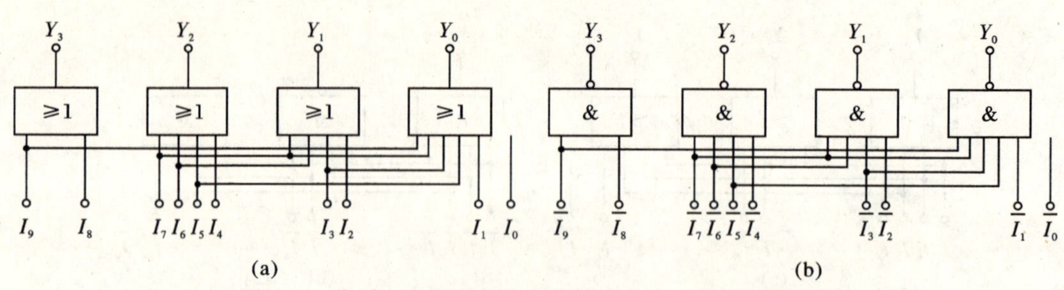

图 3.3 分别由或门和与非门构成的 8421BCD 码编码器

(a)由或门构成的 8421BCD 码编码器； (b)由与非门构成的 8421BCD 码编码器

三、优先编码器

前面介绍的编码器中，只允许一个信号输入，即输入信号之间是相互排斥的。当同时有多个信号输入时，上述编码器输出将会发生混乱。为了解决这个问题，应采用优先编码器。

在优先编码器中，当同时有两个以上的输入信号编码时，编码器只对优先级别最高的一个输入进行编码，这样就避免了输出混乱的问题。优先级别的等级在设计时已经预先设定。

下面介绍两种常用的集成电路优先编码器 74LS147 和 74LS148，它们都有 TTL 和 CMOS(74HC147 和 74HC148)的系列产品。74LS147 和 74HC147，74LS148 和 74HC148 分别在逻辑功能上没有区别，只是电性能参数不同。

1. 8 线-3 线优先编码器 74LS148

8 线-3 线优先编码器 74LS148 有 8 个信号输入端，3 个二进制代码输出端。此外，还有输入使能端$\overline{ST}$，输出使能端 $\bar{Y}_{EX}$和优先编码状态标志 Y_S。74LS148 的功能如表 3.4 所示。

表 3.4 8 线-3 线优先编码器 74LS148 的功能表

输入									输出				
$\overline{ST}$	$\bar{I}_7$	$\bar{I}_6$	$\bar{I}_5$	$\bar{I}_4$	$\bar{I}_3$	$\bar{I}_2$	$\bar{I}_1$	$\bar{I}_0$	$\bar{Y}_2$	$\bar{Y}_1$	$\bar{Y}_0$	$\bar{Y}_{EX}$	Y_S
1	×	×	×	×	×	×	×	×	1	1	1	1	1
0	1	1	1	1	1	1	1	1	1	1	1	1	0
0	0	×	×	×	×	×	×	×	0	0	0	0	1
0	1	0	×	×	×	×	×	×	0	0	1	0	1
0	1	1	0	×	×	×	×	×	0	1	0	0	1
0	1	1	1	0	×	×	×	×	0	1	1	0	1
0	1	1	1	1	0	×	×	×	1	0	0	0	1
0	1	1	1	1	1	0	×	×	1	0	1	0	1
0	1	1	1	1	1	1	0	×	1	1	0	0	1
0	1	1	1	1	1	1	1	0	1	1	1	0	1

由此功能表可以看出输入、输出为低电平有效，输出的二进制代码为反码。在 8 个输入 $\bar{I}_0$～$\bar{I}_7$ 中，$\bar{I}_7$ 级别最高，$\bar{I}_6$ 次之，其余类推。即当 $\bar{I}_7=0$ 时，其余输入编码信号不论是 0 还是 1 都不起作用，此时只对 $\bar{I}_7$ 进行编码，输出 $\bar{Y}_2\bar{Y}_1\bar{Y}_0=000$，为反码，其原码为 111。

当输入使能端$\overline{ST}=1$ 时，编码器不工作；当$\overline{ST}=0$ 时，编码器工作，即低电平有效。输出使能端 $\bar{Y}_{EX}=0$ 表示是编码输出；$\bar{Y}_{EX}=1$ 表示不是编码输出。优先编码状态标志 $Y_S=1$，$\bar{Y}_{EX}=0$，进行优先编码；$Y_S=0$，$\bar{Y}_{EX}=1$，无编码输出。Y_S 和$\overline{ST}$配合可以实现多级编码器之间

的优先级别控制。

图 3.4 为 74LS148 的引脚排列图和逻辑功能示意图。

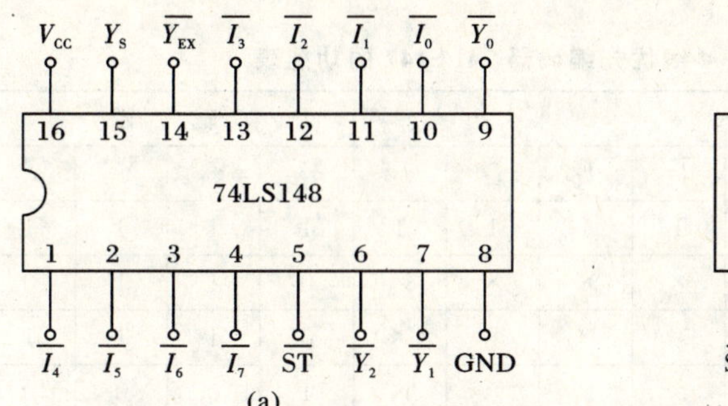

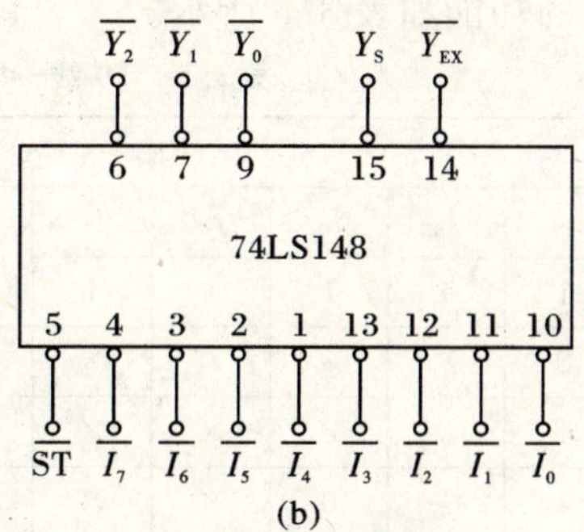

图 3.4　8 线-3 线优先编码器 74LS148 的引脚排列图和逻辑功能示意图

(a)74LS148 的引脚排列图；(b)74LS148 的逻辑功能示意图

采用一片 74LS148 只能进行 8 线-3 线编码，将两片 74LS148 级联即可以构成 10 线-4 线编码。用两片 74LS148 构成 10 线-4 线编码器的接线如图 3.5 所示。

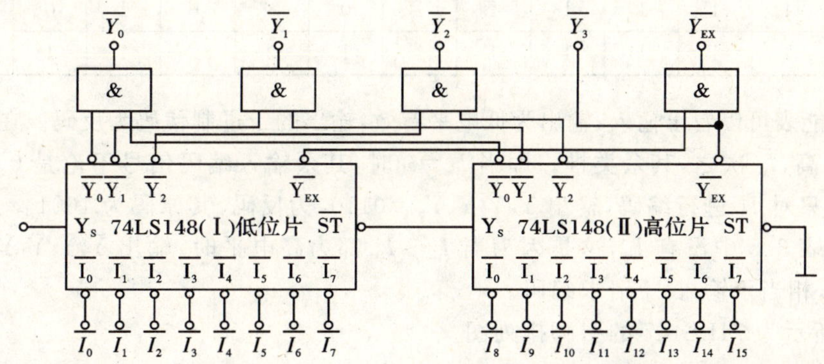

图 3.5　用两片 74LS148 级联构成的 10 线-4 线编码器

下面参照表 3.4 来分析图 3.5 所示电路的工作原理。

(1)当$\overline{ST_2}=1$时，$Y_{S2}=1$，从而使$\overline{ST_1}=1$，此时两片芯片均禁止编码，它们的输出端 $\overline{Y}_2\overline{Y}_1\overline{Y}_0$ 都是 111。由电路图可知，$\overline{Y}_{EX}=\overline{Y}_{EX1}\cdot\overline{Y}_{EX2}=1$，表示此时整个电路的代码输出端 $\overline{Y}_3\overline{Y}_2\overline{Y}_1\overline{Y}_0=1111$ 是非编码输出。

(2)当$\overline{ST_2}=0$时，高位芯片允许编码，但若 $\overline{I}_{15}\sim\overline{I}_8$ 都是高电平，即均无编码请求，则 $Y_{S2}=1$，从而$\overline{ST_1}=0$，允许低位片编码。这时高位片的 $\overline{Y}_2\overline{Y}_1\overline{Y}_0=111$，使门 $\overline{Y}_2$、$\overline{Y}_1$、$\overline{Y}_0$ 都打开，$\overline{Y}_2$、$\overline{Y}_1$、$\overline{Y}_0$ 取决于低位片输出 $\overline{Y}_2\overline{Y}_1\overline{Y}_0$，而 $\overline{Y}_3=\overline{Y}_{EX2}$ 总是等于 1，所以输出代码在 1111～1000 之间变化。如果 $\overline{I}_0$ 单独有效，则输出为 1111；如果 $\overline{I}_7$ 及任意其他输入同时有效，则输出为 1000。低位片以 $\overline{I}_7$ 的优先级别最高。

(3)当$\overline{ST_2}=0$且 $\overline{I}_{15}\sim\overline{I}_8$ 中有编码请求时，$Y_{S2}=1$，从而$\overline{ST_1}=1$，禁止低位片编码，此时高位片编码。显然，高位片的编码优先级别高于低位片。此时 $\overline{Y}_3=\overline{Y}_{EX2}=0$，$\overline{Y}_2$、$\overline{Y}_1$、$\overline{Y}_0$ 取决于高位片输出 $\overline{Y}_2\overline{Y}_1\overline{Y}_0$，输出代码在 0111～0000 之间变化。同理可知，高位片以 $\overline{I}_{15}$ 的优先级别最高。

2. 10 线-4 线优先编码器 74LS147

10 线-4 线优先编码器 74LS147 有 10 个信号输入端，4 个 8421BCD 码输出端。74LS147 的功能如表 3.5 所示。

表 3.5　10 线-4 线优先编码器 74LS147 的功能表

输入									输出			
$\overline{I}_9$	$\overline{I}_8$	$\overline{I}_7$	$\overline{I}_6$	$\overline{I}_5$	$\overline{I}_4$	$\overline{I}_3$	$\overline{I}_2$	$\overline{I}_1$	$\overline{Y}_3$	$\overline{Y}_2$	$\overline{Y}_1$	$\overline{Y}_0$
1	1	1	1	1	1	1	1	1	1	1	1	1
0	×	×	×	×	×	×	×	×	0	1	1	0
1	0	×	×	×	×	×	×	×	0	1	1	1
1	1	0	×	×	×	×	×	×	1	0	0	0
1	1	1	0	×	×	×	×	×	1	0	0	1
1	1	1	1	0	×	×	×	×	1	0	1	0
1	1	1	1	1	0	×	×	×	1	0	1	1
1	1	1	1	1	1	0	×	×	1	1	0	0
1	1	1	1	1	1	1	0	×	1	1	0	1
1	1	1	1	1	1	1	1	0	1	1	1	0

由此功能表可以看出输入、输出为低电平有效，输出的二进制代码为反码。在输入 $\overline{I}_0 \sim \overline{I}_9$ 中，$\overline{I}_9$ 级别最高，$\overline{I}_8$ 次之，其余类推。即当 $\overline{I}_9=0$ 时，其余输入编码信号不论是 0 还是 1 都不起作用，此时只对 $\overline{I}_9$ 进行编码，输出 $\overline{Y}_3\overline{Y}_2\overline{Y}_1\overline{Y}_0=0110$，为反码，其原码为 1001。

此外，在表 3.5 中没有 $\overline{I}_0$，这是因为当 $\overline{I}_1 \sim \overline{I}_9$ 都为高电平时，输出 $\overline{Y}_3\overline{Y}_2\overline{Y}_1\overline{Y}_0=1111$，其原码为 0000，相当于输入 $\overline{I}_0$ 请求编码。

图 3.6 所示为 74LS147 的引脚排列图。

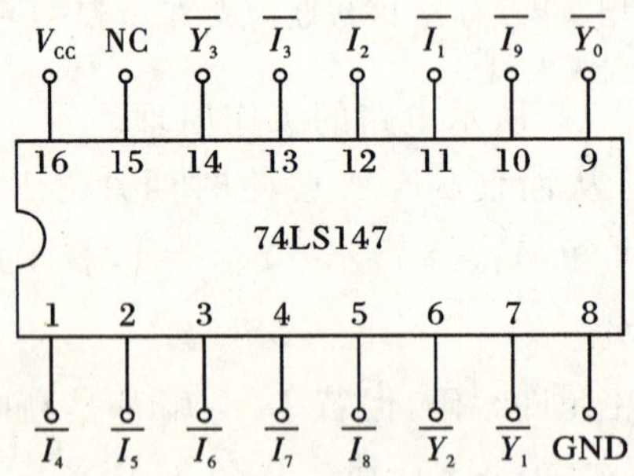

图 3.6　10 线-4 线优先编码器 74LS147 的引脚排列图

四、用集成编码器实现电路功能

设计一个数字显示罗盘，该数字显示罗盘可以显示 8 个方位，即东、南、西、北、东北、东南、西北、西南。

因为有 8 路信号输入，所以编码器采用 8 线-3 线优先编码器 74LS148。每一时刻传感器信号仅有一路方向信号，将此信号输入 8 线-3 线优先编码器 74LS148 的输入端，则有相应的 3 位代码输出。8 个方位的编码情况如表 3.6 所示。

表 3.6 数字显示罗盘八个方位的编码情况

方位	东	南	西	北	东北	东南	西北	西南
信号	$\overline{I}_7$	$\overline{I}_6$	$\overline{I}_5$	$\overline{I}_4$	$\overline{I}_3$	$\overline{I}_2$	$\overline{I}_1$	$\overline{I}_0$

根据编码情况，采用优先编码器 74LS148 的接线图如图 3.7 所示。

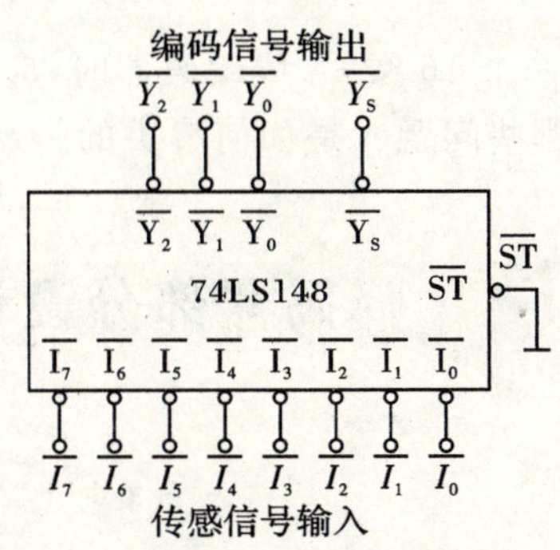

图 3.7 数字显示罗盘的编码电路

图 3.7 只对数字显示罗盘进行了编码，译码和显示部分的电路将在后面的任务中完成。

实训

编码器的应用

1. 训练目的

(1)了解编码器的功能及特点。

(2)熟练掌握集成编码器的逻辑功能及应用。

2. 设备与器件

(1)数字电路实验装置　　1 台。

(2)万用表　　1 块。

(3)TTL 集成编码器 74LS148　　1 片。

(4)TTL 集成编码器 74LS147　　1 片。

(5)导线　　若干。

3. 训练内容及步骤

(1)74LS148 编码器逻辑功能测试：将编码器使能端$\overline{ST}$及输入端$\overline{I_7}\sim\overline{I_0}$分别接至逻辑电平开关输出口，8 个输出端$\overline{Y_7}\sim\overline{Y_0}$依次连接在逻辑电平显示器的 8 个输入口上。按表 3.4 逐项测试 74LS148 的逻辑功能。

(2)用两片 74LS148 扩展成一个 16 线-4 线编码器，并列出类似于表 3.5 所示的功能表。

4. 注意事项

电源接通时，不得随意移动或插拔集成电路芯片，以避免引起过电流冲击而造成电路损坏。

5. 实训报告要求

(1)实验名称。

(2)实验目的。

(3)实验仪器的名称和型号。

(4)实验内容和步骤、逻辑图、实验接线图和实验数据。

(5)对实验中发生的故障现象进行分析,整理排除故障的措施。

(6)思考题的解答。

6. 思考题

(1)用两片 74LS148 扩展成一个 16 线-4 线编码器时,应注意什么问题?

(2)在实验过程中你碰到了哪些问题?是如何解决的?

任务2 译码器部分设计

【任务目标】

(1)了解译码器的功能、特点和分类。

(2)掌握译码器的工作原理及分析方法。

(3)掌握集成译码器的逻辑功能。

(4)掌握集成译码器的级联。

译码是编码的逆过程。译码是将表示特定意义信息的二进制代码“翻译”出来。实现译码功能的电路称为译码器。译码器输入为二进制代码,输出为与输入代码对应的特定信息。

译码器按用途大致分为三种类型:一是二进制译码器,也叫变量译码器,根据输入的一系列代码转换成与之对应的有效信号;二是码制变换译码器,将一种代码转换成另一种代码,如将 BCD 码转换成十进制;三是显示译码器,将数字系统中测量仪表的数字量及结果直观地显示出来。

一、二进制译码器

将输入的二进制代码译成相应输出信号的电路,称为二进制译码器。下面主要介绍 3 位二进制译码器的工作原理,它有 3 个输入端,8 个输出端,因此,也称为 3 线-8 线译码器,其真值表如表 3.7 所示。

表 3.7 3 位二进制译码器的真值表

A_2	A_1	A_0	Y_0	Y_1	Y_2	Y_3	Y_4	Y_5	Y_6	Y_7
0	0	0	1	0	0	0	0	0	0	0
0	0	1	0	1	0	0	0	0	0	0
0	1	0	0	0	1	0	0	0	0	0
0	1	1	0	0	0	1	0	0	0	0
1	0	0	0	0	0	0	1	0	0	0
1	0	1	0	0	0	0	0	1	0	0
1	1	0	0	0	0	0	0	0	1	0
1	1	1	0	0	0	0	0	0	0	1

根据表 3.7 可以得出这个译码器 8 个输出端的逻辑表达式:

$$Y_0=\overline{A}_2\overline{A}_1\overline{A}_0,Y_1=\overline{A}_2\overline{A}_1A_0,Y_2=\overline{A}_2A_1\overline{A}_0,Y_3=\overline{A}_2A_1A_0$$

$$Y_4=A_2\overline{A}_1\overline{A}_0,Y_5=A_2\overline{A}_1A_0,Y_6=A_2A_1\overline{A}_0,Y_7=A_2A_1A_0$$

在输入 $A_2A_1A_0$ 的任一取值下，8 个输出 $Y_0\sim Y_7$ 中总有一个且仅有一个为 1，其余 7 个输出都为 0。即每一个输出都对应着一种输入变量状态的组合，所以 3 位二进制译码器也叫变量译码器。

根据输出函数的逻辑表达式可以画出逻辑图，如图 3.8 所示。

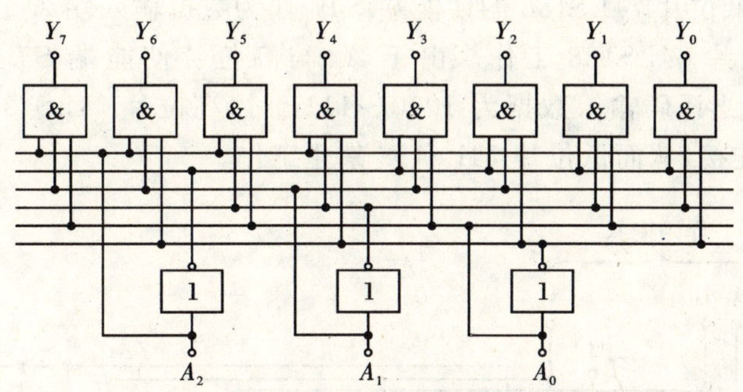

图 3.8　3 线-8 线译码器的逻辑图

在实际应用中通常采用集成 3 线-8 线译码器 74LS138。下面介绍常用的集成 3 线-8 线译码器 74LS138 的功能。其功能表和引脚排列图如表 3.8 和图 3.9 所示。

表 3.8　3 线-8 线译码器 74LS138 功能表

输入					输出							
使能		选择										
G_1	$\overline{G}_2$	A_2	A_1	A_0	$\overline{Y}_7$	$\overline{Y}_6$	$\overline{Y}_5$	$\overline{Y}_4$	$\overline{Y}_3$	$\overline{Y}_2$	$\overline{Y}_1$	$\overline{Y}_0$
×	1	×	×	×	1	1	1	1	1	1	1	1
0	×	×	×	×	1	1	1	1	1	1	1	1
1	0	0	0	0	1	1	1	1	1	1	1	0
1	0	0	0	1	1	1	1	1	1	1	0	1
1	0	0	1	0	1	1	1	1	1	0	1	1
1	0	0	1	1	1	1	1	1	0	1	1	1
1	0	1	0	0	1	1	1	0	1	1	1	1
1	0	1	0	1	1	1	0	1	1	1	1	1
1	0	1	1	0	1	0	1	1	1	1	1	1
1	0	1	1	1	0	1	1	1	1	1	1	1

注：$\overline{G}_2=\overline{G}_{2A}+\overline{G}_{2B}$。

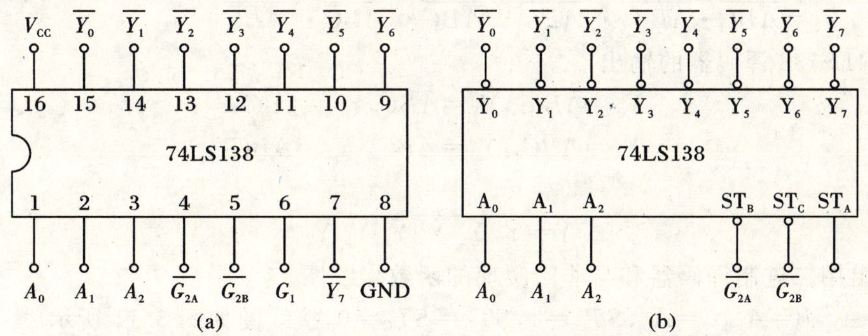

图 3.9　3 线-8 线译码器 74LS138 的引脚排列图和逻辑功能示意图
(a)74LS138 的引脚排列图；(b)74LS138 的逻辑功能示意图

$A_2 \sim A_0$ 为二进制译码输入端，$\overline{Y_7} \sim \overline{Y_0}$ 为译码输出端（低电平有效），G_1、$\overline{G}_{2A}$、$\overline{G}_{2B}$ 为使能输入端。当 $G_1=1$、$\overline{G}_{2A}+\overline{G}_{2B}=0$ 时，译码器处于工作状态；当 $G_1=0$、$\overline{G}_{2A}+\overline{G}_{2B}=1$ 时，译码器处于禁止状态。

从 74LS138 功能可知，一片 74LS138 只有 3 个数据输入端，当要对 4 位数据进行译码时，需要将一个使能端用作数据输入端。图 3.10 所示为两片 74LS138 构成的 4 线-16 线译码器。图 3.10 中取低位片 74LS138 的使能端 ST_B 作为数据输入端 A_3。当译码输入数据为 0000～0111 时，低位片 74LS138 工作。由于 A_3 与高位片使能端 ST_A 连接，从而高位片 74LS138 禁止工作。当译码输入数据为 1000～1111 时，高位片 74LS138 工作。由于 A_3 与低位片使能端 ST_B 连接，从而低位片 74LS138 禁止工作。

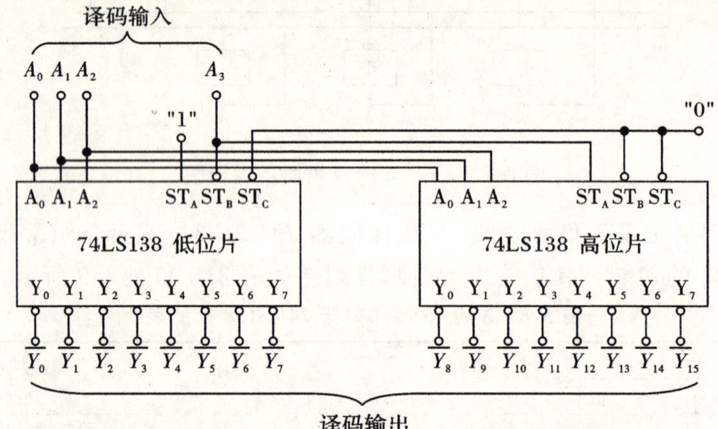

图 3.10　用两片 74LS138 构成的 4 线-16 线译码器

此外，从 74LS138 功能表不难看出，3 线-8 线译码器能产生 3 变量函数的全部最小项，利用这一点能够方便地实现 3 变量逻辑函数。

【例 3.1】　用 3 线-8 线译码器实现函数 $Y=\overline{A}\overline{B}+BC+AC$。

【解】　(1)写出函数的最小项表达式，并变换为与非式形式。

$$\begin{aligned}Y &=\overline{A}\overline{B}+BC+A\overline{C}\\ &=\overline{A}\overline{B}(C+\overline{C})+BC(A+\overline{A})+A\overline{C}(B+\overline{B})\\ &=\overline{A}\overline{B}C+\overline{A}\overline{B}\,\overline{C}+ABC+\overline{A}BC+AB\overline{C}+A\overline{B}\overline{C}\\ &=\overline{\overline{\overline{A}\overline{B}C}\cdot\overline{\overline{A}\overline{B}\,\overline{C}}\cdot\overline{ABC}\cdot\overline{\overline{A}BC}\cdot\overline{AB\overline{C}}\cdot\overline{A\overline{B}\overline{C}}}\end{aligned}$$

由于 74LS138 译码器的输出

$$\overline{Y}_0=\overline{\overline{A}\overline{B}\,\overline{C}},\overline{Y}_1=\overline{\overline{A}\overline{B}C},\overline{Y}_3=\overline{\overline{A}BC},$$

$$\overline{Y}_4=\overline{A\overline{B}\overline{C}},\ \overline{Y}_6=\overline{AB\overline{C}},\ \overline{Y}_7=\overline{ABC}$$

所以

$$Y=\overline{\overline{Y}_0\ \overline{Y}_1\ \overline{Y}_3\ \overline{Y}_4\ \overline{Y}_6\ \overline{Y}_7}$$

(2)画出用二进制译码器和与非门实现的函数接线图。

令 $A=A_2$，$B=A_1$，$C=A_0$，$ST_A=1$，$ST_B=ST_C=0$，接线图如图 3.11 所示。

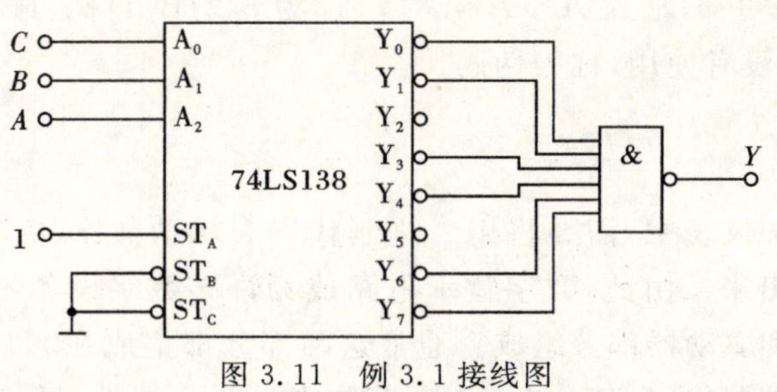

图 3.11 例 3.1 接线图

二、十进制译码器

把二-十进制代码翻译成 10 个十进制数字信号的电路，称为二-十进制译码器。二-十进制译码器的输入是 4 位的 8421BCD 码，输出的是与 10 个十进制数字相对应的 10 个信号。由于二-十进制译码器有 4 根输入线，10 根输出线，因此又称为 4 线-10 线译码器。

4 线-10 线译码器 74LS42 的功能表和引脚排列图分别如表 3.9 和图 3.12 所示。

表 3.9 4 线-10 线译码器 74LS42 的功能表

十进制数	输入				输出									
	A_3	A_2	A_1	A_0	$\overline{Y}_9$	$\overline{Y}_8$	$\overline{Y}_7$	$\overline{Y}_6$	$\overline{Y}_5$	$\overline{Y}_4$	$\overline{Y}_3$	$\overline{Y}_2$	$\overline{Y}_1$	$\overline{Y}_0$
0	0	0	0	0	1	1	1	1	1	1	1	1	1	0
1	0	0	0	1	1	1	1	1	1	1	1	1	0	1
2	0	0	1	0	1	1	1	1	1	1	1	0	1	1
3	0	0	1	1	1	1	1	1	1	1	0	1	1	1
4	0	1	0	0	1	1	1	1	1	0	1	1	1	1
5	0	1	0	1	1	1	1	1	0	1	1	1	1	1
6	0	1	1	0	1	1	1	0	1	1	1	1	1	1
7	0	1	1	1	1	1	0	1	1	1	1	1	1	1
8	1	0	0	0	1	0	1	1	1	1	1	1	1	1
9	1	0	0	1	0	1	1	1	1	1	1	1	1	1
伪码	1	0	1	0	1	1	1	1	1	1	1	1	1	1
	1	0	1	1	1	1	1	1	1	1	1	1	1	1
	1	1	0	0	1	1	1	1	1	1	1	1	1	1
	1	1	0	1	1	1	1	1	1	1	1	1	1	1
	1	1	1	0	1	1	1	1	1	1	1	1	1	1
	1	1	1	1	1	1	1	1	1	1	1	1	1	1

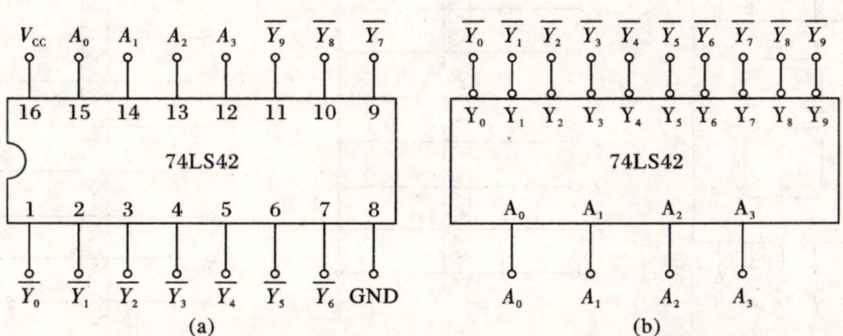

图 3.12 4 线-10 线译码器 74LS42 的引脚排列图和逻辑功能示意图

(a)74LS42 的引脚排列图； (b)74LS42 的逻辑功能示意图

由 74LS42 功能表可知，输入 A_3，A_2，A_1，A_0 为 8421BCD 码，输出 $\overline{Y}_0 \sim \overline{Y}_9$ 为低电平有效。代码 1010～1111 没有使用，称为伪码。

三、显示译码器

在各种数字设备和仪表中，需要将用二进制代码表示的数字、文字、符号翻译成人们习惯的形式直观地显示出来。由此，数字显示电路成为许多数字设备不可缺少的部分。显示译码器主要由译码器和驱动器部分组成。通常这两部分都集成在一片芯片中。显示译码器的输入一般为二—十进制代码，其输出的信号用以驱动显示器件，显示出十进制数。

1. 七段数字显示器

显示器利用不同发光段组合的方式显示不同数码。常见的七段数字显示器有半导体数码显示管(LED)和液晶显示器(LCD)等。

1)半导体数码显示管(LED)

半导体数码显示管利用字段的不同组合，可以分别显示出 0～9 十个数字，如图 3.13 所示。例如，对于 8421BCD 码的 1000 状态，对应的十进制数为 4，则译码驱动器应使 b、c、f、g 各段点亮，如图 3.14 所示。

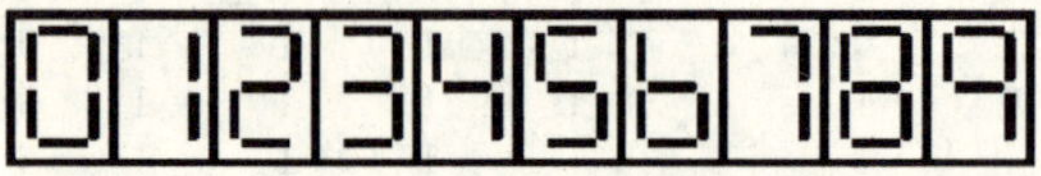

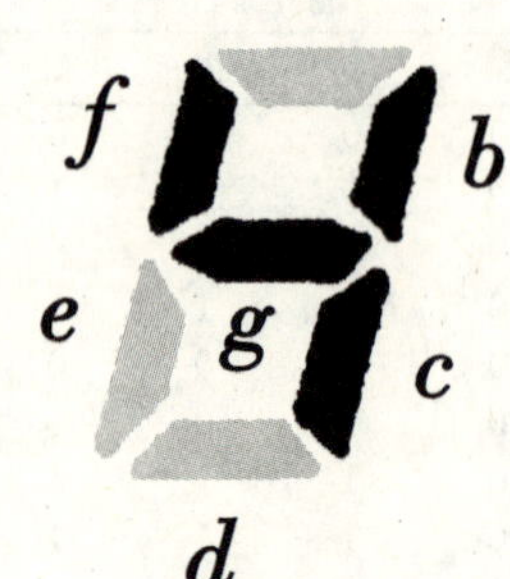

图 3.13　LED 显示的数字形式

图 3.14　LED 分段显示数字 4 图示

图 3.15(a)所示为由七段发光二极管组成的数码显示器的外形，图 3.15(b)和(c)分别为 LED 内部的两种接法。七段译码器输出低电平时，选用共阳极接法的 LED；七段译码器输出高电平时，选用共阴极接法的 LED。

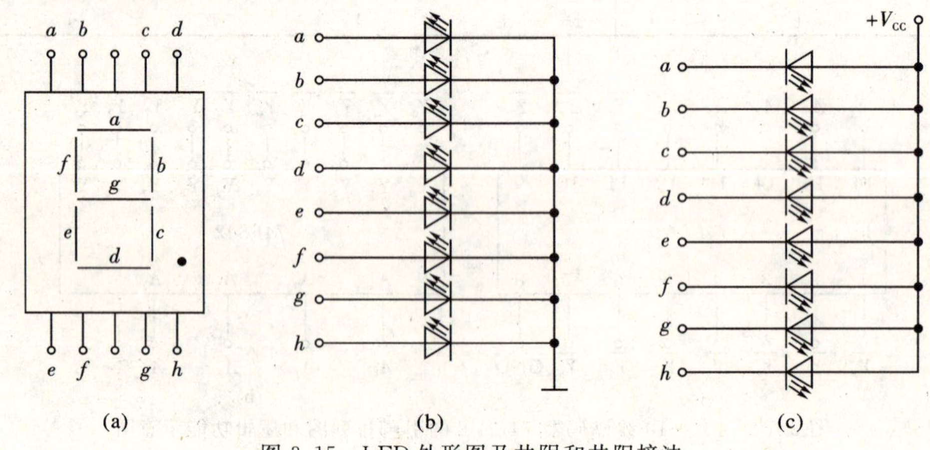

图 3.15　LED 外形图及共阴和共阳接法

(a)LED 外形图；　(b)LED 共阴接法；　(c)LED 共阳接法

小型数码管(0.5 in和0.36 in)每段发光二极管的正向压降,随显示光(通常为红、绿、黄、橙色)的颜色不同略有差别,通常为2～2.5 V,每个发光二极管的点亮电流为5～10 mA。

2)液晶显示器(LCD)

液晶,即液态晶体,是一种既具有液体的流动性,又具有晶体某些光学特性的有机化合物。它的透明度和颜色随电场、磁场、温度等外界条件的变化而变化。利用液晶这一特性可以将其制成分段式数码显示器,即LCD数码管。

液晶显示器本身并不发光,而是借助自然光和外界光源来显示数码。在没有外加电场时,液晶分子排列整齐,入射的光线绝大部分被反射回来,液晶呈透明状态,不显示数字。当在相应的字段加上电压时,液晶中的导电正离子作定向运动,从而破坏液晶分子的整齐排列,使入射光产生散射,从而显示出相应的数字。当撤去外加电压时,液晶分子恢复整齐排列的状态,显示的数字也随着消失。

液晶显示器的优点:结构简单、体积小、成本低;工作电流小、功耗低、工作电压低等。它的缺点:显示不够清晰、视角小、响应速度慢、不耐高温和严寒等。

2. 七段数字译码驱动器

为了将LED所表示的数字显示出来,必须将数码经译码器译出,然后经驱动器点亮对应的段。下面介绍常用的集成七段数字译码驱动器74LS48。图3.16所示为74LS48的引脚排列图,表3.10为74LS48的功能表。

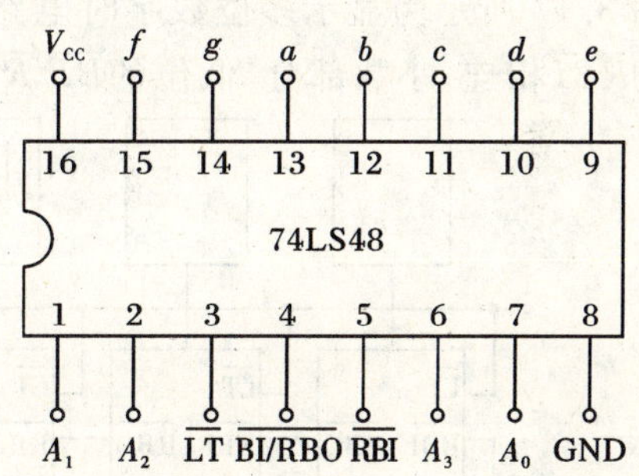

图3.16 七段数字译码驱动器74LS48的引脚排列图

表3.10 七段数字译码驱动器74LS48的功能表

功能或十进制数	输入						输出							
	$\overline{LT}$	$\overline{RBI}$	A_3	A_2	A_1	A_0	$\overline{BI}/\overline{RBO}$	a	b	c	d	e	f	g
$\overline{LT}$(试灯)	0	×	×	×	×	×	1	1	1	1	1	1	1	1
$\overline{RBI}$(动态灭零)	1	0	0	0	0	0	0	0	0	0	0	0	0	0
$\overline{BI}/\overline{RBO}$(灭灯)	×	×	×	×	×	×	0(输入)	0	0	0	0	0	0	0
0	1	1	0	0	0	0	1	1	1	1	1	1	1	0
1	1	×	0	0	0	1	1	0	1	1	0	0	0	0
2	1	×	0	0	1	0	1	1	1	0	1	1	0	1
3	1	×	0	0	1	1	1	1	1	1	1	0	0	1
4	1	×	0	1	0	0	1	0	1	1	0	0	1	1
5	1	×	0	1	0	1	1	1	0	1	1	0	1	1
6	1	×	0	1	1	0	1	0	0	1	1	1	1	1
7	1	×	0	1	1	1	1	1	1	1	0	0	0	0
8	1	×	1	0	0	0	1	1	1	1	1	1	1	1
9	1	×	1	0	0	1	1	1	1	1	0	0	1	1
10	1	×	1	0	1	0	1	0	0	0	1	1	0	1
11	1	×	1	0	1	1	1	0	0	1	1	0	0	1
12	1	×	1	1	0	0	1	0	1	0	0	0	1	1
13	1	×	1	1	0	1	1	1	0	0	1	0	1	1
14	1	×	1	1	1	0	1	0	0	0	1	1	1	1
15	1	×	1	1	1	1	1	0	0	0	0	0	0	0

由功能表可以看出，74LS48 输出为高电平有效，用以驱动共阴极 LED。此外，为了增强器件的功能，还设置了多个辅助端。这些辅助端的功能如下：

(1)试灯输入端$\overline{LT}$：低电平有效。当$\overline{LT}=0$时，数码管的七段应全亮，与输入的译码信号无关。本输入端用于测试数码管的好坏。

(2)动态灭零输入端$\overline{RBI}$：低电平有效。当$\overline{LT}=1$、$\overline{RBI}=0$、且译码输入全为 0 时，该位输出不显示，即 0 字被熄灭；当译码输入不全为 0 时，该位正常显示。本输入端用于消隐无效的 0。如数据 0093.70 可显示为 93.7。

(3)灭灯输入/动态灭零输出端$\overline{BI}/\overline{RBO}$：这是一个特殊的端钮，有时用做输入，有时用做输出。当$\overline{BI}/\overline{RBO}$作为输入使用，且$\overline{BI}/\overline{RBO}=0$时，数码管七段全灭，与译码输入无关。当$\overline{BI}/\overline{RBO}$作为输出使用时，受控于$\overline{LT}$和$\overline{RBI}$：当$\overline{LT}=1$且$\overline{RBI}=0$时，$\overline{BI}/\overline{RBO}=0$；其他情况下，$\overline{BI}/\overline{RBO}=1$。本端主要用于显示多位数字时，多个译码器之间的连接。

图 3.17 所示为显示多位数字时电路的动态灭零连接图。整数部分，高位的$\overline{BI}/\overline{RBO}$与低位的$\overline{RBI}$相连；小数部分，低位的$\overline{BI}/\overline{RBO}$与高位的$\overline{RBI}$相连。

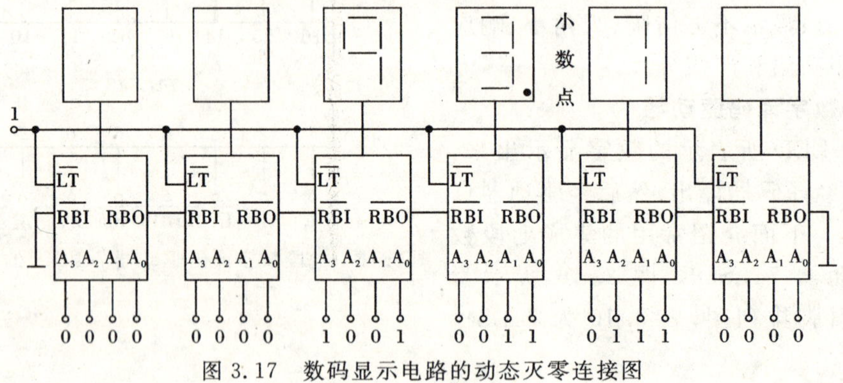

图 3.17　数码显示电路的动态灭零连接图

四、用集成编码器和译码器实现电路功能

上一节介绍了数字显示罗盘电路编码电路的实现，这一节将介绍数字显示罗盘电路的整体电路，如图 3.18 所示。

编码器输出代码为反码，故译码之前需加反相器转换为原码才能继续译码。

译码部分采用 3 线-8 线译码器 74LS138。将经编码输出(原码)的信号送入 3 线-8 线译码器，进行译码。由于 74LS138 译码器为反码输出，故发光二极管接成共阳极连接。

编码器 74LS148 编码标志 Y_S 与译码器 74LS138 输入使能端 ST_A 相连。当传感器无方向信号，即编码器无编码请求时，编码标志 $Y_S=0$，从而使译码器输入使能端 $ST_A=0$，译码器禁止工作。当传感器有方向信号，即编码器有编码请求时，编码标志 $Y_S=1$，从而使译码器输入使能端 $ST_A=1$，译码器译码驱动相应方位的发光二极管。

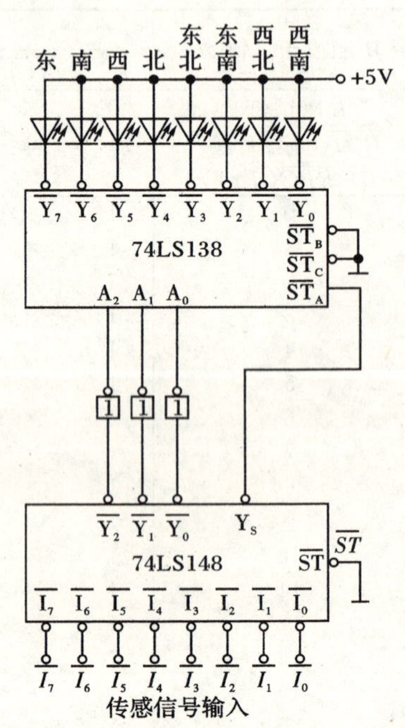

图 3.18　数字显示罗盘的整体电路

五、利用 Multisim 10 对电路进行设计和仿真测试

测试电路图如图 3.19 所示，建立步骤如下。

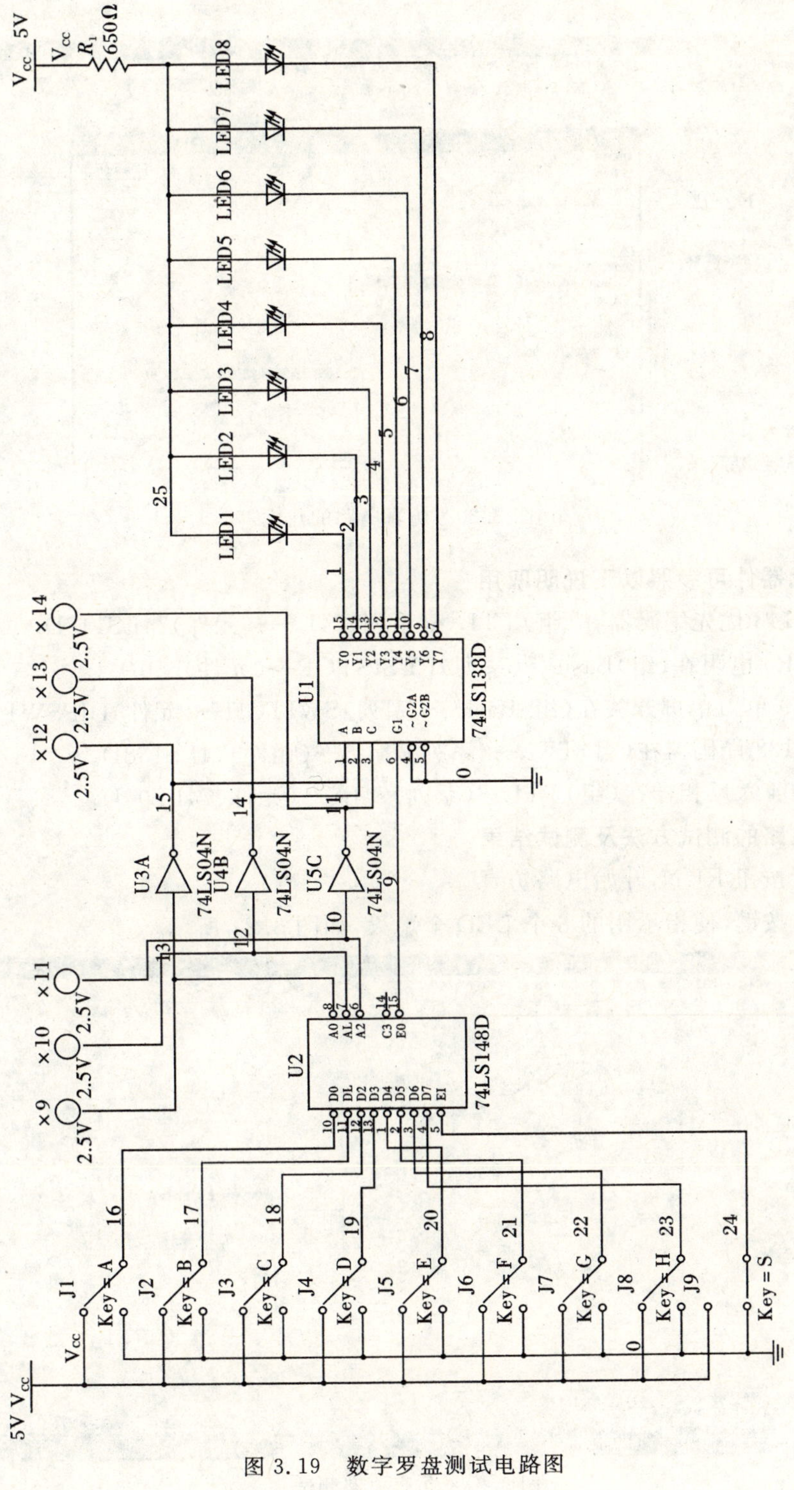

图 3.19 数字罗盘测试电路图

1. 电源的取用

在元件库中的组(Group)下拉列表中选择 Sources,在系列(Family)列表框中选择 POWER_SOURCES,在元件(Component)列表框中选择 V_{CC},单击 OK 按钮确认取出 5 V 电源,如图 3.20 所示。

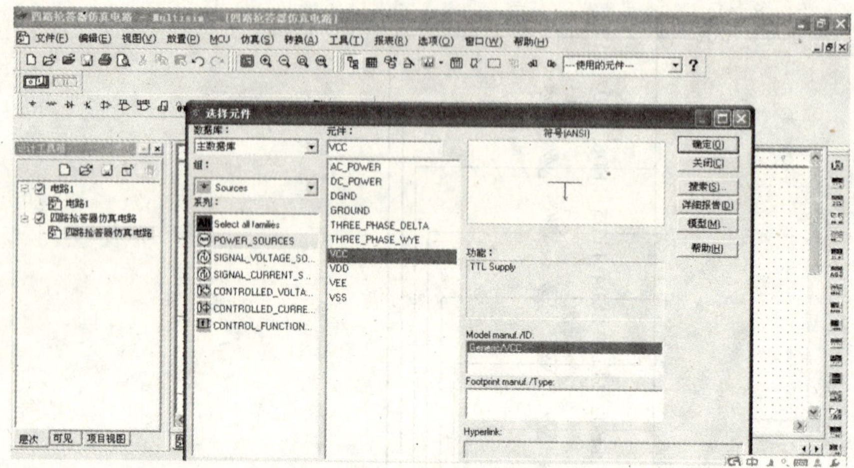

图 3.20 仿真电路的建立

2. 其他元器件可参照以下说明取用

(1)74LS148 优先编码器在(组)TTL→(系列)74LS→(元件)74LS148D。

(2)R1～R5 电阻在(组)Basic→(系列)RESISTOR→(元件)650Ω。

(3)J1～J9 单刀单掷开关在(组)Basic→(系列)SWITCH→(元件)DIPSW1。

(4)74LS138 译码器在(组)TTL→(系列)74LS→(元件)74LS138D。

(5)74LS04 六反相器在(组)TTL→(系列)74LS→(元件)74LS04D。

3. 仿真电路的测试方法及测试结果

按下运行按钮 RUN,开始电路仿真。

首先复位按键,使指示用的 8 个 LED 全熄灭,如图 3.21 所示。

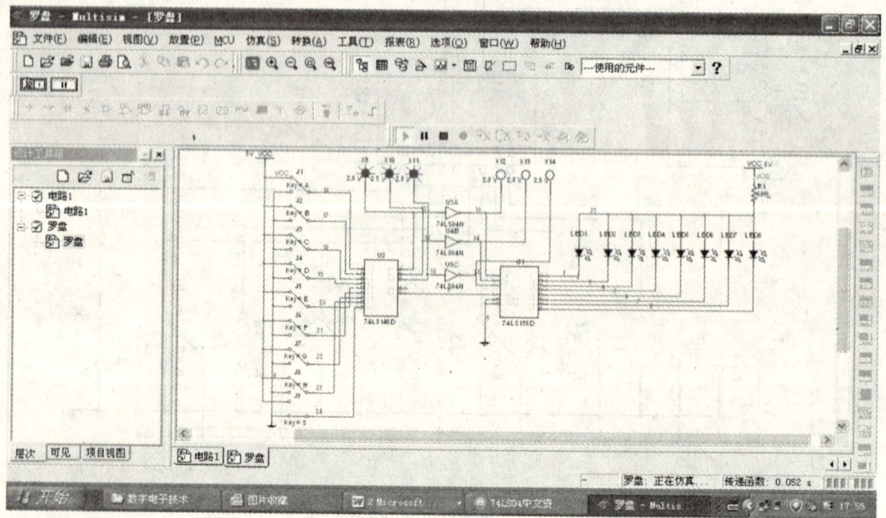

图 3.21 仿真电路测试一

电路进入准备状态。这时,假设按键 J1 被按下,指示方向的 LED 便会点亮,如图 3.22 所示。

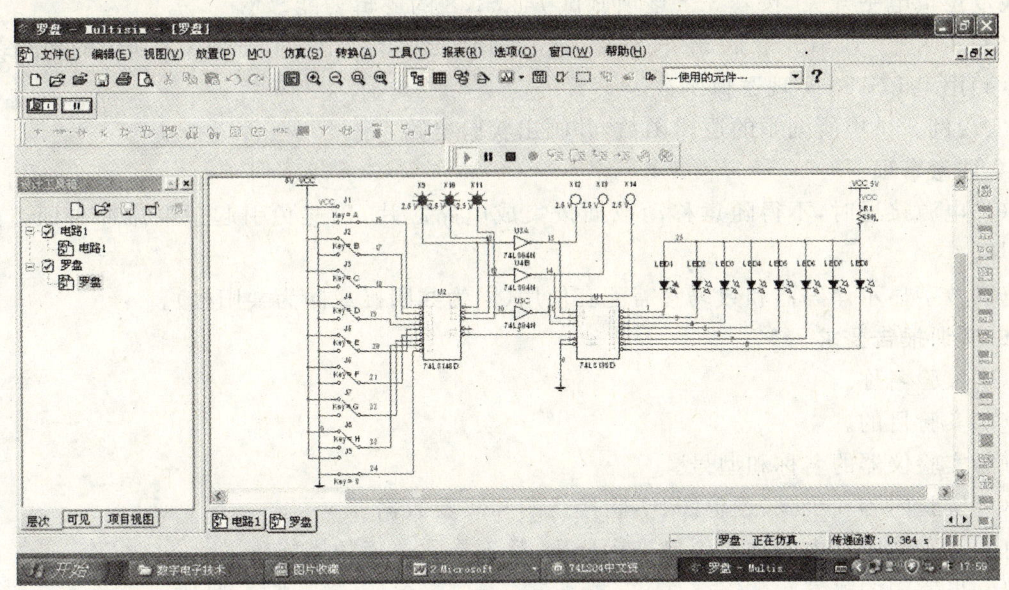

图 3.22 仿真电路测试二

说明电路中接的 6 个灯显示按键的输入状态(及表示按键的编码)。

实训

译码器的应用

1. 训练目的

(1)了解译码器的功能及特点。

(2)熟练掌握集成译码器的逻辑功能及应用。

(3)熟练掌握数码管的使用。

2. 设备与器件

(1)数字电路实验装置	1 台。
(2)万用表	1 块。
(3)TTL 集成译码器 74LS138	2 片。
(4)TTL 数字显示译码器 74LS48	1 片。
(5)七段共阳极数码管	1 个。
(6)导线	若干。

3. 训练内容及步骤

(1)数据拨码开关的使用。将实验装置上的四组拨码开关的输出 A_i、B_i、C_i、D_i 分别接至 4 组显示译码/驱动器 74LS48 的对应输入口,$\overline{LT}$、$\overline{RBI}$、$\overline{BI}$接至三个逻辑开关的输出插口,接上+5 V 显示器的电源,然后按功能表 3.10 输入的要求揿动四个数码的增减键("+"与"-"键)和操作与$\overline{LT}$、$\overline{RBI}$、$\overline{BI}$对应的三个逻辑开关,观测拨码盘上的四位数与 LED 数码管显示的对应数字是否一致,以及译码显示是否正常。

(2)74LS138 译码器逻辑功能测试。将译码器使能端 G_1、$\overline{G}_{2A}$、$\overline{G}_{2B}$及地址端 A_2、A_1、A_0 分

别接至逻辑电平开关输出口，8 个输出端$\overline{Y_7}\sim\overline{Y_0}$依次连接在逻辑电平显示器的 8 个输入口上，拨动逻辑电平开关，按表 3.8 逐项测试 74LS138 的逻辑功能。

(3)用两片 74LS138 扩展成一个 4 线-16 线译码器，并列出类似于表 3.8 所示的功能表。

(4)用 74LS138 实现逻辑函数。

实现例 3.1 中所列举的逻辑函数，并画出实验电路。

4. 注意事项

(1)电源接通时，不得随意移动或插拔集成电路芯片，以避免引起过电流冲击而造成电路损坏。

(2)数字显示译码器和数码管需配套使用(同为共阴极或同为共阳极)。

5. 实训报告要求

(1)实验名称。

(2)实验目的。

(3)实验仪器的名称和型号。

(4)实验内容和步骤、逻辑图、实验接线图和实验数据。

(5)对实验中发生的故障现象进行分析，整理排除故障的措施。

(6)思考题的解答。

6. 思考题

(1)用两片 74LS138 扩展成一个 4 线-16 线译码器时，应注意什么问题？

(2)用 74LS138 实现函数时，使能端应如何连接？

(3)在实验过程中你碰到了哪些问题？是如何解决的？

任务3 其他电路(加法器、数据选择器、数据比较器)

【任务目标】

(1)了解加法器、数据选择器、数据比较器的功能和特点。

(2)掌握加法器的工作原理及逻辑功能。

(3)掌握数据选择器的逻辑功能。

(4)掌握数据比较器的逻辑功能。

算术运算是数字系统的基本功能，更是计算机中基本的功能。此外，常用的功能还包括从多路数据中有选择地传输，进行数据大小的比较等。因此，加法器、数据选择器、数据比较器也是常用的逻辑部件。

一、加法器

1. 半加器

半加器只考虑两个一位二进制数的相加，而不考虑来自低位的进位的运算电路。

如将第 i 位的两个加数 A_i 和 B_i 相加，可列出表 3.11 所示的半加器真值表。

表 3.11　半加器的真值表

A_i	B_i	S_i	C_i
0	0	0	0
0	1	1	0
1	0	1	0
1	1	0	1

从真值表可以看出，两个数相加除了产生本位和数 S_i，还有一个向高位的进位数 C_i。由此可以得出输出逻辑函数表达式：

$$\begin{cases} S_i=\overline{A}_iB_i+A_i\overline{B}_i=A_i\oplus B_i \\ C_i=A_iB_i \end{cases}$$

根据上述逻辑函数表达式可知，半加器可以由一个异或门和一个与门组成，如图 3.23 所示。

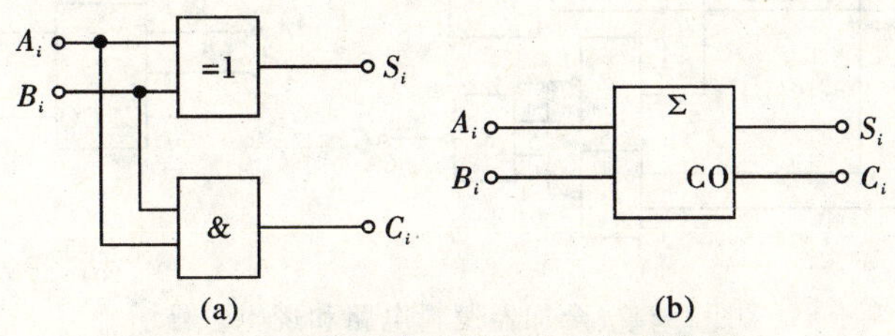

图 3.23　半加器逻辑电路和逻辑符号

(a)半加器逻辑电路；(b)半加器逻辑符号

2. 全加器

全加器不仅考虑两个一位二进制数相加，而且还考虑来自低位的进位数相加的运算电路。

如第 i 位的两个加数和低位的进位数分别为 A_i，B_i，C_{i-1}，根据全加器的逻辑功能可列出表 3.12 所示的全加器真值表。

表 3.12　全加器的真值表

A_i	B_i	C_{i-1}	S_i	C_i
0	0	0	0	0
0	0	1	1	0
0	1	0	1	0
0	1	1	0	1
1	0	0	1	0
1	0	1	0	1
1	1	0	0	1
1	1	1	1	1

由真值表经过化简可以得出输出逻辑函数表达式：

$$\begin{cases} S_i=A_i\oplus B_i\oplus C_{i-1} \\ C_i=(A_i\oplus B_i)C_{i-1}+A_iB_i \end{cases}$$

化简过程如下：

$$
\begin{aligned}
S_i &= \overline{A}_i\,\overline{B}_iC_{i-1}+\overline{A}_iB_i\,\overline{C}_{i-1}+A_i\,\overline{B}_i\,\overline{C}_{i-1}+A_iB_iC_{i-1}\\
&= \overline{A}_i(\overline{B}_iC_{i-1}+B_i\,\overline{C}_{i-1})+A_i(\overline{B}_i\,\overline{C}_{i-1}+B_iC_{i-1})\\
&= \overline{A}_i(B_i\oplus C_{i-1})+A_i\,\overline{(B_i\oplus C_{i-1})}\\
&= A_i\oplus B_i\oplus C_{i-1}\\
C_i &= \overline{A}_iB_iC_{i-1}+A_i\,\overline{B}_iC_{i-1}+A_iB_i\overline{C}_{i-1}+A_iB_iC_{i-1}\\
&= (\overline{A}_iB_i+A_i\,\overline{B}_i)C_{i-1}+A_iB_i(\overline{C}_{i-1}+C_{i-1})\\
&= (A_i\oplus B_i)C_{i-1}+A_iB_i\\
&= \overline{\overline{(A_i\oplus B_i)C_{i-1}}\cdot\overline{A_iB_i}}\\
&= (A_i\oplus B_i)C_{i-1}+A_iB_i
\end{aligned}
$$

全加器逻辑电路和逻辑符号如图 3.24 所示。

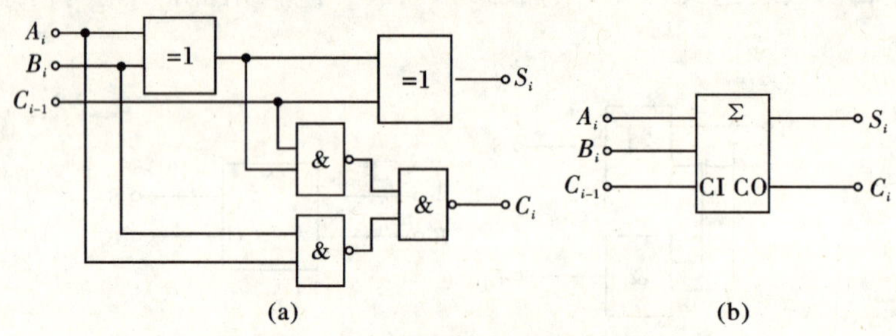

图 3.24　全加器逻辑电路和逻辑符号

(a)全加器逻辑电路；(b)全加器逻辑符号

3. 多位加法器

实现多位二进制数相加的电路称为加法器。

图 3.25 所示为由 4 个全加器组成的 4 位串行进位加法器。低位全加器输出的进位信号依次加到相邻高位,作为高位的输入信号。因此,每一位的运算必须在第一位的运算完成之后才能进行,这种进位方式称为串行进位。这种方式的特点就是运算速度比较慢,但电路结构简单。当要求运算速度较高时,可以考虑采用超前进位加法器。关于此内容,读者可以查阅相关资料,在此不进行介绍。

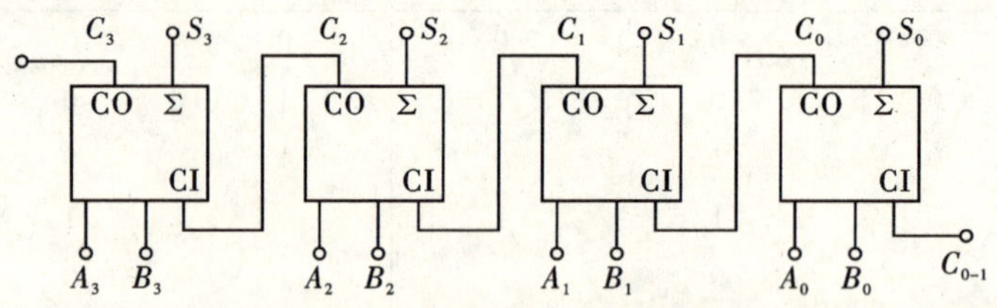

图 3.25　4 位串行进位加法器

二、数据选择器

在多路数据传输中,选择将其中一路信号进行传输的电路,称为数据选择器。它的作用相当于多个输入的单刀多掷开关。在数据选择器中有两类输入信号:一类是地址输入信号;另一类是数据输入信号。数据选择器根据地址输入的地址从多路输入数据中选择一路数据进行输出,如图 3.26 所示。

通常地址输入为 2 位时，可以构成 4 选 1 数据选择器。地址输入为 3 位时，可以构成 8 选 1 数据选择器。

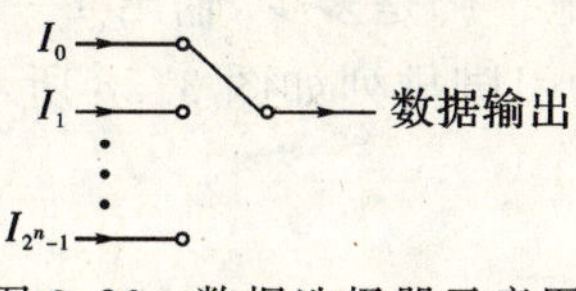

图 3.26 数据选择器示意图

1.4 选 1 数据选择器

4 选 1 数据选择器的功能：由 2 位地址码决定从 4 路输入中选择哪 1 路输出。

4 选 1 数据选择器的真值表如表 3.13 所示。

表 3.13 4 选 1 数据选择器的真值表

输入			输出
D	A_1	A_0	Y
D_0	0	0	D_0
D_1	0	1	D_1
D_2	1	0	D_2
D_3	1	1	D_3

真值表中数据输入有 $D_0 \sim D_3$ 四路，地址输入由 2 位二进制代码构成 4 个地址输入，每个地址码对应一路数据输入。

根据真值表可以得到输出函数的逻辑表达式：

$$Y = D_0\,\overline{A}_1\,\overline{A}_0 + D_1\,\overline{A}_1 A_0 + D_2 A_1 \overline{A}_0 + D_3 A_1 A_0 = \sum_{i=0}^{3} D_i m_i$$

由函数的逻辑表达式画出逻辑图，如图 3.27 所示。

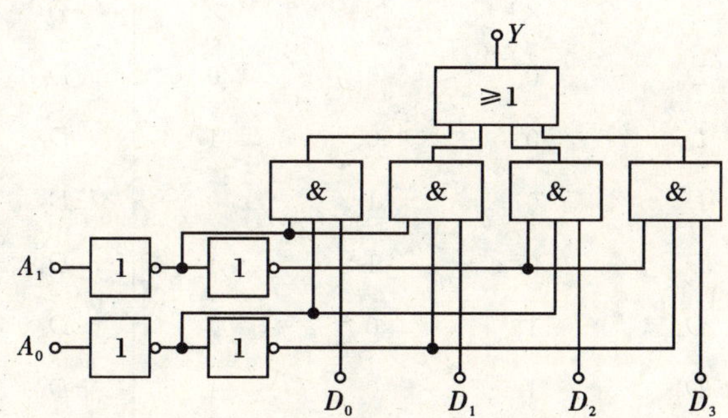

图 3.27 4 选 1 数据选择器的逻辑图

在实际应用中，4 选 1 数据选择器通常采用集成芯片 74LS153，它的功能如表 3.14 所示。

表 3.14 4 选 1 数据选择器 74LS153 的功能表

输入				输出	
$\overline{S}$	D	A_1	A_0	Y	$\overline{Y}$
1	×	×	×	0	1
0	D_0	0	0	D_0	$\overline{D}_0$
0	D_1	0	1	D_1	$\overline{D}_1$
0	D_2	1	0	D_2	$\overline{D}_2$
0	D_3	1	1	D_3	$\overline{D}_3$

从功能表可以看出,74LS153 数据输入端为 D,地址输入端为 A_1A_0,使能输入端为 $\overline{S}$,低电平有效。即 $\overline{S}=0$ 时,数据选择器工作,输出 $Y=\overline{A}_1\overline{A}_0D_0+\overline{A}_1A_0D_1+A_1\overline{A}_0D_2+A_1A_0D_3$;$\overline{S}=1$ 时,数据选择器不工作,无论地址码是多少,输出 $Y=0$。

4 选 1 数据选择器 74LS153 的引脚排列如图 3.28 所示。可以看出该芯片为双 4 选 1 数据选择器。

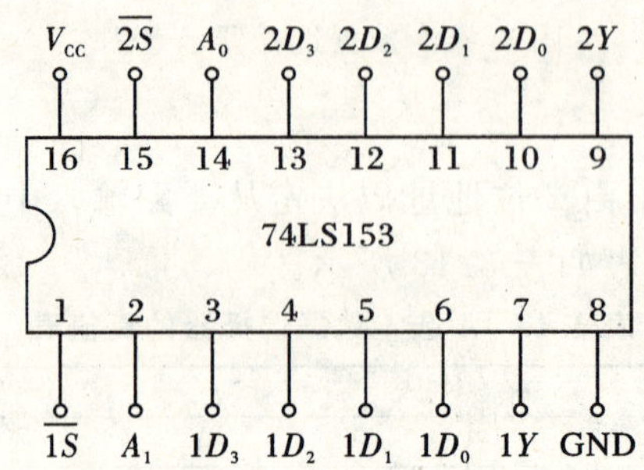

图 3.28　4 选 1 数据选择器 74LS153 的引脚排列图

2. 8 选 1 数据选择器

8 选 1 数据选择器的功能:由 3 位地址码决定从 8 路输入中选择哪 1 路输出。

在实际应用中,8 选 1 数据选择器通常采用集成芯片 74LS151,它的功能如表 3.15 所示。

表 3.15　8 选 1 数据选择器 74LS151 的功能表

输入					输出	
$\overline{S}$	D	A_2	A_1	A_0	Y	$\overline{Y}$
1	×	×	×	×	0	1
0	D_0	0	0	0	D_0	$\overline{D}_0$
0	D_1	0	0	1	D_1	$\overline{D}_1$
0	D_2	0	1	0	D_2	$\overline{D}_2$
0	D_3	0	1	1	D_3	$\overline{D}_3$
0	D_4	1	0	0	D_4	$\overline{D}_4$
0	D_5	1	0	1	D_5	$\overline{D}_5$
0	D_6	1	1	0	D_6	$\overline{D}_6$
0	D_7	1	1	1	D_7	$\overline{D}_7$

从功能表可以看出,74LS151 数据输入端为 D,地址输入端为 $A_2A_1A_0$,使能端为 $\overline{S}$,低电平有效。即 $\overline{S}=1$ 时,数据选择器不工作,无论地址码是多少,输出 $Y=0$;$\overline{S}=0$ 时,数据选择器工作,输出:

$$Y=\overline{A}_2\overline{A}_1\overline{A}_0D_0+\overline{A}_2\overline{A}_1A_0D_1+\overline{A}_2A_1\overline{A}_0D_2+\overline{A}_2A_1A_0D_3$$
$$+A_2\overline{A}_1\overline{A}_0D_4+A_2\overline{A}_1A_0D_5+A_2A_1\overline{A}_0D_6+A_2A_1A_0D_7$$

8 选 1 数据选择器 74LS151 的引脚排列如图 3.29 所示。

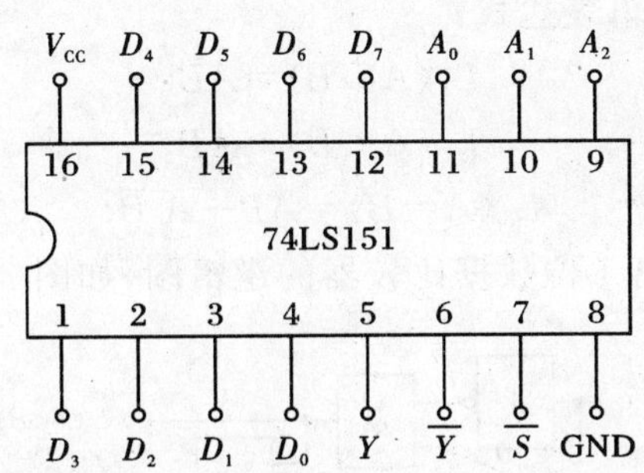

图 3.29 8 选 1 数据选择器 74LS151 的引脚排列图

3. 用数据选择器实现函数

由于数据选择器可以表示一组最小项之和，而任何一个逻辑函数都可以写成最小项表达式的形式，因此可以用数据选择器来实现函数。具体的方法是：逻辑函数中出现的最小项，在数据选择器输出表达式中对应的数据项取 1；逻辑函数中不出现的最小项，在数据选择器输出表达式中的数据取 0。

【例 3.2】 用数据选择器实现逻辑函数 $Y=AB+BC+AC$。

【解】 (1)由于逻辑函数有三个变量 A、B、C，因此选用 8 选 1 数据选择器 74LS151。

(2)写出函数的最小项表达式：

$$\begin{aligned} Y &= AB+BC+AC \\ &= AB(C+\overline{C})+BC(A+\overline{A})+AC(B+\overline{B}) \\ &= ABC+AB\overline{C}+ABC+\overline{A}BC+ABC+A\overline{B}C \\ &= \overline{A}BC+A\overline{B}C+AB\overline{C}+ABC \\ &= m_3+m_5+m_6+m_7 \end{aligned}$$

逻辑函数中出现的最小项 m_3、m_5、m_6、m_7 对应的数据项 D_3、D_5、D_6、D_7 取 1，其余的数据项 D_0、D_1、D_2、D_4 取 0。

(3)画出数据选择器接线图，如图 3.30 所示。

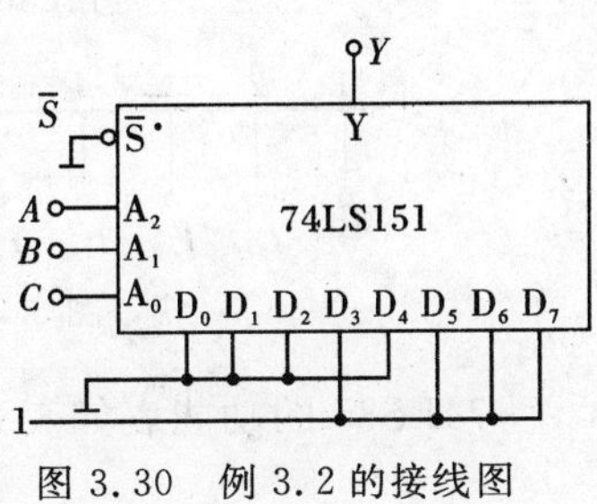

图 3.30 例 3.2 的接线图

三、数据比较器

数据比较就是对两个数 A、B 进行比较，以判断其大小。实现数据比较功能的电路称为数据比较器。

1. 1 位数据比较器

1 位数据比较器是多位数据比较器的基础。当两个 1 位二进制数 A 和 B 进行比较时，它们只能取 0 或 1 两种值，比较的结果有 $A>B$、$A<B$ 和 $A=B$ 三种情况。由此可以写出 1 位数据比较器的真值表，如表 3.16 所示。

表 3.16 1 位数据比较器的真值表

A	B	$L_1(A>B)$	$L_2(A<B)$	$L_3(A=B)$
0	0	0	0	1
0	1	0	1	0
1	0	1	0	0
1	1	0	0	1

根据表 3.16 可以写出逻辑表达式：

$$L_1(A>B)=A\overline{B}$$
$$L_2(A<B)=\overline{A}B$$
$$L_3(A=B)=AB+\overline{A}\,\overline{B}$$

根据上述逻辑表达式可以画出 1 位数据比较器的逻辑图，如图 3.31 所示。

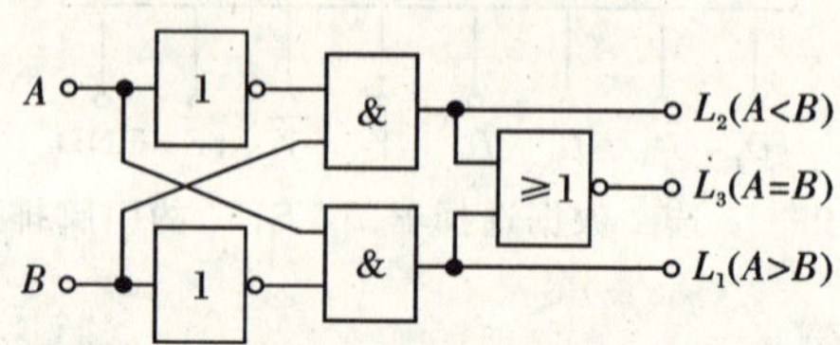

图 3.31　1 位数据比较器的逻辑图

2. 4 位数据比较器

如果两个 4 位二进制数 $A=A_3A_2A_1A_0$ 和 $B=B_3B_2B_1B_0$ 进行比较，应先从最高位开始逐位进行比较。若最高位 $A_3>B_3$，则 $A>B$；若最高位 $A_3<B_3$，则 $A<B$；若最高位 $A_3=B_3$，则比较次高位 A_2、B_2 的大小，以此类推，直到比较出结果。

下面介绍两种 4 位数据比较器 74LS85 和 CD4585，它们的引脚图如图 3.32 所示。

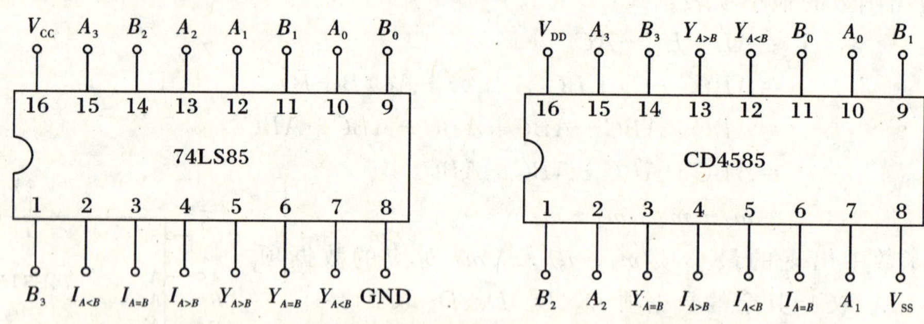

图 3.32　4 位数据比较器 74LS85 和 CD4585 的引脚图

74LS85 的功能表如表 3.17 所示。

表 3.17　4 位数据比较器 74LS85 的功能表

比较输入				级联输入			输出		
A_3B_3	A_2B_2	A_1B_1	A_0B_0	$I_{A>B}$	$I_{A<B}$	$I_{A=B}$	$Y_{A>B}$	$Y_{A<B}$	$Y_{A=B}$
$A_3>B_3$	×	×	×	×	×	×	1	0	0
$A_3<B_3$	×	×	×	×	×	×	0	1	0
$A_3=B_3$	$A_2>B_2$	×	×	×	×	×	1	0	0
$A_3=B_3$	$A_2<B_2$	×	×	×	×	×	0	1	0
$A_3=B_3$	$A_2=B_2$	$A_1>B_1$	×	×	×	×	1	0	0
$A_3=B_3$	$A_2=B_2$	$A_1<B_1$	×	×	×	×	0	1	0
$A_3=B_3$	$A_2=B_2$	$A_1=B_1$	$A_0>B_0$	×	×	×	1	0	0
$A_3=B_3$	$A_2=B_2$	$A_1=B_1$	$A_0<B_0$	×	×	×	0	1	0
$A_3=B_3$	$A_2=B_2$	$A_1=B_1$	$A_0=B_0$	1	0	0	1	0	0
$A_3=B_3$	$A_2=B_2$	$A_1=B_1$	$A_0=B_0$	0	1	0	0	1	0
$A_3=B_3$	$A_2=B_2$	$A_1=B_1$	$A_0=B_0$	0	0	1	0	0	1

根据表 3.17 可知,74LS85 有 8 个数据输入端 $A_3A_2A_1A_0$ 和 $B_3B_2B_1B_0$,3 个级联输入端 $I_{A>B}$、$I_{A<B}$、$I_{A=B}$ 和 3 个输出端 $Y_{A>B}$、$Y_{A<B}$、$Y_{A=B}$。当 $A_3A_2A_1A_0=B_3B_2B_1B_0$ 时,须考虑级联输入的状态。

CD4585 的功能和真值表与 74LS85 一样,只是工作频率比 74LS85 低些。

3. 数据比较器的扩展

从表 3.17 可知,74LS85 设置了级联输入端,这些端子的设置是为多片数据比较器连接,以便组成位数更多的数值比较器。图 3.33 所示为用两片 74LS85 组成的 8 位串联方式扩展数据比较器。两个 8 位二进制数的高 4 位 $A_7A_6A_5A_4$ 和 $B_7B_6B_5B_4$ 接高位片 74LS85 的数据输入端,而低 4 位二进制数 $A_3A_2A_1A_0$ 和 $B_3B_2B_1B_0$ 接低位片 74LS85 的数据输入端。同时,低位片的级联输入端 $I_{A>B}=0$, $I_{A<B}=0$, $I_{A=B}=1$。对于两个 8 位二进制数,当高 4 位相同时,它们的大小则由低 4 位的比较结果决定。因此,低 4 位的比较结果应作为高 4 位的条件,即低 4 位比较器的输出端应分别与高 4 位比较器的级联输入端 $I_{A>B}$、$I_{A<B}$、$I_{A=B}$ 相连。

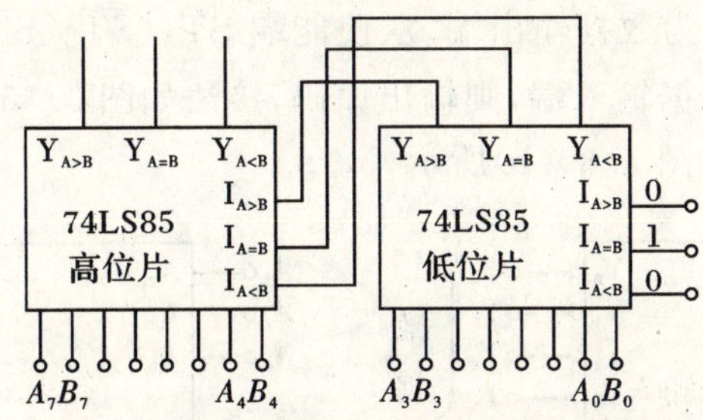

图 3.33 8 位串联方式扩展数据比较器

当需要比较的数据位数较多且需要满足一定的速度要求时,可以采取并联方式进行扩展。图 3.34 所示为 16 位并联数据比较器。图中采用两级比较方式,将 16 位数据按高低位分成 4 组,每组 4 位的比较是并行进行的。将每组的比较结果再经过一个 4 位比较器进行比较后得出结果。很明显,采用并联方式扩展,从数据输入到稳定输出只需要两倍的 4 位比较器延迟时间,如果采用串联方式扩展,则需要四倍的 4 位比较器延迟时间。并联方式扩展的速度明显比串联方式扩展快很多。

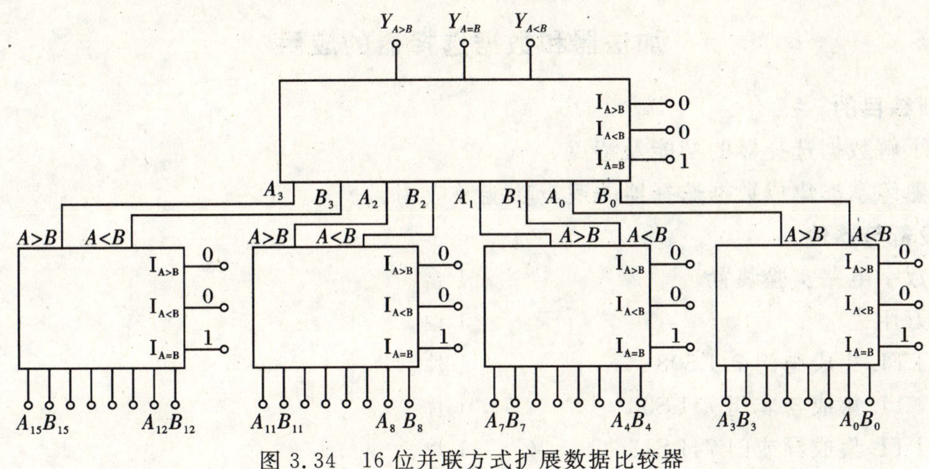

图 3.34 16 位并联方式扩展数据比较器

任务拓展

数据分配器

根据地址信号将一路输入数据分配给多个输出端中相应的一个，叫做数据分配，如图3.35所示。实现这个功能的电路称为数据分配器。数据分配器相当于一个波段开关。数据分配器有两类输入端：一类是数据输入端；另一类是地址输入端。此外，还有多个数据输出端。

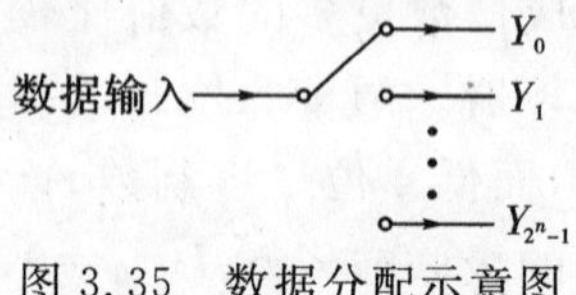

图 3.35　数据分配示意图

在实际应用中没有专门的数据分配器，但是可以用译码器来实现数据分配的功能。将译码器的使能端作为数据输入端，译码器的输入端作为地址输入端，即可以构成数据分配器。

图3.36所示为由3线-8线译码器74LS138构成的8路数据分配器。图中 A_2、A_1、A_0 为地址信号输入端，$\overline{Y}_0 \sim \overline{Y}_7$ 为数据输出端，从使能端 ST_A、$\overline{ST}_B$、$\overline{ST}_C$ 中选择一个作为数据输入端。如$\overline{ST}_B$ 或$\overline{ST}_C$ 作为数据输入端，则输出原码，接法如图3.36(a)所示；如 ST_A 作为数据输入端，则输出反码，接法如图3.36(b)所示。

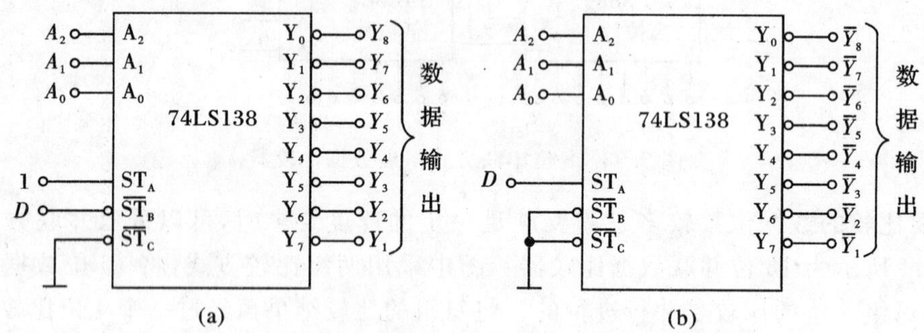

图 3.36　由3线-8线译码器74LS138构成的8路数据分配器

(a)输出原码接法；(b)输出反码接法

实训

加法器和数据选择器的应用

1. 训练目的

(1)了解数据选择器的功能及特点。

(2)熟练掌握集成数据选择器的逻辑功能及应用。

2. 设备与器件

(1)数字电路实验装置	1台。
(2)万用表	1块。
(3)TTL集成与门74LS08	1片。
(4)TTL集成与非门74LS00	1片。
(5)TTL集成异或门74LS136	1片。
(6)TTL集成数据选择器74LS153	1片。

(7)TTL集成数据选择器74LS151　　1片。

(8)导线　　若干。

3. 训练内容及步骤

1)用相应的逻辑门来实现半加器的功能

根据图3.24来构成半加器,并验证表3.11的功能。

2)用相应的逻辑门来实现全半加器的功能

根据图3.25来构成全加器,并验证表3.12的功能。

3)测试数据选择器74LS153的逻辑功能

74LS151地址端$A_2 \sim A_0$、数据端$D_0 \sim D_7$、使能端$\bar{S}$接逻辑开关,输出端Q接逻辑电平显示器,按74LS151功能表逐项进行测试,记录测试结果。

4)测试数据选择器74LS151的逻辑功能

测试方法及步骤同上,并记录测试结果。

5)用8选1数据选择器74LS151设计三输入多数表决电路

(1)写出设计过程。

(2)画出接线图。

(3)验证逻辑功能。

6)用8选1数据选择器74LS151实现全加器

(1)写出设计过程。

(2)画出接线图。

(3)验证逻辑功能。

4. 注意事项

电源接通时,不得随意移动或插拔集成电路芯片,以避免引起过电流冲击而造成电路损坏。

5. 实训报告要求

(1)实验名称。

(2)实验目的。

(3)实验仪器的名称和型号。

(4)实验内容和步骤、逻辑图、实验接线图和实验数据。

(5)对实验中发生的故障现象进行分析,整理排除故障的措施。

(6)思考题的解答。

6. 思考题

(1)数据选择器为什么可以用来实现逻辑函数?

(2)能否采用4选1数据选择器74LS153来设计三输入多数表决电路?为什么?

(3)在实验过程中你碰到了哪些问题?是如何解决的?

项目小结

通过本项目的学习,要求掌握的主要内容有以下几点:

(1)本项目学习的编码器、译码器、加法器、数据选择器和数据比较器是常用的中规模集

成逻辑器件。在教材中列出了常用系列的集成芯片引脚排列图和功能表，以便学习和查阅。

(2)编码器将输入电信号编码成二进制代码。常用的集成编码器有8线-3线优先编码器74LS148和16线-4线优先编码器74LS147。

(3)译码器的功能和编码器正好相反，它是将二进制代码翻译成相应的电信号。译码器按用途可分为三种类型：变量译码器、码制变换译码器和显示译码器。其中，变量译码器外加门电路可以方便地实现组合逻辑函数。而显示译码器广泛应用于各种测量仪器的数字结果显示。常用的集成译码器有3线-8线译码器74LS138和4线-16线译码器74LS42，以及显示译码驱动器74LS48。

(4)数据选择器是在地址码的控制下，从多路输出中选择一路数据输出的器件。它也可以方便地实现组合逻辑函数。

(5)逻辑函数的实现可以有以下几种方法：逻辑门电路、译码器(需外加门电路)、数据选择器。

(6)在常用的中规模集成逻辑器件中都有扩展端和使能端，便于芯片的控制和扩展使用。在实际运用中，除了能熟练使用单个的芯片外，还应该注意掌握芯片的扩展使用。

思考与练习 3

3.1　题3.1图是由8选1数据选择器构成的电路，试写出当 G_1G_0 为各种不同的取值时的输出 Y 的表达式。

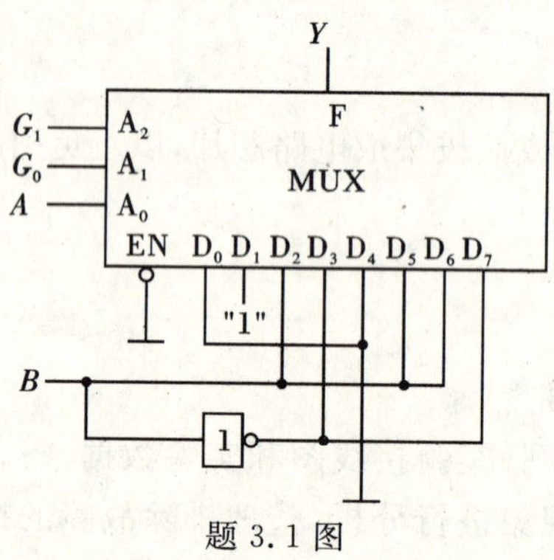

题3.1图

3.2　题3.2图是由3线-8线译码器74LS138和与非门构成的电路，试写出 P_1 和 P_2 的表达式，列出真值表，并说明其逻辑功能。

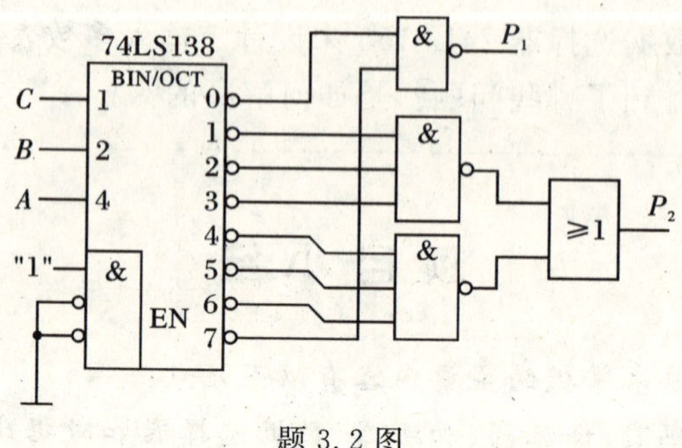

题3.2图

3.3 题3.3图所示为由集成4位全加器74LS283和或非门构成的电路，已知输入 $DCBA$ 为8421BCD码，写出 B_2B_1 的表达式，并列表说明输出 $D'C'B'A'$ 为何种编码？

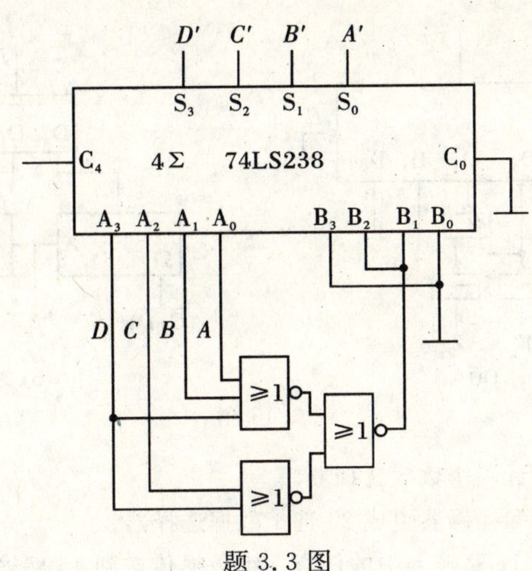

题3.3图

3.4 仿照全加器设计一个全减器，被减数为 A，减数为 B，低位来的借位为 J_0，差为 D，向上一位的借位为 J。要求：

(1)列出真值表，写出 D、J 的表达式。

(2)仿全加器，用二输入与非门实现。

(3)用最小项译码器74LS138实现。

(4)用双四选一数据选择器实现。

3.5 试用两片4位二进制并行加法器74LS283和必要的门电路组成1个二-十进制加法器电路。(提示：根据8421BCD码的加法运算原则，当两数之和小于或等于9(1001)时，相加的结果和按二进制数相加所得到的结果一样；当两数之和大于9(1010～1111)时，则应在按二进制数相加所得到的结果上加6(0110)，这样就可以给出进位信号，同时得到一个小于9的和。)

3.6 试用3线-8线译码器74LS138和门电路实现以下函数：

$$\begin{cases} Y_1=AC \\ Y_2=\overline{A}\,\overline{B}C+A\overline{B}\overline{C}+BC \\ Y_3=\overline{B}\overline{C}+AB\overline{C} \end{cases}$$

3.7 试用4选1多路选择器实现函数 $Y=A\overline{B}\overline{C}+\overline{A}\,\overline{C}+BC$。

3.8 用8选1数据选择器产生逻辑函数：

$$\begin{cases} Y_1=A\overline{B}\overline{C}+\overline{A}\,\overline{C}+BC \\ Y_2=A\overline{C}D+\overline{A}\,\overline{B}CD+BC+B\overline{C}\overline{D} \end{cases}$$

3.9 试用4位全加器电路实现将8421BCD码转换成余3码。

3.10 试设计一个8421BCD码的七段显示译码电路。

3.11 用译码器实现下列逻辑函数，并画出连线图：

(1)$Y_1=\sum m(3,4,5,6)$。

(2)$Y_2=\sum m(1,3,5,9,11)$。

(3)$Y_3=\sum m(2,6,9,12,13,14)$。

3.12 试用74LS153数据选择器实现下列逻辑函数：

(1)$Y(A,B,C)=\sum m(1,\ 3,\ 5,\ 7)$，

(2)$Y_2=\overline{A}\,\overline{B}C+\overline{A}BC+AB\overline{C}+ABC$。

3.13　用数据选择器组成的电路如题 3.13 图所示，试分别写出电路的输入函数式。

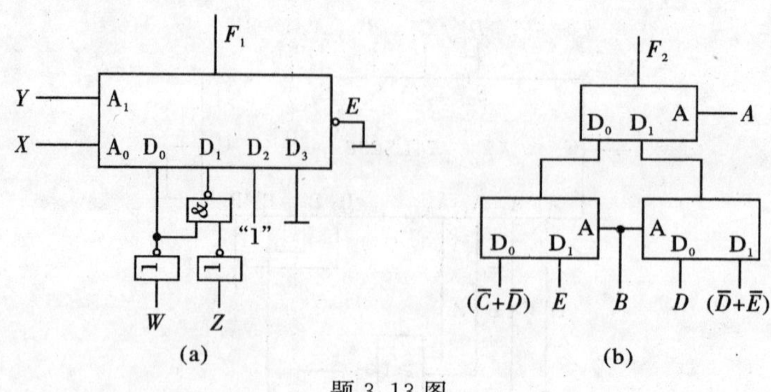

题 3.13 图

3.14　用译码器和门电路设计一个数据选择器。

3.15　用 4 选 1 数据选择器和译码器组成 20 选 1 数据选择器。

3.16　试用集成电路实现将 16 路输入中的任意一组数据传送到 16 路输出中的任意一路，画出逻辑连接图。

3.17　仿照半加器和全加器的设计方法，试设计一个半减器和一个全减器。

3.18　试画出 3 线—8 线译码器 74LS138 和门电路产生如下多输出函数的逻辑图：

$$\begin{cases} Y_1=AC \\ Y_2=\overline{A}\,\overline{B}C+A\overline{B}\overline{C}+BC \\ Y_3=\overline{B}\overline{C}+AB\overline{C} \end{cases}$$

3.19　用一片双 4 选 1 数据选择器 74LS153 组成 8 选 1 数据选择器。

3.20　用一片 4 位并行加法器 74LS283 将余 3 代码转换成 8421BCD 码的二-十进制代码。

项目4 抢 答 器

项目剖析

本项目制作四路简易抢答器，要求同时有4组选手参加比赛，节目主持人设置一个控制开关，用来控制系统的清零和抢答的开始。若有选手按动抢答按钮，对应的LED数码管应该被立即点亮；抢答器应具有互锁功能，某组抢答后能自动封锁其他各组进行抢答。下图为它的原理框图，从图中可见，简易抢答器是数字电子技术及应用这门课程的一个综合性实训项目，既用到前述所讲的门电路、触发器等知识，又用到本项目中的触发器、时序逻辑电路等知识。电路的核心部分是时序逻辑电路，电路的主要功能是锁存输入。那么，这个电路的工作原理是什么？如何实现上述各项功能？相信你完成以下各任务内容的学习并亲自动手制作后，就会找到这些问题的答案。

本项目制作简单，效果明显，特别适合初学者学习。通过本项目的学习，将使大家对抢答器的设计有个初步的认识，并对数字电子技术各环节的内容有系统的了解并学会使用，也为今后的学习与工作打下必要的基础。如果条件允许，还可以制作出抢答器实物进行焊接调试，以增进学习的兴趣。

本项目由三个任务组成：

任务1 集成触发器

任务2 时序逻辑电路的分析及设计

任务3 简易抢答器电路的设计和仿真测试

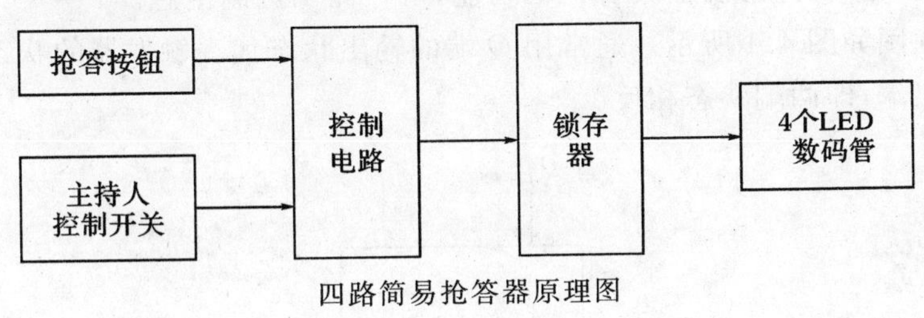

四路简易抢答器原理图

项目目标

时序逻辑电路是组成数字系统的重要部件之一，对它的分析与应用是整个数字电路学习的基础和重点。本项目通过围绕“四路简易抢答器”的制作展开学习，要达到的主要目标为：

(1)掌握集成触发器的工作原理及分析方法。

(2)熟练掌握集成触发器的逻辑功能及应用。

(3)掌握时序逻辑电路的工作原理及应用。

任务1 集成触发器

【任务目标】

(1)掌握各类触发器的逻辑功能和逻辑功能的描述方法。

(2)掌握各种触发方式的特点和脉冲工作特性。

(3)理解触发器的工作原理。

前面介绍的各种门电路及由门电路组成的组合电路，其共同特点是当前的输出完全取决于当前的输入，与过去的输入无关，它们没有记忆功能。

在数字系统中常需要有记忆功能。触发器 (Flip Flop,FF)是能够记忆两值信息(“1”和“0”)的基本时序逻辑单元电路。

触发器具有两个基本特点：

(1)有两个稳定状态：高电平、低电平，常用二进制数码 1 和 0 来分别表达高电平和低电平的状态。

(2)受到输入信号作用时，触发器的状态可以发生改变；输入信号撤消后，触发器的状态仍然保持而不消失。因此触发器具有记忆功能，可存储二进制信息。

触发器方框图如图 4.1 所示。通常用 Q 端的输出状态代表触发器的状态。Q 端和 $\overline{Q}$ 端为两个互补输出端，即两端状态相反。

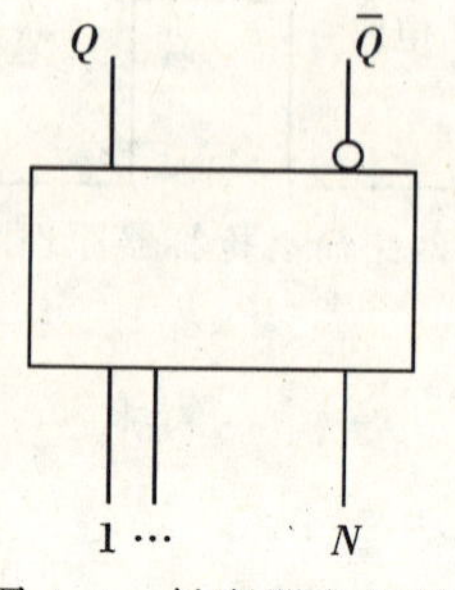

图 4.1　触发器方框图

当 $Q=1$、$\overline{Q}=0$ 时，称触发器输出为1状态；

当 $Q=0$、$\overline{Q}=1$ 时，称触发器输出为0状态。

触发器的分类方法：

(1) 按有无时钟脉冲来分，有基本触发器（无时钟触发器，如脉冲触发器）和时钟控制触发器。

(2) 按电路结构来分，有同步RS触发器、主从触发器、维持阻塞触发器、边沿触发器等。

(3) 按逻辑功能来分，有RS触发器、D触发器、JK触发器、T触发器、T′触发器等。

一、基本RS触发器

1. 基本RS触发器的组成结构与符号

基本RS的触发器电路如图4.2(a)所示，图4.2(b)是它的逻辑符号。$\overline{S}_D$ 和 $\overline{R}_D$ 是信号输入端，字母上的反号(一)表示低电平有效(逻辑符号中用小圈表示)。它有两个输出端 Q 与 $\overline{Q}$，正常情况下，这两个输出端信号必须互补，否则会出现逻辑错误。

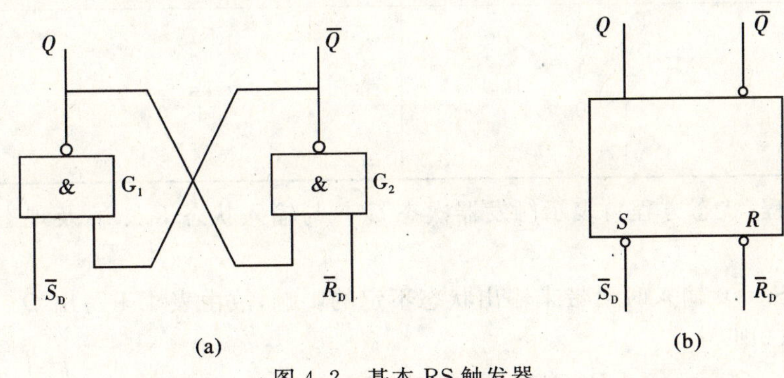

图4.2 基本RS触发器

(a)电路结构； (b)逻辑符号

2. 基本RS触发器工作原理

(1)当 $\overline{R}_D=\overline{S}_D=0$ 时，触发器输出 $Q=\overline{Q}=1$，触发器状态不确定。这时既不是1状态，也不是0状态。在 $\overline{R}_D$、$\overline{S}_D$ 同时由0变为1时，由于与非门 G_1 和 G_2 电气性能上的差异，其输出状态无法确定，因此这种输入信号组合在正常工作中是不允许出现的。

(2)当 $\overline{R}_D=0$、$\overline{S}_D=1$ 时，触发器置0。因 $\overline{R}_D=0$，门 G_2 输出 $\overline{Q}=1$，所以门 G_1 输入都为高电平，输出 $Q=0$，触发器被置0。常称此逻辑关系为“置0功能”。

(3)当 $\overline{R}_D=1$、$\overline{S}_D=0$ 时，触发器置1。因 $\overline{S}_D=0$，门 G_1 输出 $Q=1$，这时门 G_2 输入都为高电平，输出 $\overline{Q}=0$，触发器被置1。常称此逻辑关系为“置1功能”。

(4)当 $\overline{R}_D=\overline{S}_D=1$ 时，G_1、G_2 门状态不变，触发器输出 Q、$\overline{Q}$ 保持原状态不变。因此称此逻辑关系具有“保持功能”。

3. 功能描述

(1)特性表及特性简表(见表4.1和表4.2)。

表 4.1 基本 RS 触发器的特性表

$\overline{R}_D$	$\overline{S}_D$	Q^n	Q^{n+1}	功能说明
0	0	0	×	不稳定状态
0	0	1	×	(不允许)
0	1	0	0	置 0(复位)
0	1	1	0	
1	0	0	1	置 1(置位)
1	0	1	1	
1	1	0	0	保持原状态
1	1	1	1	

注:①Q^n 表示现态,即触发器输出的当前状态;
②Q^{n+1} 表示次态,即与当前状态相邻的下一状态;
③"×" 表示取任意值(0 或 1),不确定。

表 4.2 基本 RS 触发器的状态简化特性表

$\overline{R}_D$	$\overline{S}_D$	Q^{n+1}
0	0	不定
0	1	0
1	0	1
1	1	Q^n

(2)特征方程(状态方程):表示触发器次态 Q^{n+1} 与输入状态 $\overline{R}_D$、$\overline{S}_D$ 及现态 Q^n 之间关系的逻辑表达式。

考虑 $\overline{R}_D=\overline{S}_D=0$ 输入时会带来输出状态不定的影响,故由表 4.1 写出 Q^{n+1} 表达式时,应该严禁这种输入,即

$$\begin{cases} Q^{n+1}=\overline{S}_D+\overline{R}_D Q^n \\ \overline{S}_D+\overline{R}_D=1 \end{cases}$$

(3)状态转换图:状态转换图是表示 $CP=1$ 时,触发器从现态变化到次态或保持原状态不变与相应的输入信号的图形。由功能表可以得到状态转换图(见图 4.3)。

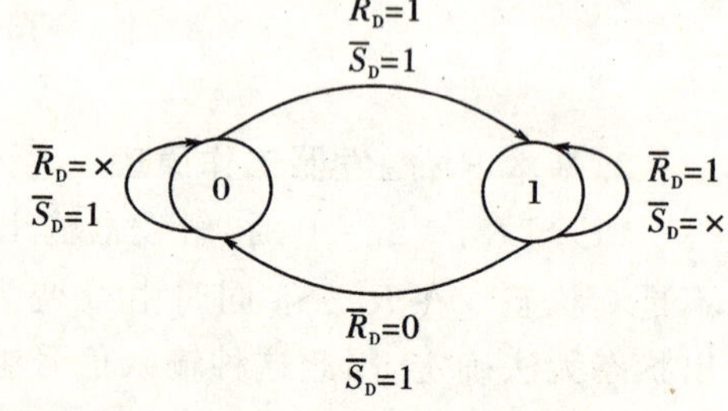

图 4.3 基本 RS 触发器的状态转换图

(4)驱动表(见表 4.3)。

表 4.3 基本 RS 触发器的驱动表

Q^n	$\rightarrow Q^{n+1}$	$\overline{R}_D$	$\overline{S}_D$
0	0	×	1
0	1	1	0
1	0	0	1
1	1	1	×

(5)时序波形图(见图 4.4)。时序波形图是用高低电平反映触发器的逻辑功能的波形图,它比较直观,而且可用示波器验证。

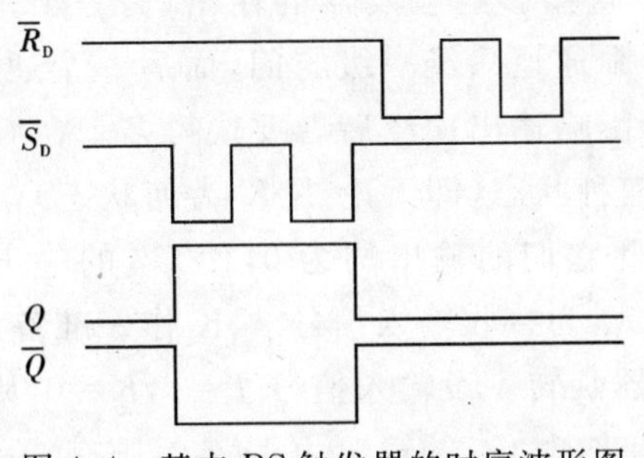

图 4.4 基本 RS 触发器的时序波形图

二、边沿 JK 触发器

边沿触发器不仅将触发器的触发翻转控制在 CP 触发沿到来的一瞬间，而且将接收输入信号的时间也控制在 CP 触发沿到来的前一瞬间。因此，边沿触发器没有空翻现象，大大提高了触发器工作的可靠性和抗干扰能力。

1. 边沿 JK 触发器的组成结构与符号

边沿 JK 触发器由两个与或非门(G_1 和 G_2)组成的基本 RS 触发器和两个输入控制与非门(G_3 和 G_4)组成。由输入信号 J、K 的传送路径看，经过门 G_1 和 G_2 的传送延迟时间小于经过门 G_3 和 G_4 的传送延迟时间。触发器如图 4.5(a)所示，图 4.5(b)是 JK 触发器的逻辑符号。

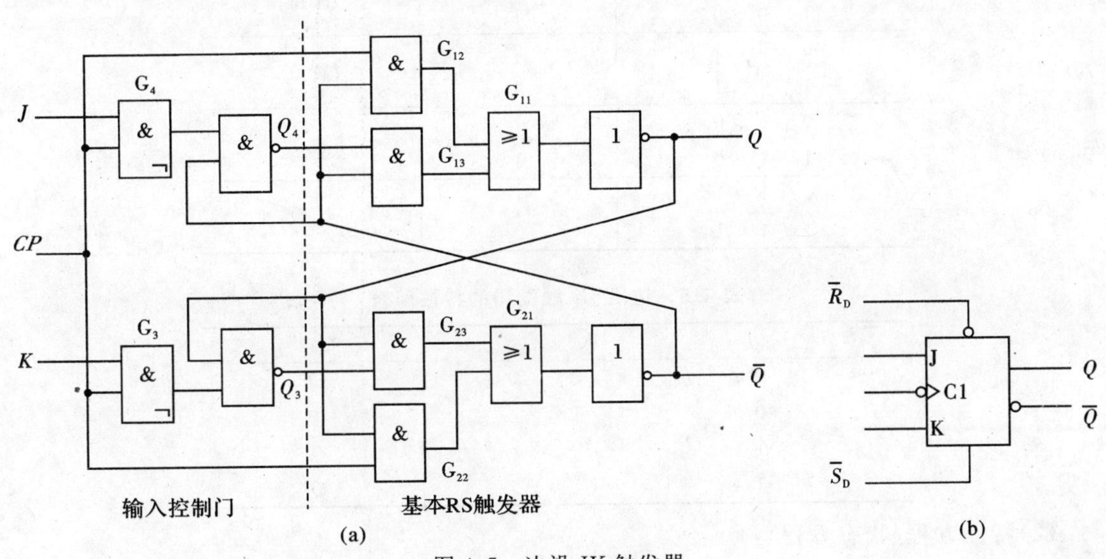

图 4.5 边沿 JK 触发器

(a)电路结构；(b)逻辑符号

2. 边沿 JK 触发器的工作原理

(1)$CP=0$ 时，触发器处于一个稳态。

CP 为 0 时，G_3、G_4 被封锁，不论 J、K 为何种状态，Q_3、Q_4 均为 1；另一方面，G_{12}、G_{22} 也被 CP 封锁，因而由与或非门组成的触发器处于一个稳定状态，使输出 Q、$\overline{Q}$ 状态不变。

(2)CP 由 0 变 1 时，触发器不翻转，为接收输入信号作准备。

设触发器原状态为 $Q=0$，$\overline{Q}=1$。当 CP 由 0 变 1 时，有两个信号通道影响触发器的输出

状态：一个是 G_{12} 和 G_{22} 打开，直接影响触发器的输出；另一个是 G_4 和 G_3 打开，再经 G_{13} 和 G_{23} 影响触发器的状态。前一个通道只经一级与门，而后一个通道则要经一级与非门和一级与门，显然 CP 的跳变经前者影响输出比经后者要快得多。在 CP 由 0 变 1 时，G_{22} 的输出首先由 0 变 1，这时无论 G_{23} 为何种状态（即无论 J、K 为何状态），都使 Q 仍为 0。由于 Q 同时连接 G_{12} 和 G_{13} 的输入端，因此它们的输出均为 0，使 G_{11} 的输出 $\overline{Q}=1$，触发器的状态不变。CP 由 0 变 1 后，打开 G_3 和 G_4，为接收输入信号 J、K 作好准备。

(3)CP 由 1 变 0 时触发器翻转。设输入信号 $J=1,K=0$，则 $Q_3=0$，$Q_4=1$，G_{13} 和 G_{23} 的输出均为 0。当 CP 下降沿到来时，G_{22} 的输出由 1 变 0，则有 $Q=1$，使 G_{13} 输出为 1，$\overline{Q}=0$，触发器翻转。虽然 CP 变 0 后，G_3、G_4、G_{12} 和 G_{22} 封锁，$Q_3=Q_4=1$，但由于与非门的延迟时间比与门长（在制造工艺上予以保证），因此 Q_3 和 Q_4 这一新状态的稳定是在触发器翻转之后。由此可知，该触发器在 CP 下降沿触发翻转，CP 一旦到 0 电平，则将触发器封锁，处于(1)所分析的情况。

总之，该触发器在 CP 下降沿前接收信息，在下降沿触发翻转，在下降沿后触发器被封锁。

3. 功能描述

(1)特性表及特性简表（见表 4.4 和表 4.5）。

表 4.4 边沿 JK 触发器的特性表

Q^n	J	K	Q^{n+1}	功能说明
0	0	0	0	保持
1	0	0	1	
0	0	1	0	置 0
1	0	1	0	
0	1	0	1	置 1
1	1	0	1	
0	1	1	1	计数
1	1	1	0	

表 4.5 边沿 JK 触发器的特性简表

J	K	Q^{n+1}
0	0	Q^n
0	1	0
1	0	1
1	1	$\overline{Q}^n$

(2)特征方程（状态方程）：

$$Q^{n+1}=J\overline{Q}^n+\overline{K}Q^n$$

(3)驱动表及状态转换图（见表 4.6 和图 4.6）。

表 4.6 边沿 JK 触发器的驱动表

$Q^n \to Q^{n+1}$		J	K
0	0	0	×
0	1	1	×
1	0	×	1
1	1	×	0

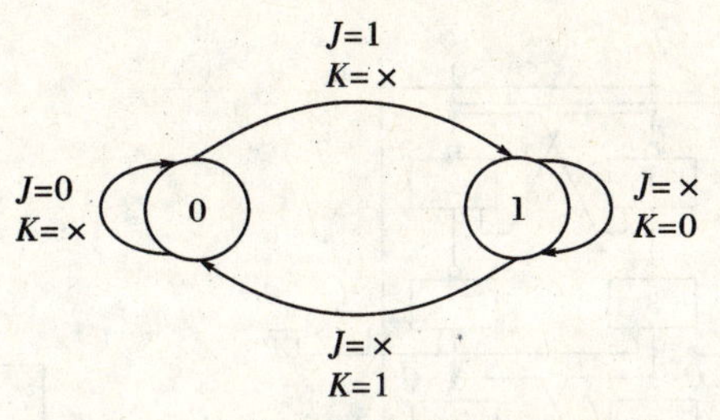

图 4.6　边沿 JK 触发器状态转换图

(4)时序波形图(见图 4.7)。

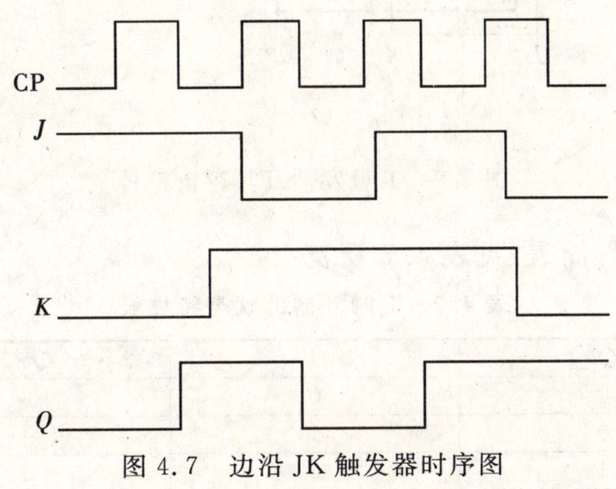

图 4.7　边沿 JK 触发器时序图

4. 脉冲工作特性

该触发器无一次变化现象,输入信号可在 CP 触发沿由 1 变 0 时刻前加入。由图 4.6 可知,该电路要求 J、K 信号先于 CP 信号触发沿传输到 G_3、G_4 的输入端,为此它们的加入时间至少应比 CP 的触发沿提前一级与非门的延迟时间。这段时间称为建立时间 t_{set}。

输入信号在负跳变触发沿来到后就不必保持,原因在于即使原来的 J、K 信号变化,还要经一级与非门的延迟才能传输到 G_3 和 G_4 的输出端,在此之前,触发器已由 G_{12}、G_{13}、G_{22}、G_{23} 的输出状态和触发器原先的状态决定翻转。所以这种触发器要求输入信号的维持时间极短,从而具有很高的抗干扰能力,且因缩短 t_{CPH} 可提高工作速度。

从负跳变触发沿到触发器输出状态稳定,也需要一定的延迟时间 t_{CPL}。显然,该延迟时间应大于两级与或非门的延迟时间。即 t_{CPL} 大于 $2.8t_{pd}$。

三、其他触发器

1. T 触发器及 T′触发器

1)T 触发器

如果将 JK 触发器的 J、K 两端相连接,连接后的输入端称为 T 端,1～8 门为与非门,9 门为非门,如图 4.8(a)所示,就构成了 T 触发器。因此,可根据 JK 触发器的工作过程,写出 T 触发器的逻辑功能。图 4.8(b)是 T 触发器的逻辑符号。

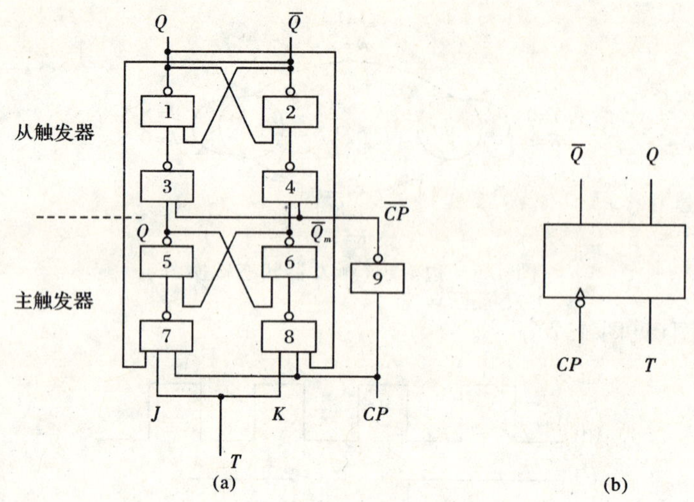

图 4.8　T 触发器及其逻辑符号

(1)状态特性表及特性简表(见表 4.7 及表 4.8)。

表 4.7　T 触发器的状态特性表

Q^n	T	Q^{n+1}
0	0	0
0	1	1
1	0	1
1	1	0

表 4.8　T 触发器的状态特性简表

T	Q^{n+1}
0	Q^n
1	$\overline{Q}^n$

(2)特征方程:由表 4.7 可知特征方程为:

$$Q^{n+1}=\overline{T}Q^n+T\overline{Q}^n=T\oplus Q^n$$

(3)驱动表及状态转换图:表 4.9 为 T 触发器的驱动表,图 4.9 为 T 触发器的状态转换图。

表 4.9　T 触发器的驱动表

$Q^n \to Q^{n+1}$		T
0	0	0
0	1	1
1	0	1
1	1	0

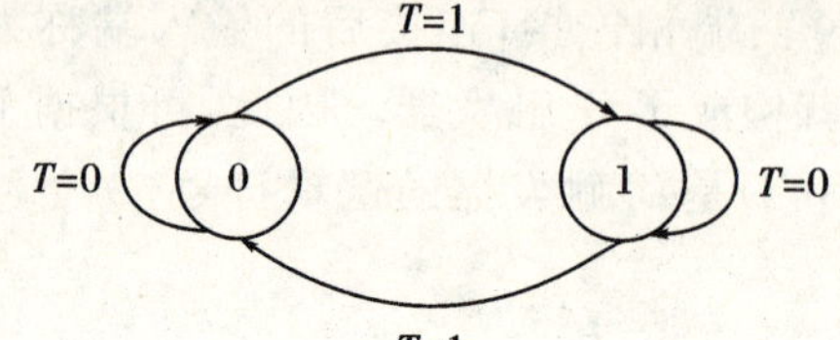

图 4.9　T 触发器的状态转换图

(4)时序波形图(见图 4.10)。

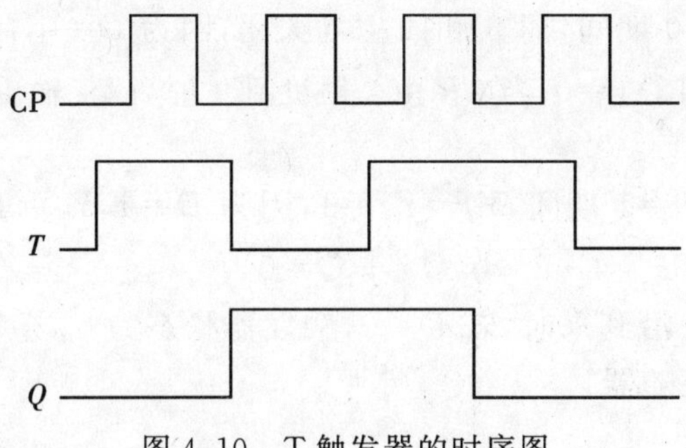

图 4.10 T 触发器的时序图

2)T′触发器

如果在 T 触发器中令 $T=1$(即 $J=K=1$),那么每输入一个 CP 脉冲,触发器状态翻转一次,称这种触发器为 T′触发器,其特征方程为

$$Q^{n+1}=\overline{Q^n}$$

图 4.11(a)是 T′触发器的逻辑符号,图 4.11(b)是它的时序图。

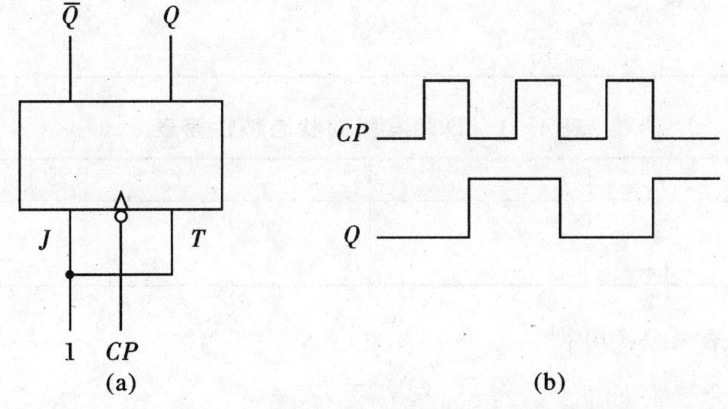

图 4.11 T′触发器的逻辑符号及时序图

2. D 触发器

1)电路组成

D 触发器逻辑电路如图 4.12(a)所示,门 1～6 为与非门,图 4.12(b)是它的逻辑符号。

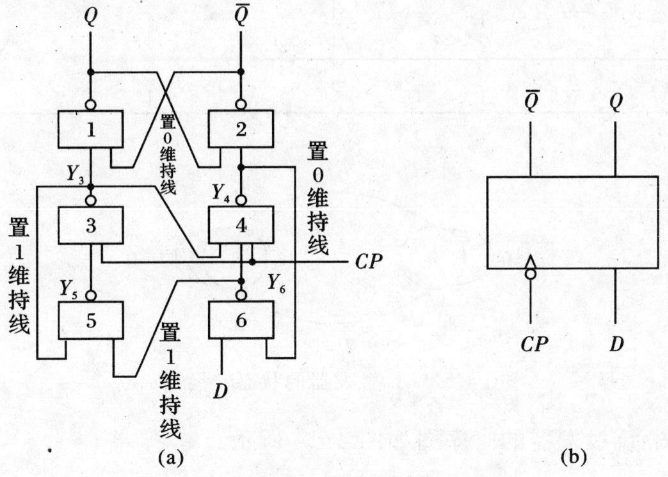

图 4.12 D 触发器逻辑电路及逻辑符号

2)工作原理

(1)$D=0$ 时:在 $CP=0$ 期间,门 3 和门 4 均关闭,因为 $D=0$,门 6 被封锁,$Y_6=1$,门 5 在 $Y_6=Y_3=1$ 的作用下被打开,$Y_5=0$;当 CP 由 0 跳变到 1 时,门 4 输出 $Y_4=\overline{Y_3}\,\overline{Y_6CP}=\overline{111}=0$,$Q=0$,$\bar{Q}=1$。

(2)当 $D=1$ 时:在 $CP=1$ 期间,$Y_3=Y_4=1$,因为 $D=1$,$Y_6=1$,$Y_5=1$,当 CP 由 0 跳变到 1 时,$Y_4=1$,$Y_3=\overline{Y_5\cdot CP}=\overline{1\cdot 1}=0$,$Q=1$,$\bar{Q}=0$。

综上所述:在 CP 上升沿到来时,若 $D=0$,触发器状态为 0;若 $D=1$,触发器状态为 1,故有时称 D 触发器为数字跟随器。

3)功能描述

(1)状态特性表及其特性简表:表 4.10 是 D 触发器的状态特性表,表 4.11 为其特性简表。

表 4.10　D 触发器的状态特性表

Q^n	D	Q^{n+1}
0	0	0
0	1	1
1	1	1
1	0	0

表 4.11　D 触发器的状态特性简表

D	Q^{n+1}
0	0
1	1

(2)特征方程:由表 4.10 可得:

$$Q^{n+1}=D$$

(3)驱动表及状态转换图:D 触发器的驱动表如表 4.12 所示,状态转换图如图 4.13 所示。

表 4.12　D 触发器的驱动表

$Q^n \to Q^{n+1}$		D
0	0	0
0	1	1
1	0	0
1	1	1

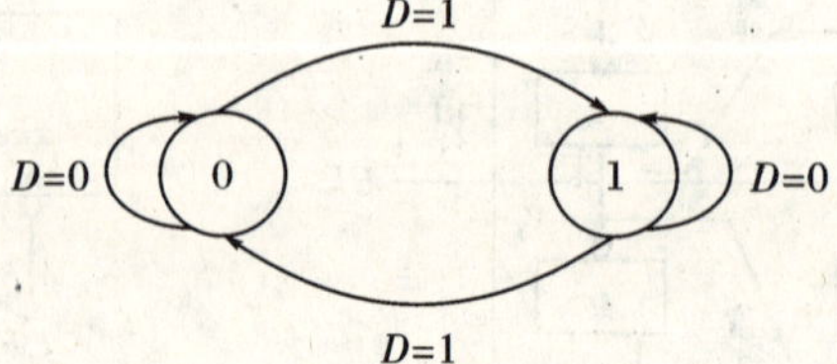

图 4.13　D 触发器的状态转换图

(4)时序波形图:D 触发器的时序图如图 4.14 所示。

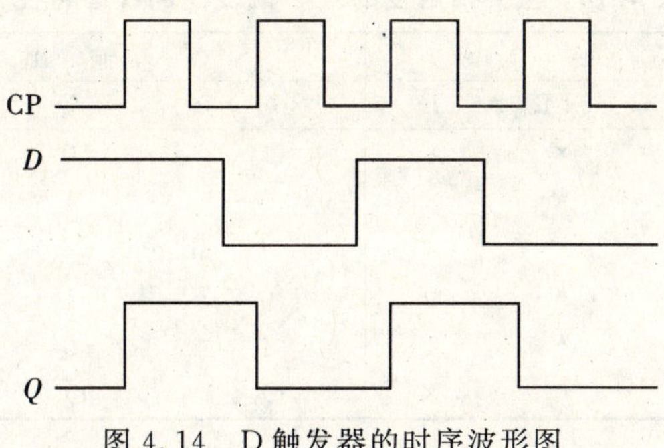

图 4.14　D触发器的时序波形图

四、常用集成触发器及触发器的触发方式

实际中有很多种集成触发器，下面介绍几种。

1. 四 RS 触发器 74279

图 4.15 是四 RS 触发器 74279 的符号图，表 4.13 是它的特性表。该触发器是基本 RS 触发器，有两个与逻辑的置 1 输入端。输入信号低电平置位和复位。其中左图是流行符号，右图是 IEEE 符号。

该触发器输出互补信号，有多种封装形式，外引线为 16 条，输入端加有箝位二极管。

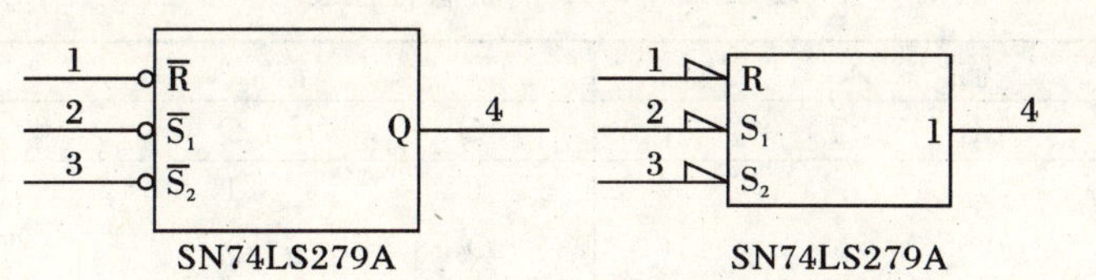

图 4.15　四 RS 触发器 74279 的符号图

表 4.13　四 RS 触发器 74279 的状态特性表

输入		输出	
$\overline{S_1}$ & $\overline{S_2}$	$\overline{R}$	Q	
1	1	Q	保持
0	1	1	置 1
1	0	0	置 0
0	0	1	不允许

2. 上升沿触发的双 D 触发器

7474 是常用的 D 触发器。它的符号如图 4.16 所示，其中左图是流行符号，右图是 IEEE 符号。它的特性表如表 4.14 所示。

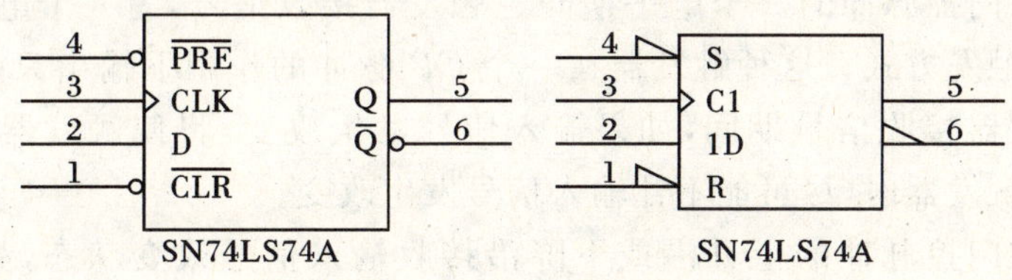

图 4.16　7474 的符号

表 4.14　上升沿触发的双 D 触发器的状态特性表

输　入				输　出		
$\overline{PRE}$	$\overline{CLR}$	CLK	D	Q	$\overline{Q}$	
0	1	×	×	1	0	预置 1
1	0	×	×	0	1	预置 0
0	0	×	×	Illegal		非法
1	1	↑	0	0	1	置 0
1	1	↑	1	1	0	置 1
1	1	0	×	Q_0	$\overline{Q_0}$	保持

3. 双 JK 触发器 7473

7473 是常用的 JK 触发器。它的符号如图 4.17 所示，它的特性表如表 4.15 所示。

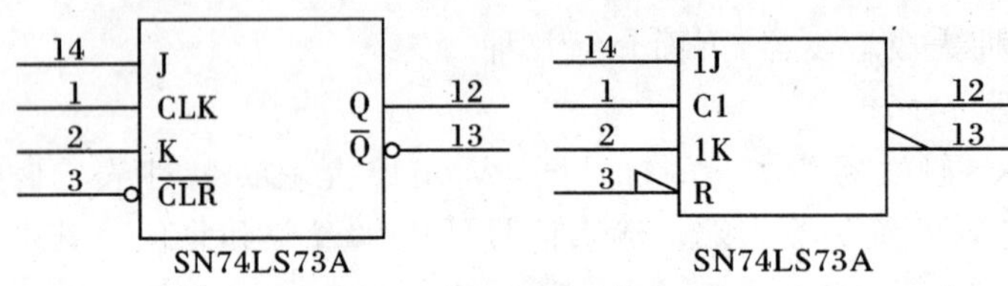

图 4.17　7473 的符号图

表 4.15　7473 的状态特性表

输　入				输　出		
$\overline{CLR}$	CLK	J	K	Q	$\overline{Q}$	
0	×	×	×	0	1	清 0
1	0	×	×	Q_0	$\overline{Q_0}$	保持
1	↑	0	0	Q_0	$\overline{Q_0}$	保持
1	↑	0	1	0	1	置 0
1	↑	1	0	1	0	置 1
1	↑	1	1	$\overline{Q^n}$	Q^n	翻转

4. 触发器的触发方式

所谓触发器的触发方式，是指触发器在控制脉冲的什么阶段（上升沿、下降沿和高或低电平期间）接收输入信号改变状态。

门控触发器在门控脉冲的高电平期间接收输入信号改变状态，为电平触发方式。门控触发器存在的问题是“空翻”。所谓空翻，就是在一个控制信号期间触发器发生多于一次的翻转，比如，门控 T 触发器在控制信号为高电平期间不停地翻转。这种触发器是不能构成计数器的。

主从触发器在门控脉冲的一个电平期间主触发器接收信号，另一个电平期间从触发器改变状态，为主从触发方式。这种触发器在一个 CP 脉冲的作用下输出只能动作一次，但存在的问题是主触发器接收信号期间，如果输入信号发生改变，将使触发器状态的确定复杂化，故在使用主从触发器时，尽可能不让输入信号发生改变。

边沿触发器在门控脉冲的上升沿或下降沿接收输入信号改变状态，为边沿触发方式。这种触发器的触发沿到来之前，输入信号要稳定地建立起来，触发沿到来之后仍需保持一定

时间，也就是要注意这种触发器的建立时间和保持时间。

另外，要注意同一功能的触发器触发方式不同，即使输入相同，输出也不相同。

实训

集成触发器的应用

1. 实验目的

(1)掌握基本 RS 触发器、JK 触发器、D 触发器和 T 触发器的逻辑功能。

(2)熟悉各类触发器之间逻辑功能的相互转换方法。

(3)了解触发器的应用。

2. 实验用元器件

(1)双 JK 触发器 74LS73　　1 片。

(2)双 D 触发器 74LS74　　1 片。

(3)四 D 触发器 74LS175　　1 片。

(4)四 2 输入与非门 74LS00　　1 片。

(5)双 4 输入与门 74LS21　　1 片。

本实验采用 74LS73 型双 JK 触发器，其引脚排列如图 4.18 所示，其真值表如表 4.16 所示。74LS73 是下降沿触发的边沿触发器，即在 CP 脉冲下降沿触发翻转，没有强迫置“1”的功能。

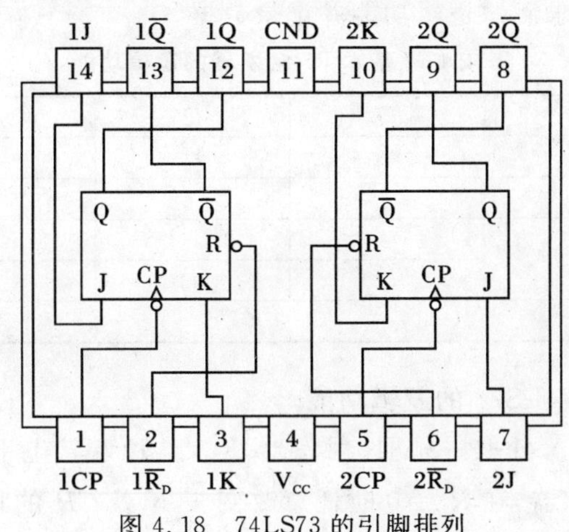

图 4.18　74LS73 的引脚排列

表 4.16　JK 触发器的真值表

输入				输出	
$\overline{R}_D$	CP	J	K	Q^{n+1}	$\overline{Q^{n+1}}$
0	×	×	×	0	1
1	↓	0	0	Q^n	$\overline{Q^n}$
1	↓	1	0	1	0
1	↓	0	1	0	1
1	↓	1	1	$\overline{Q^n}$	Q^n
1	↑	×	×	Q^n	$\overline{Q^n}$

注：×—任意状态；↓—高到低电平跳变；↑—低到高电平跳变；Q^n($\overline{Q^n}$)—现态；Q^{n+1}($\overline{Q^{n+1}}$)—次态。

74175 是内有四个 D 触发器的集成电路，并作了一些简化：四个 D 触发器的时钟脉冲 CP 连在一起，上升沿触发；清零端也连在一起，为低电平有效。芯片引脚图如图 4.19 所示。

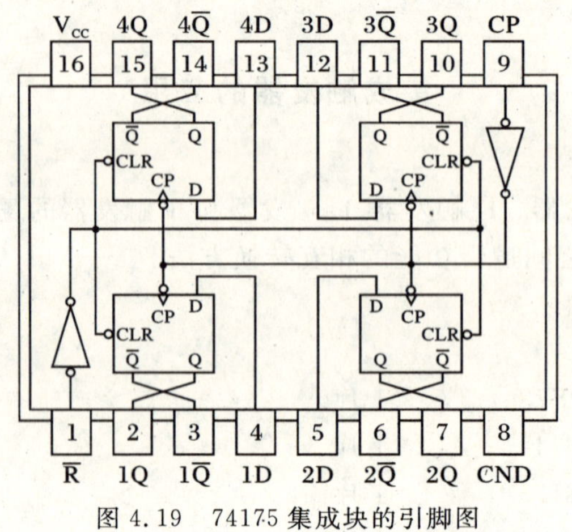

图 4.19　74175 集成块的引脚图

3. 训练内容及步骤

1)测试基本 RS 触发器的逻辑功能

按图 4.3(a)用与非门构成基本 RS 触发器，输入端 $\overline{R}_D$、$\overline{S}_D$ 接逻辑开关，输出端 Q 、$\overline{Q^n}$ 接电平指示器，按表 4.17 要求测试逻辑功能并记录数据。

表 4.17　基本 RS 触发器的逻辑功能

$\overline{R}_D$	$\overline{S}_D$	Q	$\overline{Q}$	功能说明
1	1→0			
	0→1			
1→0	1			
0→1				
0	0			

2)测试双 JK 触发器 74LS73 的逻辑功能

(1)测试 $\overline{R}_D$ 复位功能。任取一只 JK 触发器，$\overline{R}_D$，J，K 端接电平开关，CP 端接单次脉冲按钮开关，Q 端接电平指示器，在 $\overline{R}_D=0$ 时任意改变 J，K 及 CP 的状态，观察 Q 状态。

(2)测试 JK 触发器的逻辑功能。在 $\overline{R}_D=1$ 的情况下，按表 4.18 要求改变 J，K，CP 状态，观察 Q 状态变化，观察触发器状态更新是否发生在 CP 脉冲的下降沿(即 CP 由 1→0)，记录到表 4.18 中。

表 4.18　JK 触发器的逻辑功能

J	K	CP	$Q^n \to Q^{n+1}$	$Q^n \to Q^{n+1}$	功能说明
0	0	1→0	0→	1→	
0	1	1→0	0→	1→	
1	0	1→0	0→	1→	
1	1	0→1	0→	1→	
		1→0	0→	1→	

3)测试双 D 触发器 74LS74 的逻辑功能

(1)测试复位 $\bar{R}_D$、置位 $\bar{S}_D$ 功能。任取一只 D 触发器,$\bar{R}_D$、$\bar{S}_D$、D 端接电平开关,CP 端接单次脉冲按钮,Q 端接电平指示器,并在 $\bar{R}_D=0$、$\bar{S}_D=1$ 或 $\bar{R}_D=1$、$\bar{S}_D=0$ 作用期间任意改变 D 及 CP 的状态,观察 Q 状态,画表记录测试数据。

(2)测试 D 触发器的逻辑功能。在 $\bar{R}_D=1$、$\bar{S}_D=1$ 的情况下,按表 4.19 要求进行测试,并观察触发器状态更新是否发生在 CP 脉冲的上升沿(即由 0→1),测试数据记录到表 4.19 中。

表 4.19 D 触发器的逻辑功能

D	CP	$Q^n \to Q^{n+1}$	$Q^n \to Q^{n+1}$	功能说明
0	0→1	0→	1→	
	1→0	0→	1→	
1	0→1	0→	1→	
	1→0	0→	1→	

4)触发器的应用

利用 74175 构成一个 4 位移位寄存器,并通过一个电平开关和一个单脉冲源产生 4 位并行二进制序列,输出接电平指示。

4. 实验报告内容

(1)实验目的、内容。

(2)记录实验中各类型触发器的逻辑功能、触发方式。

(3)画出触发器转换的原理图,用波形图说明原理。

(4)画出移位寄存器原理图,简述实验结果。

5. 思考题

(1)为什么说触发器具有记忆功能?

(2)描述触发器的功能有哪五种方法?

(3)触发器主要有哪些动态参数特性?什么是建立时间、保持时间?如何确定最高工作频率?

(4)在实验过程中你碰到了哪些问题?是如何解决的?

任务2 时序逻辑电路的分析及设计

时序电路的结构框图由两部分组成:一部分是组合逻辑电路;另一部分是存储电路,如图 4.20 所示。电路受一时钟信号 CP 的控制,CP 作用于存储电路部分。

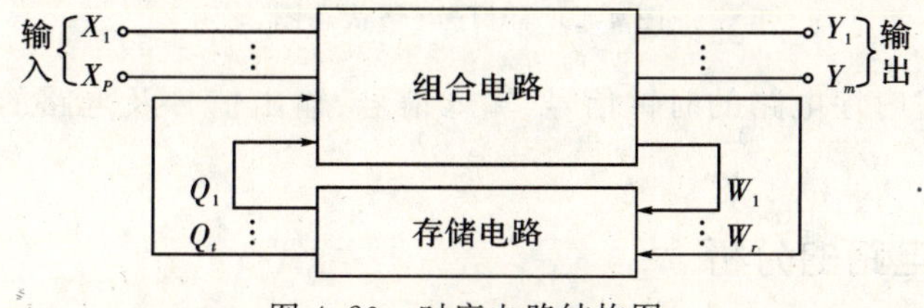

图 4.20 时序电路结构图

时序逻辑电路的分类:

(1)按动作方式不同，分为同步时序电路(Synchronous Sequential Circuit)和异步时序电路(Asynchronous Sequential Circuit)。同步时序电路中，所有触发器状态的变化受同一个时钟控制同步动作；异步时序电路中，各触发器的时钟来源不同，状态的变化步调不一致。

(2)按逻辑功能不同，时序电路主要有寄存器(Register)、计数器(Counter)和序列信号发生器等。

(3)按输出信号的特点不同，又分为米里(Mealy)型时序电路和摩尔(Moore)型时序电路两种。在米里型电路中，输出信号不仅取决于存储电路的状态，而且还取决于外部输入信号；在摩尔型电路中，输出仅仅取决于存储电路的状态。由此，也有人认为摩尔型电路只不过是米里型电路的一种特例而已。

时序逻辑电路的功能描述：

(1)逻辑方程式：逻辑功能唯一确定，但不能直接看出电路的功能。

描述时序电路的输入变量、输出变量和状态之间的逻辑关系，可采用三组方程：

①输出方程　$Z=F(X,Q^n)$。

②驱动方程　$W=G(X,Q^n)$。

③状态方程　$Q^{n+1}=H(W, Q^n)$。

在上述三组方程中，输出方程和驱动方程是组合逻辑关系，而状态方程描述了存储电路的新状态 Q^{n+1} 与原状态 Q^n 和激励信号 W 之间的关系。

(2)状态表：反映输出 Z、次态和电路的输入 X、现态之间对应取值关系的表格，如下所示：

输入 / 次态/输出 / 现态	X			
Q^n			Q^{n+1}/Z	

(3)状态图：反映时序逻辑电路状态转换规律及相应输入、输出取值关系的图形(见图 4.21)。

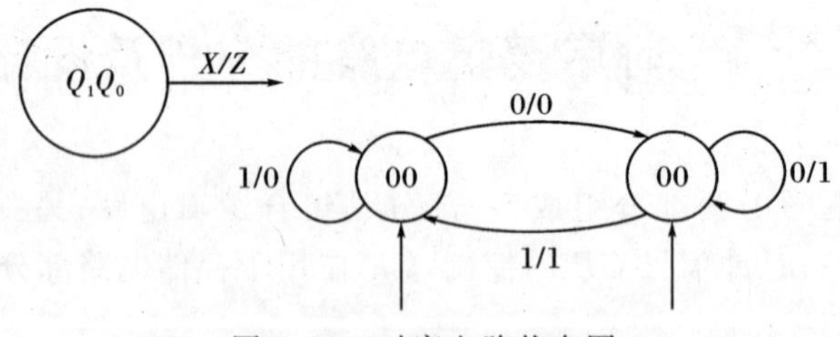

图 4.21　时序电路状态图

(4)时序图：描述时序电路的时钟信号、输入信号、输出信号及电路的状态转换等时间上的对应关系。

一、时序逻辑电路的分析

时序逻辑电路分析的任务：

分析时序逻辑电路在输入信号的作用下，其状态和输出信号变化的规律，进而确定电路

的逻辑功能。

分析过程的主要表现形式：

由于时序电路是由组合电路和存储电路两部分组成的，因此，只要写出组合电路的逻辑表达式和存储电路的状态方程，就可以得到时序电路的状态方程和输出函数。然后，采用列状态表、画状态图或画时序图的方法归纳出电路的功能。

1. 同步时序逻辑电路的分析

同步时序逻辑电路分析的具体步骤如下：

(1)列出组合电路的逻辑表达式，即该时序电路的输出方程和时序电路中各触发器的驱动方程。

(2)将上一步所得的驱动方程代入触发器的特性方程，导出电路状态方程。

(3)根据状态方程和输出方程，列出状态表。

(4)由状态表画出状态转换图(或画出时序波形图)。

(5)由状态表或状态转换图(或时序波形图)说明电路的逻辑功能。

【例 4.1】 分析图 4.22 所示时序电路。

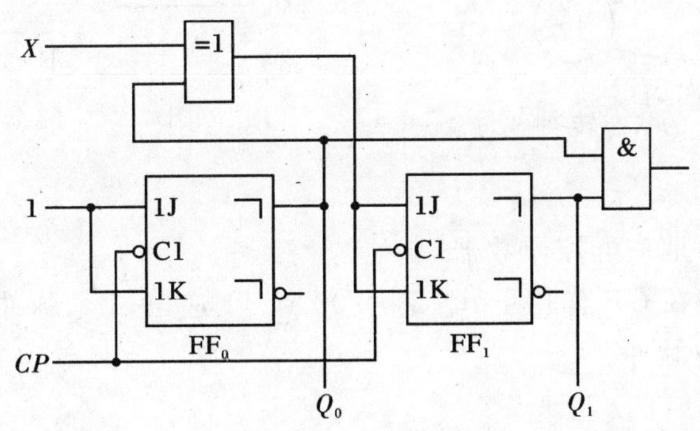

图 4.22 例 4.1 的逻辑图

【解】 (1)写各逻辑方程式：

①同步时序电路，CP 可不写。

②输出方程：

$$Z=Q_1^nQ_0^n$$

③驱动方程：

$$J_0=1, K_0=1, J_1=X\otimes Q_0^n, K_1=X\otimes Q_0^n$$

(2)各触发器的次态方程：

$$\begin{aligned}Q_0^{n+1}&=J_0\overline{Q_0^n}+\overline{K}_0Q_0^n=\overline{Q_0^n}\\Q_1^{n+1}&=J_1\overline{Q_1^n}+\overline{K}_1Q_1^n\\&=(X\otimes Q_0^n)\overline{Q_1^n}+\overline{X\otimes Q_0^n}Q_1^n\\&=X\otimes Q_0^n\otimes Q_1^n\end{aligned}$$

(3)列状态表、画状态转换图和时序波形图(见表 4.20 和图 4.23、图 4.24)。

表 4.20　例 4.1 的状态表

$Q_1^n Q_0^n$ \ $Q_1^{n+1} Q_0^{n+1}/Z$ \ X		0	1
0	0	01/0	11/0
0	1	10/1	00/0
1	0	11/0	01/0
1	1	00/1	10/1

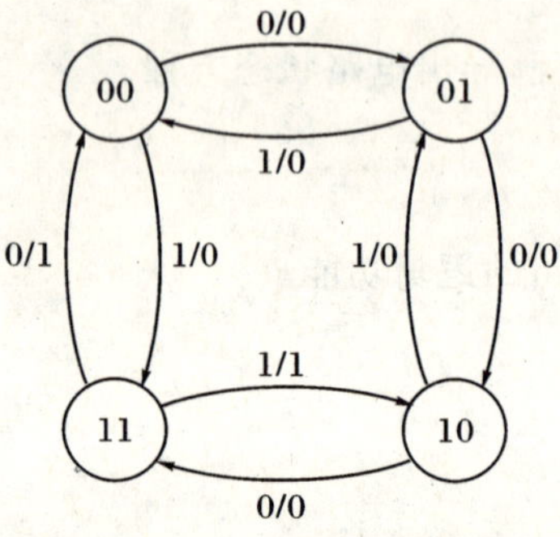

图 4.23　例 4.1 的状态转换图

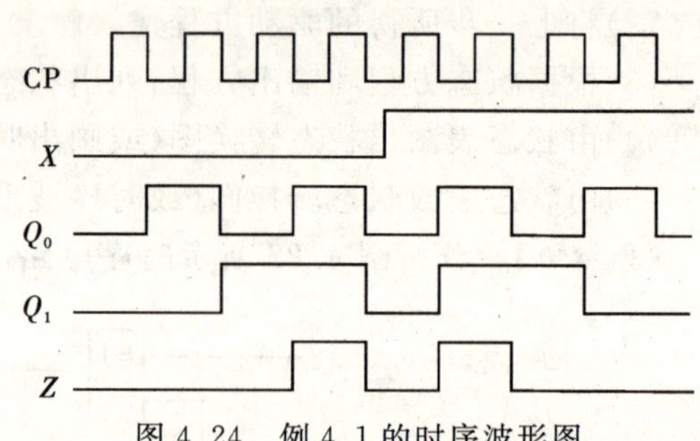

图 4.24　例 4.1 的时序波形图

(4)逻辑功能分析。

由状态图知此电路是一可控计数器。

$X=0$ 时加法计数:在 CP 作用下,Q_1Q_0 从 00 到 11 递增,4 个脉冲后电路状态循环一次,同时 Z 端输出一个进位脉冲。

$X=1$ 时减法计数。

Z 是借位信号。

【例 4.2】　分析图 4.25 所示同步时序电路的逻辑功能。图中采用了两个 JK 触发器。X 为输入变量,Z 为输出变量。

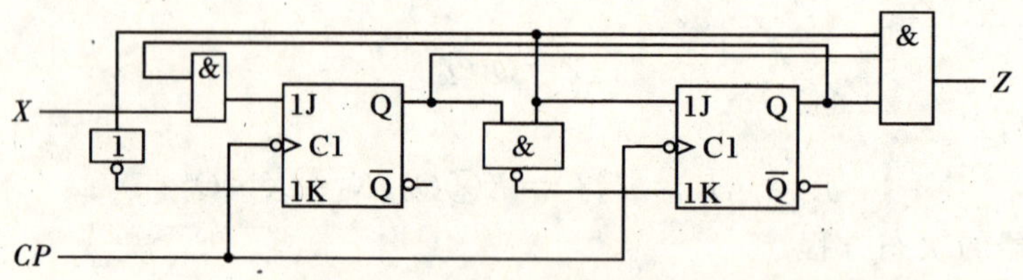

图 4.25　例 4.2 的逻辑图

【解】　(1)写出各触发器的驱动方程和电路输出方程。

驱动方程为

$$J_0 = XQ_1^n, K_0 = \overline{X}$$
$$J_1 = X, K_1 = \overline{X} + \overline{Q_0^n}$$

输出方程为

$$Z = XQ_0^n Q_1^n$$

(2)写出电路状态方程：

$$Q_0^{n+1}=J_0\overline{Q_0^n}+\overline{K_0}Q_1^n=XQ_1^n\overline{Q_0^n}+XQ_0^n$$

$$Q_1^{n+1}=J_1\overline{Q_1^n}+\overline{K_1}Q_1^n=X\overline{Q_1^n}+\overline{\overline{X}+\overline{Q_0^n}}Q_1^n$$

整理得

$$Q_0^{n+1}=X(Q_0^n+Q_1^n)$$

$$Q_1^{n+1}=X(Q_0^n+\overline{Q_1^n})$$

(3)列出状态表：由状态方程和输出方程，可列出状态表，如表 4.21 所示。

表 4.21 例 4.2 的状态表

X	Q_1^n	Q_0^n	Q_1^{n+1}	Q_0^{n+1}	Z
0	0	0	0	0	0
0	0	1	0	0	0
0	1	0	0	0	0
0	1	1	0	0	0
1	0	0	1	0	0
1	0	1	1	1	0
1	1	0	0	1	0
1	1	1	1	1	1

(4)画状态转换图：由状态表画出状态转换图，如图 4.26 所示。

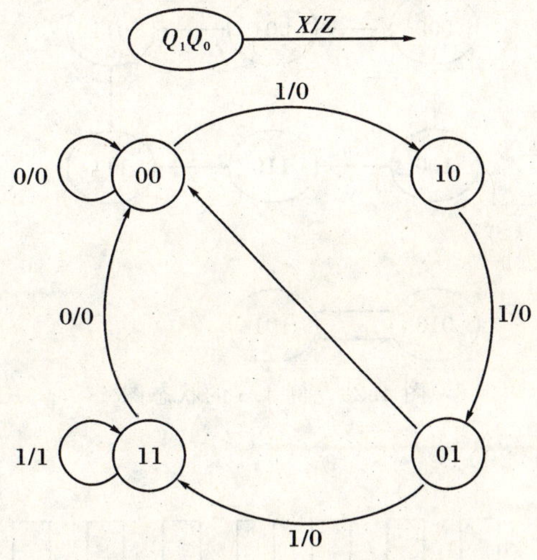

图 4.26 例 4.2 的状态转换图

(5)功能说明：由状态转换图可知，该电路是用来检测输入序列为 1111 的检测电路。每当检测到输入序列为连续四个或者四个以上的 1 时，电路的输出 Z 为 1；否则，输出 Z 等于 0。

【例 4.3】 分析图 4.27 所示六进制计数器逻辑电路的逻辑功能和外特性。

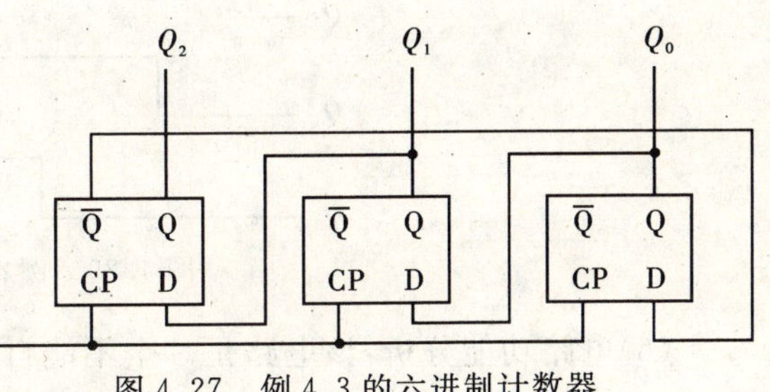

图 4.27 例 4.3 的六进制计数器

【解】 由于这个电路没有输入和输出，我们直接写激励方程和状态方程。

(1)激励方程：

$$D_0^n = \overline{Q_2^n}$$

$$D_1 = Q_0^n$$

$$D_2 = Q_1^n$$

(2)状态方程：

$$Q_0^{n+1} = D_0^n = \overline{Q_2^n}$$

$$Q_1^{n+1} = D_1 = Q_0^n$$

$$Q_2^{n+1} = D_2 = Q_1^n$$

(3)状态表(见表 4.22)。

表 4.22 例 4.3 的状态表

Q_2^n	Q_1^n	Q_0^n	Q_2^{n+1}	Q_1^{n+1}	Q_0^{n+1}
0	0	0	0	0	1
0	0	1	0	1	1
0	1	1	1	1	1
1	1	1	1	1	0
1	1	0	1	0	0
1	0	0	0	0	0

(4)状态图：有效循环，如图 4.28 所示。

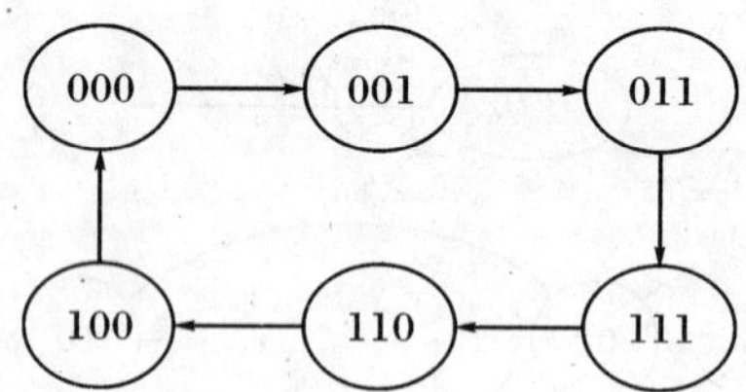

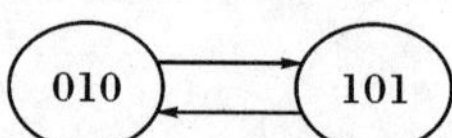

图 4.28 例 4.3 的状态图

(5)时序波形图(见图 4.29)。

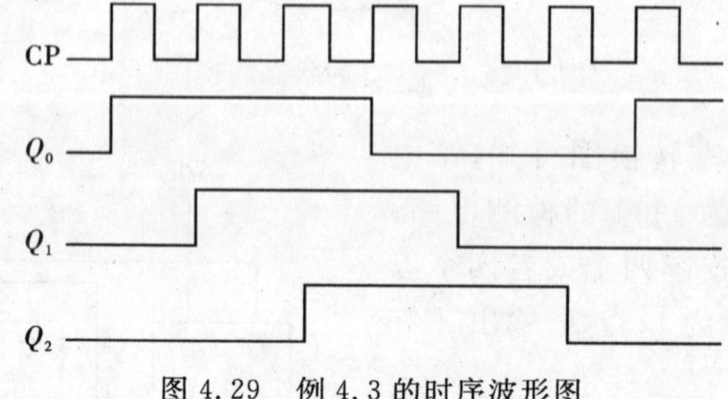

图 4.29 例 4.3 的时序波形图

(6)电路功能分析：该电路是一个不能自启动的六进制计数器。

【例 4.4】 步进电机脉冲分配器电路如图 4.30 所示，试写出状态方程组、驱动方程组和输出方程组。

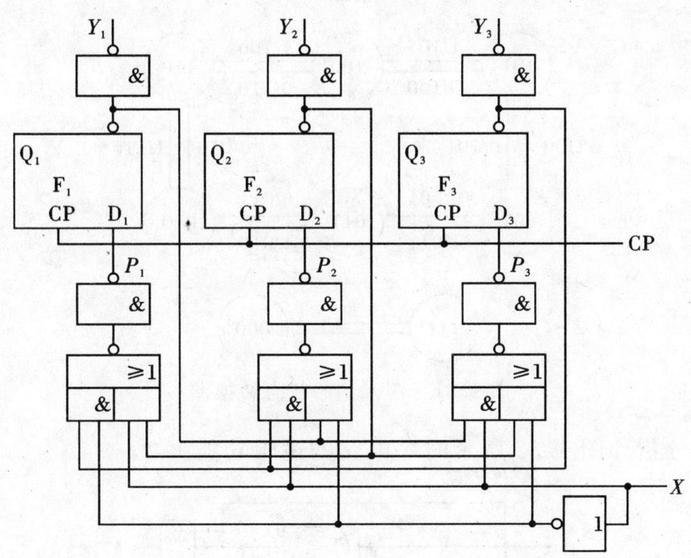

图 4.30 例 4.4 的步进电机脉冲分配器 CH250 简化电路

【解】 (1)驱动和输出方程组：

$$P_1 = D_1 = X\overline{Q_2} + \overline{X}\,\overline{Q_3}$$

$$P_2 = D_2 = X\overline{Q_3} + \overline{X}\,\overline{Q_1}$$

$$P_3 = D_3 = X\overline{Q_1} + \overline{X}\,\overline{Q_2}$$

(2)状态方程：

$$Q_1^{n+1} = D_1 = X\overline{Q_2^n} + \overline{X}\,\overline{Q_3^n}$$

$$Q_2^{n+1} = D_2 = X\overline{Q_3^n} + \overline{X}\,\overline{Q_1^n}$$

$$Q_3^{n+1} = D_3 = X\overline{Q_1^n} + \overline{X}\,\overline{Q_2^n}$$

(3) 状态转换表(见表 4.23)，状态转换图(见图 4.31)。

表 4.23 例 4.4 的状态转换表

时钟	$X=1$				$X=0$			
	Q_1	Q_2	Q_3		Q_1	Q_2	Q_3	
0	1	0	0	有效循环	1	0	0	有效循环
1	1	1	0		1	0	1	
2	0	1	0		0	0	1	
3	0	1	1		0	1	1	
4	0	0	1	正循环	0	1	0	逆循环
5	1	0	1		1	1	0	
6	1	0	0		1	0	0	
0	0	0	0	无效循环	0	0	0	无效循环
1	1	1	1		1	1	1	
2	0	0	0		0	0	0	

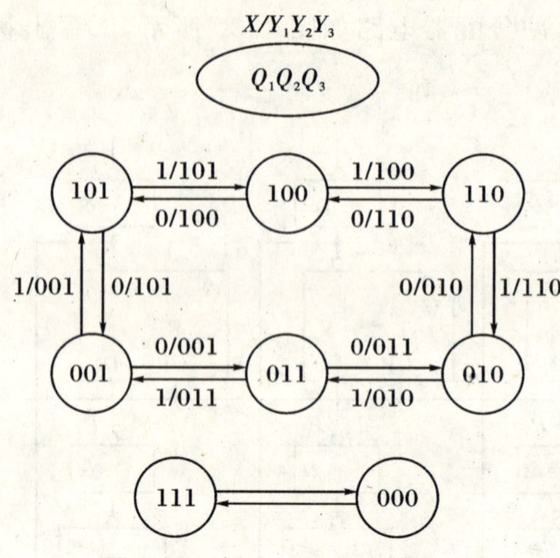

图 4.31　例 4.4 的状态转换图

【例 4.5】 试分析如图 4.32 所示时序电路的逻辑功能。

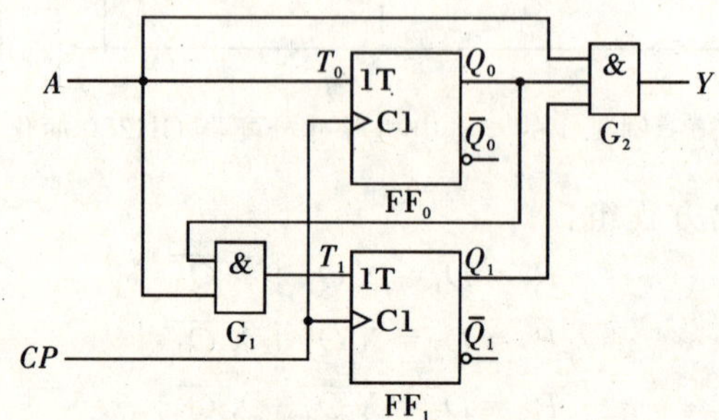

图 4.32　例 4.5 的逻辑电路图

【解】 (1)了解电路组成。

电路是由两个 T 触发器组成的同步时序电路。

(2)根据电路列出三个方程组。

输出方程组：　　　　$Y=AQ_1Q_0$

激励方程组：　　　　$T_0=A;T_1=AQ_0$

将激励方程组代入 T 触发器的特性方程得状态方程组：

$$Q^{n+1}=T\oplus Q^n=T\overline{Q^n}+\overline{T}Q^n$$

$$Q_0^{n+1}=A\oplus Q_0^n$$

$$Q_1^{n+1}=(AQ_0^n)\oplus Q_1^n$$

(3) 根据状态方程组和输出方程列出状态表(见表 4.24)。

表 4.24　例 4.5 的状态转换表

$Q_1^nQ_0^n$	$Q_1^{n+1}Q_0^{n+1}/Y$	
	$A=0$	$A=1$
00	00/0	01/0
01	01/0	10/0
10	10/0	11/0
11	11/0	00/1

(4)画出状态图(见图 4.33)。

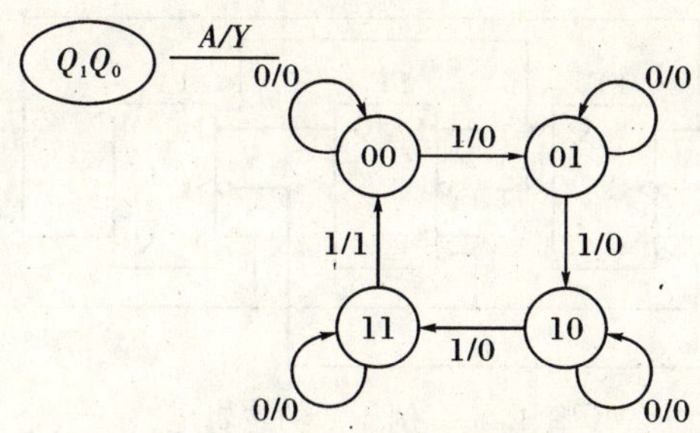

图 4.33 例 4.5 的状态转换图

(5)画出时序波形图(见图 4.34)。

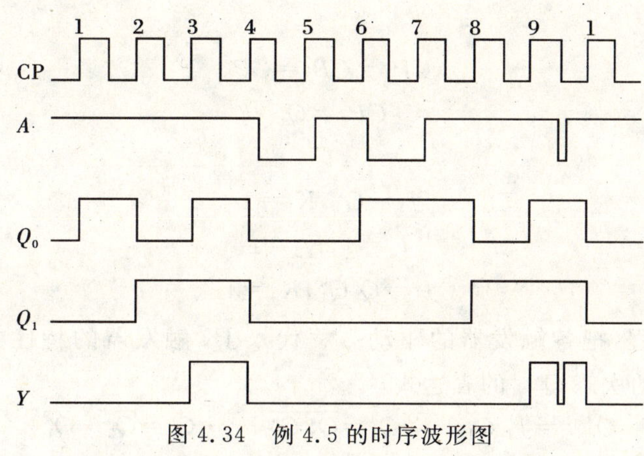

图 4.34 例 4.5 的时序波形图

(6)逻辑功能分析。观察状态图和时序图可知,电路是一个由信号 A 控制的可控二进制计数器。当 $A=0$ 时停止计数,电路状态保持不变;当 $A=1$ 时,在 CP 上升沿到来后电路状态值加 1,一旦计数到 11 状态,Y 输出 1,且电路状态将在下一个 CP 上升沿回到 00。输出信号 Y 的下降沿可用于触发进位操作。

2. 异步时序逻辑电路的分析

异步时序逻辑电路可由组合电路和触发器(或其他存储元件)构成,也可以在组合逻辑电路中采用适当的反馈来构成。在同步时序电路中,存储单元的状态改变是在统一的时钟脉冲控制下同步发生的。而在异步时序电路中,没有统一的时钟脉冲,存储单元的状态改变直接取决于输入信号的变化。

异步时序逻辑电路的具体分析步骤:

(1)写出下列各逻辑方程式。

①时钟方程;

②触发器的驱动方程;

③输出方程;

④状态方程。

(2)列出状态表或画出状态转换图和时序波形图。

(3)确定电路的逻辑功能。

【例 4.6】 分析如图 4.35 所示的异步时序逻辑电路。

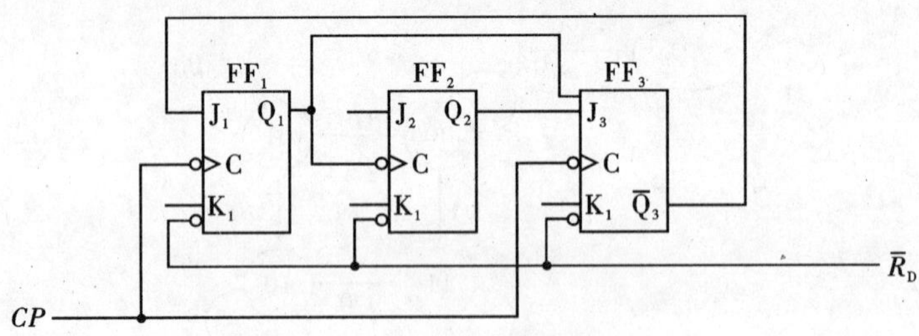

图 4.35 例 4.6 的逻辑电路

【解】 该电路中，第 2 个触发器 FF_2 的 C 端没有与输入时钟脉冲相连，是异步时序逻辑电路；而且该电路也没有外部输入，属摩尔型。

(1)时钟方程：

$$CP_1=CP_3=CP$$

$$CP_2=Q_1$$

(2)驱动方程：

$$J_1=\overline{Q_3^n},K_1=1$$

$$J_2=1,K_2=1$$

$$J_3=Q_2^nQ_1^n,K_3=1$$

(3)写出状态方程：把各触发器的驱动方程代入 JK 触发器的特性方程 $Q^{n+1}=J\,\overline{Q^n}+\overline{K}Q^n$，得到各触发器的次态 Q^{n+1} 的表达式

$$Q^{n+1}=J_1\,\overline{Q_1^n}+\overline{K_1}Q_1^n=\overline{Q_3^n}\,\overline{Q_1^n}+\overline{1}\cdot Q_1^n=\overline{Q_3^n}\cdot\overline{Q_1^n}$$

$$Q_1^{n+1}=J_2\,\overline{Q_2^n}+\overline{K_2}Q_2^n=1\cdot\overline{Q_2^n}+\overline{1}\cdot Q_2^n=\overline{Q_2^n}$$

$$Q_3^{n+1}=J_3\,\overline{Q_3^n}+\overline{K_3}Q_3^n=Q_1^n\cdot Q_2^n\cdot\overline{Q_3^n}+\overline{1}\cdot Q_3^n=Q_1^n\cdot Q_2^n\cdot\overline{Q_3^n}$$

(4)列出状态表。

①状态计算，列出状态表(见表 4.25)。

表 4.25 例 4.6 的状态表一

现态			次态		
Q_3^n	Q_2^n	Q_1^n	Q_3^{n+1}	Q_2^{n+1}	Q_1^{n+1}
0	0	0	0	0	1
0	0	1	0	1	0
0	1	0	0	1	1
0	1	1	1	0	0
1	0	0	0	0	0
1	0	1	0	1	0
1	1	0	0	1	0
1	1	1	0	0	0

②将状态表转化成另一种形式(见表 4.26)。

表 4.26　例 4.6 的状态表二

CP	Q_3^n	Q_2^n	Q_1^n
0	0	0	0
1	0	0	1
2	0	1	0
3	0	1	1
4	1	0	0
5	0	0	0

从上表很容易看出，每经过 5 个时钟之后，电路状态循环变化一次，所以这个电路具有对时钟信号计算的功能，显然，这是一个五进制加法计数器。

(5)画状态转换图(见图 4.36)。

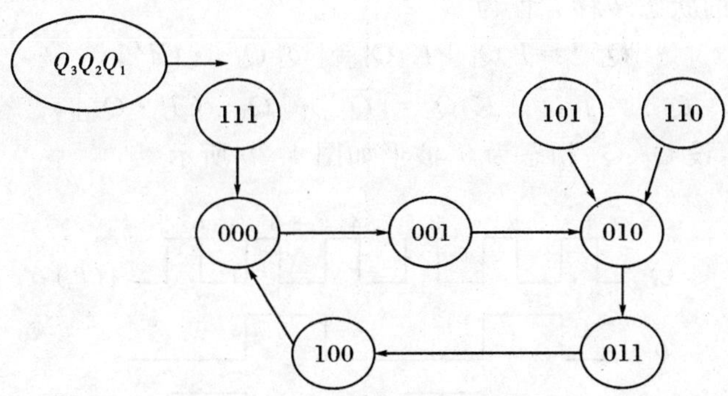

图 4.36　例 4.6 的状态转换图

本电路能够自行启动(处于主循环之外的任何一种状态时，都会在时钟脉冲的作用下最终进入到主循环中去)。

(6)画时序波形图(见图 4.37)。

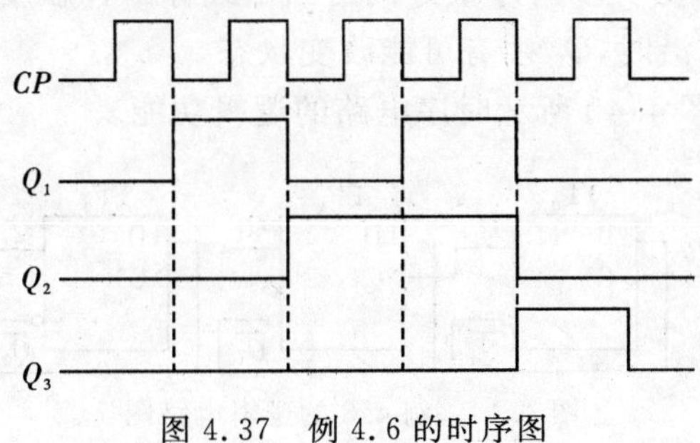

图 4.37　例 4.6 的时序图

(7)总结逻辑功能：由状态转换图可知，该电路是五进制加法计数器，而且具有自启动能力。

【例 4.7】 画出图 4.38 所示时序逻辑电路 Q_1、Q_2 的工作波形。

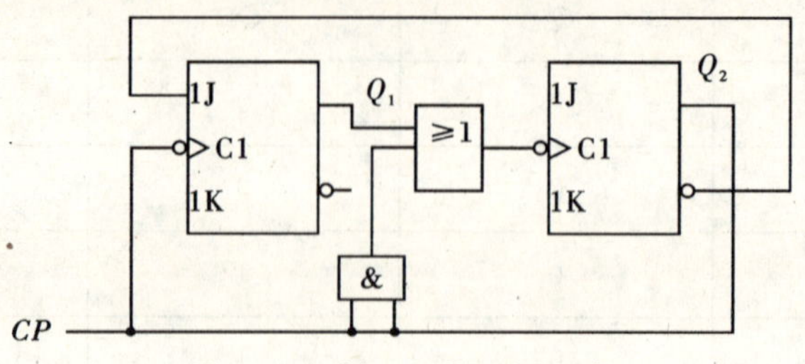

图 4.38 例 4.7 的逻辑电路

【解】 根据电路列出各方程。

(1)时钟表达式为 $CP_1 = CP\downarrow$， $CP_2 = [Q_1 + CP \cdot Q_2]\downarrow$。由于触发器 1 和触发器 2 的时钟不同,因此为异步时序逻辑电路。

(2)各级触发器的驱动方程为

$$J_1 = \overline{Q_2^n}, K_1 = 1$$

$$J_2 = K_2 = 1$$

(3)各级触发器的状态转移方程为

$$Q_1^{n+1} = J_1\overline{Q_1^n} + \overline{K}_1 Q_1^n = [\overline{Q_2^n}\,\overline{Q_1^n}] \cdot CP\downarrow$$

$$Q_2^{n+1} = J_2\overline{Q_2^n} + \overline{K}_2 Q_2^n = [\overline{Q_2^n}] \cdot [Q_1 + CP \cdot Q_2]\downarrow$$

(4)画工作波形:设 Q_1、Q_2 初态为 0,波形如图 4.39 所示。

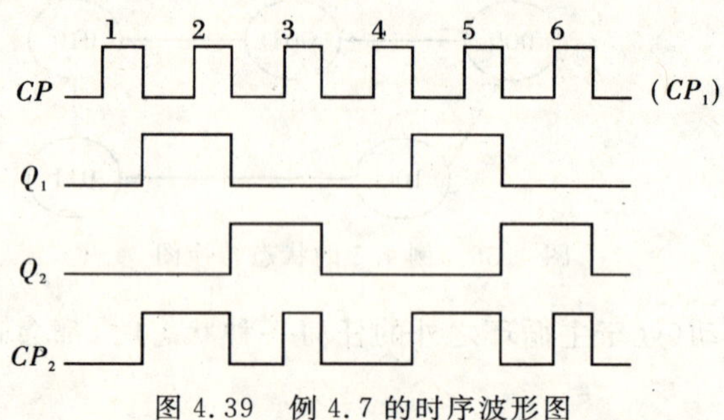

图 4.39 例 4.7 的时序波形图

为了能正确画出波形,对异步时序最好同时画出或标出各触发器时钟的波形。对于 Q_2,只有在 CP_2 函数产生下降沿时,Q_2 才有可能改变状态。

【例 4.8】 试分析如图 4.40 所示时序电路的逻辑功能。

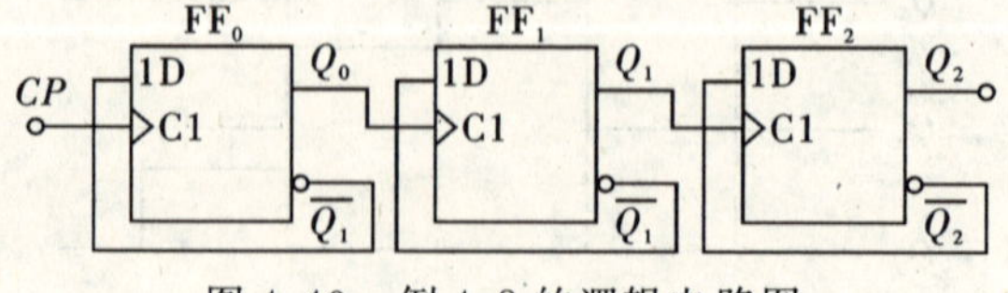

图 4.40 例 4.8 的逻辑电路图

【解】 (1)写方程式。

异步时序电路,时钟方程:

$$CP_2 = Q_1, CP_1 = Q_0, CP_0 = CP$$

驱动方程：

$$D_2=\overline{Q_2^n},D_1=\overline{Q_1^n},D_0=\overline{Q_0^n}$$

D触发器的特性方程：

$$Q^{n+1}=D$$

(2)将各驱动方程代入，即得电路的状态方程。

$$\begin{cases}Q_2^{n+1}=D_2=\overline{Q_2^n} & Q_1\text{ 上升时刻有效}\\ Q_1^{n+1}=D_1=\overline{Q_1^n} & Q_0\text{ 上升时刻有效}\\ Q_0^{n+1}=D_0=\overline{Q_0^n} & CP\text{ 上升时刻有效}\end{cases}$$

(3)计算，列出状态表(见表4.27)。

$$\begin{cases}Q_2^{n+1}=\overline{Q_2^n} & Q_1\uparrow\\ Q_1^{n+1}=\overline{Q_1^n} & Q_0\uparrow\\ Q_0^{n+1}=\overline{Q_0^n} & \text{CP}\uparrow\end{cases}\quad\begin{cases}Q_2^{n+1}=1 & \text{不变}\\ Q_1^{n+1}=1 & \text{不变}\\ Q_0^{n+1}=\overline{1}=0 & \text{CP}\uparrow\end{cases}$$

表4.27 例4.8的状态转换表

现态			次态			注
Q_2^n	Q_1^n	Q_0^n	Q_2^{n+1}	Q_1^{n+1}	Q_0^{n+1}	时钟条件
0	0	0	1	1	1	CP_0 CP_1 CP_2
0	0	1	0	0	0	CP_0
0	1	0	0	0	1	CP_0 CP_1
0	1	1	0	1	0	CP_0
1	0	0	0	1	1	CP_0 CP_1 CP_2
1	0	1	1	0	0	CP_0
1	1	0	1	0	1	CP_0 CP_1
1	1	1	1	1	0	CP_0

(4)画状态图、时序图(见图4.41、图4.42)。

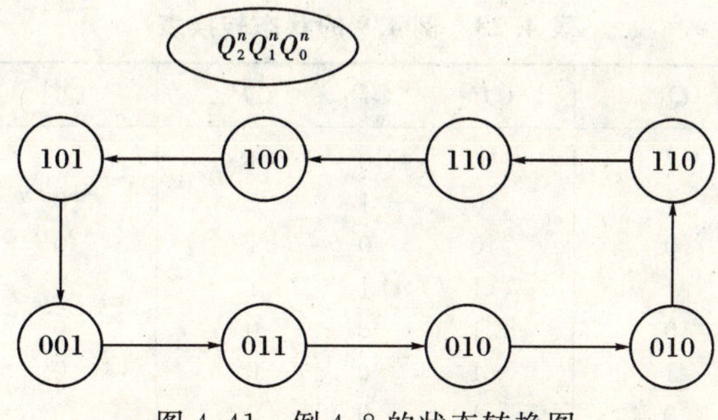

图4.41 例4.8的状态转换图

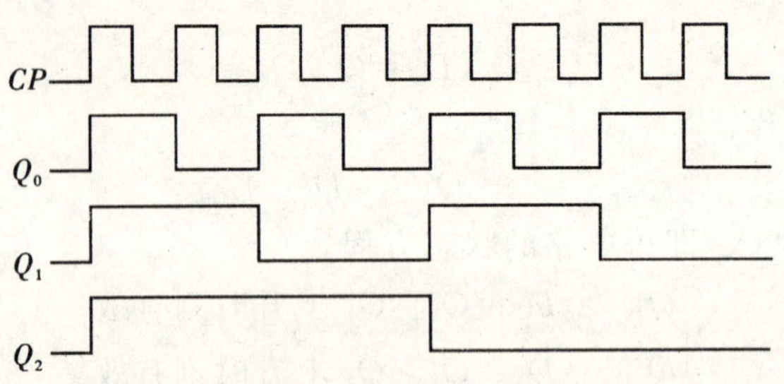

图 4.42 例 4.8 的时序波形图

(5)电路功能：在 CP 的作用下，电路的 8 个状态按递减规律循环变化，即 000→111→110→101→100→011→010→001→000→… 电路具有递减计数功能，是一个 3 位二进制异步减法计数器。

【例 4.9】 分析如图 4.43 所示的异步时序逻辑电路。

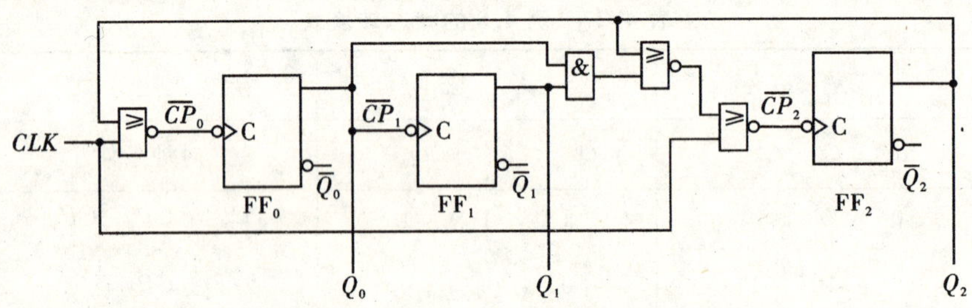

图 4.43 例 4.9 的逻辑电路图

【解】 (1)列出各逻辑方程组。

时钟方程：$\overline{CP_0}=\overline{Q_2+CLK}=\overline{Q_2}\,\overline{CLK}$

$\overline{CP_1}=Q_0$

$\overline{CP_2}=\overline{\overline{Q_0Q_1+Q_2}+CLK}=(Q_0Q_1+Q_2)\overline{CLK}$

状态方程：$Q_0^{n+1}=\overline{Q_0^n}CP_0+Q_0^n\,\overline{CP_0}$

$Q_1^{n+1}=\overline{Q_1^n}CP_1+Q_1^n\,\overline{CP_1}$

$Q_2^{n+1}=\overline{Q_2^n}CP_0+Q_2^n\,\overline{CP_0}$

(2)列出状态表(见表 4.28)。

表 4.28 例 4.9 的状态转换表

Q_2^n	Q_1^n	Q_0^n	CP_2	CP_1	CP_0	Q_2^{n+1}	Q_1^{n+1}	Q_0^{n+1}
0	0	0	0	0	1	0	0	1
0	0	1	0	1	1	0	1	0
0	1	0	0	0	1	0	1	1
0	1	1	1	1	1	1	0	0
1	0	0	1	0	0	0	0	0
1	0	1	1	0	0	0	0	1
1	1	0	1	0	0	0	1	0
1	1	1	1	0	0	0	1	1

注：$CP=0$ 表示无时钟下降沿，$CP=1$ 表示有时钟下降沿。

(3) 画出状态图(见图 4.44)。

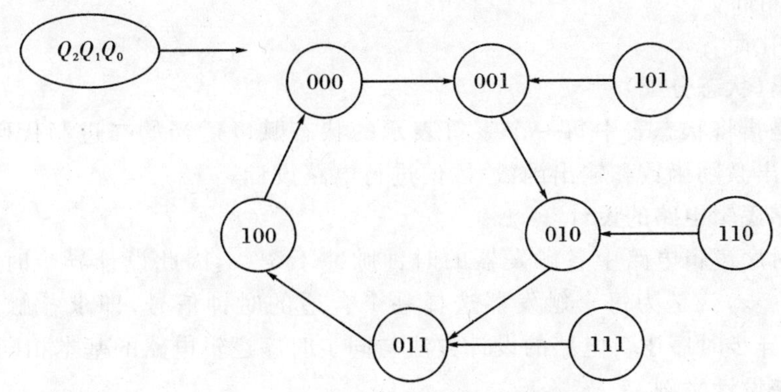

图 4.44 例 4.9 的状态转换图

(4) 逻辑功能分析:此电路是一个异步五进制加计数电路。

二、时序逻辑电路的设计

1. 同步时序逻辑电路的设计

同步时序逻辑电路的设计是分析的逆过程,其任务是根据实际逻辑问题的要求,设计出能实现给定逻辑功能的电路。

同步时序逻辑电路的设计步骤(见图 4.45)。

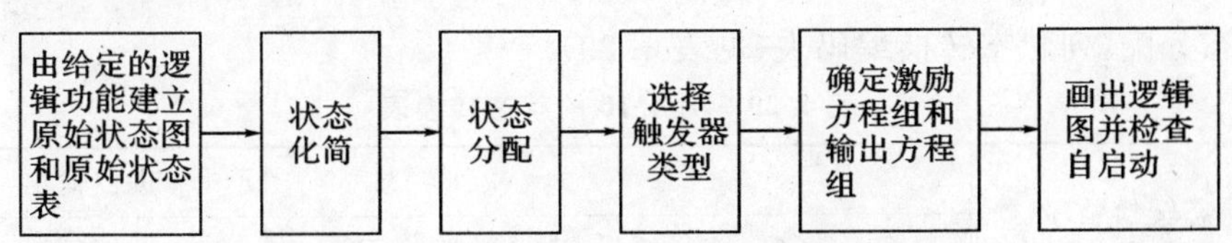

图 4.45 同步时序逻辑电路的设计步骤

1)根据给定的逻辑功能建立原始状态图和原始状态表

根据命题要求,初步画出状态图和状态表,称为原始状态图和状态表。

原始状态图(表)的建立一般没有明显的规律可循,在时序电路的设计中,这是较关键的一步。建立原始状态图(表)的一般步骤如下:

(1)明确电路的输入条件和相应的输出要求,分别确定输入变量和输出变量的数目和符号。

(2)设置状态。首先确定有多少种信息需要记忆,然后对每一种需要记忆的信息设置一个状态并用字母表示。

(3)确定状态之间的转换关系,画出原始状态图,列出原始状态表。

2)状态化简——求出最简状态图

建立原始状态图或状态表时,重点放在正确反映设计要求上,因而可能会多设置一些状态,但状态数目的多少将直接影响到所需触发器的个数,影响到电路设计的繁简。

若时序电路具有 M 个状态,则所需触发器的个数 n 由 $2^{n-1}<M\leqslant 2^n$ 决定。

可见,状态数目减少会使触发器的数目减少,并简化电路。状态简化的目的就是要消去

多余状态，以得到最简状态图和最简状态表。简化电路的方法有：

(1)状态的等价。

(2)隐含表化简。

3)状态编码(状态分配)

状态编码是指将状态表中每一个字符表示的状态赋以适当的二进制代码，得到代码形式的状态表，求出激励函数和输出函数，以便进行电路设计。

2. 异步时序逻辑电路的设计

由于异步时序逻辑电路中各触发器的时钟脉冲不统一，因此设计异步时序逻辑电路要比同步电路多一步，就是为每个触发器选择一个合适的时钟信号，即求各触发器的时钟方程。除此之外，异步时序逻辑电路的设计方法与同步时序逻辑电路的基本相同。

3. 时序电路设计举例

【例 4.10】 设计一个同步五进制加法计数器。

【解】 (1)根据设计要求，设定状态，画出状态转换图，如图 4.46 所示，该状态图不需化简。

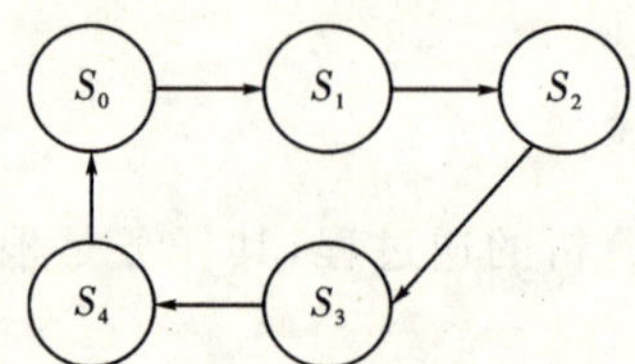

图 4.46 例 4.10 的状态转换图

(2)状态分配，列状态转换编码表(见表 4.29)。

表 4.29 例 4.10 的状态转换表

状态转换顺序	现 态			次 态			进位输出
	Q_2^n	Q_1^n	Q_0^n	Q_2^{n+1}	Q_1^{n+1}	Q_0^{n+1}	Y
S_0	0	0	0	0	0	1	0
S_1	0	0	1	0	1	0	0
S_2	0	1	0	0	1	1	0
S_3	0	1	1	1	0	0	0
S_4	1	0	0	0	0	0	1

(3)选择触发器。选用 JK 触发器。

(4)求各触发器的驱动方程和进位输出方程。列出 JK 触发器的驱动表(见表 4.30)；画出电路的次态卡诺图，如图 4.47 所示。

表 4.30 例 4.10 的 JK 触发器的驱动表

Q^n	Q^{n+1}	J	K
0	0	0	×
0	1	1	×
1	0	×	1
1	1	×	0

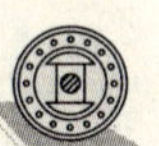

Q_2^n \ $Q_1^nQ_0^n$	00	01	11	11
0	001	010	100	011
1	000	×	×	×

图 4.47 例 4.10 电路的次态卡诺图

根据次态卡诺图和 JK 触发器的驱动表可得各触发器的驱动卡诺图(见图 4.48)。

J_2: Q_2^n \ $Q_1^nQ_0^n$	00	01	11	11
0	0	0	1	0
1	×	×	×	×

$J_2=Q_1^nQ_0^n$

K_2: Q_2^n \ $Q_1^nQ_0^n$	00	01	11	11
0	×	×	×	×
1	1	×	×	×

$K_2=1$

J_1: Q_2^n \ $Q_1^nQ_0^n$	00	01	11	11
0	0	1	×	×
1	0	×	×	×

$J_1=Q_0^n$

K_1: Q_2^n \ $Q_1^nQ_0^n$	00	01	11	11
0	×	×	1	0
1	×	×	×	×

$K_1=Q_0^n$

J_0: Q_2^n \ $Q_1^nQ_0^n$	00	01	11	11
0	1	×	×	1
1	0	×	×	×

$J_0=\overline{Q_2^n}$

K_0: Q_2^n \ $Q_1^nQ_0^n$	00	01	11	11
0	×	1	1	×
1	×	×	×	×

$K_0=1$

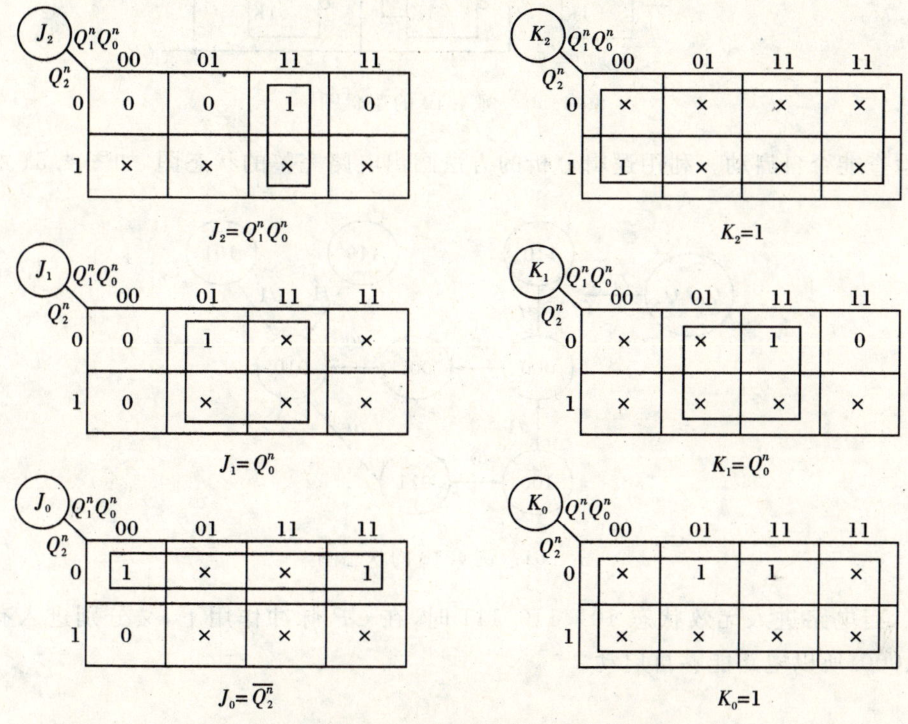

图 4.48 例 4.10 各触发器的驱动卡诺图

再画出输出卡诺图,如图 4.49 所示。

Y: Q_2^n \ $Q_1^nQ_0^n$	00	01	11	11
0	0	0	0	0
1	1	×	×	×

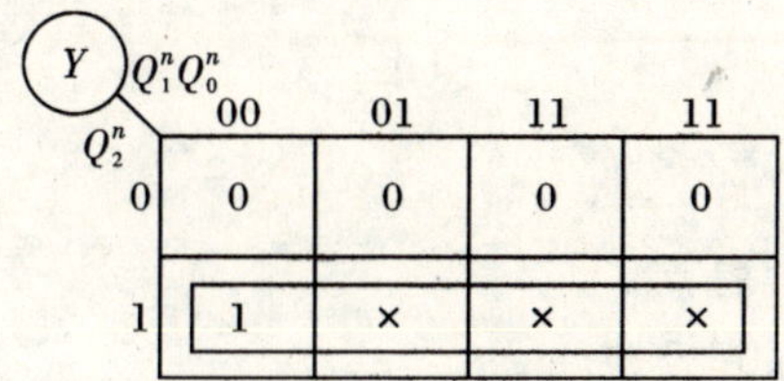

图 4.49 例 4.10 的输出卡诺图

可得电路的输出方程:

$$Y=Q_2$$

(5) 将各驱动方程与输出方程归纳如下:

$$J_0=\overline{Q_2},\ K_0=1$$

$$J_1=Q_0,\ K_1=Q_0$$

$$J_2 = Q_0 Q_1, \ K_2 = 1$$

$$Y = Q_2$$

(6)画逻辑图,如图 4.50 所示。

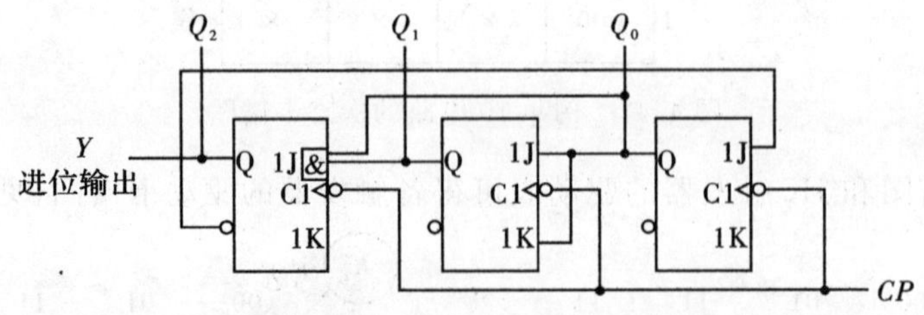

图 4.50　例 4.10 的逻辑图

(7)检查能否自启动。利用逻辑分析的方法画出电路完整的状态图,如图 4.51 所示。

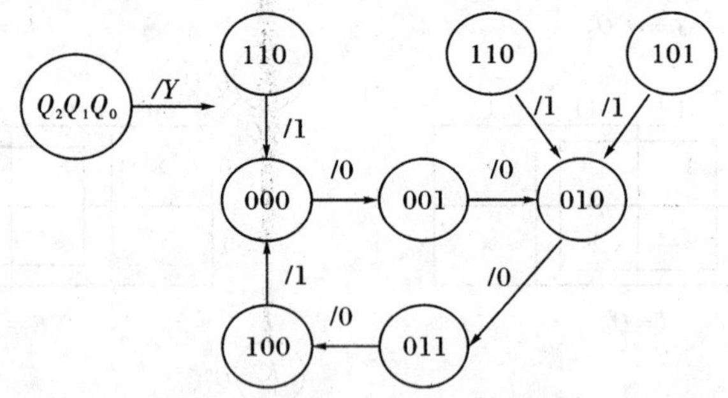

图 4.51　例 4.10 的状态图

可见,当电路进入无效状态 101、110、111 时,在 CP 脉冲作用下,又分别进入有效状态 010、010、000,所以电路能够自启动。

任务 3　简易抢答器电路的设计和仿真测试

【任务目标】

(1)了解抢答器的功能和特点。

(2)掌握抢答器的工作原理及应用。

一、简易抢答器组成框图

工厂、学校和电视台等单位常举办各种智力比赛,抢答器是竞赛问答中一种常用的装置,其发展也比较快,从一开始仅具有抢答锁定功能,到现在具有倒计时、定时、自动或手动复位、报警(声响提示)、屏幕显示、按键发光等多种功能。它的任务是从若干名参赛者中确

定出最先的抢答者。从原理上讲，数字抢答器是一种典型的数字电路，其中包括了组合逻辑电路和时序电路。

图 4.52 所示为抢答器组成框图。

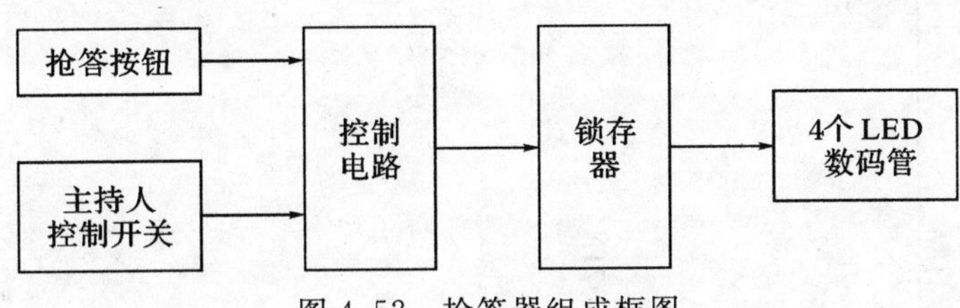

图 4.52 抢答器组成框图

二、抢答器的基本功能

抢答器的基本功能如下：

(1)可同时供 4 名选手参加比赛使用，他们的编号分别是 1,2,3,4，各用一个抢答按钮；按钮的编号与选手的编号相对应，分别是 S_1，S_2，S_3，S_4。

(2)节目主持人设置一个控制开关 S，用来控制系统的清零和抢答的开始。

(3)抢答器应具有互锁功能，某组抢答后能自动封锁其他各组进行抢答。抢答开始后，若有选手按动抢答按钮，对应的 LED 数码管应该被立即点亮，同时要封锁输入电路，除复位按键 S 之外的输入被锁定，禁止其他选手抢答。优先抢答选手对应的 LED 数码管一直保持到主持人将系统清零后熄灭。

定时抢答器的工作过程如下：

接通电源时，节目主持人将开关置于"清除"位置，抢答器处于禁止工作状态，LED 数码管熄灭。当节目主持人宣布抢答题目后，说一声"抢答开始"，同时将控制开关拨到"开始"位置，抢答器处于工作状态。当选手在定时时间内按动抢答键时，抢答器要完成以下三项工作：

(1)分辨出抢答者的按键编号，并由锁存器进行锁存，点亮对应的 LED 数码管。

(2)控制电路要对输入信号进行封锁，避免其他选手再次进行抢答；控制电路要保持到主持人将系统清零为止。

(3)选手将问题回答完毕，主持人操作控制开关，使系统回复到禁止工作状态，以便进行下一轮抢答。

三、电路设计

1. 抢答器的电路原理图

抢答器的电路原理图如图 4.53 所示。

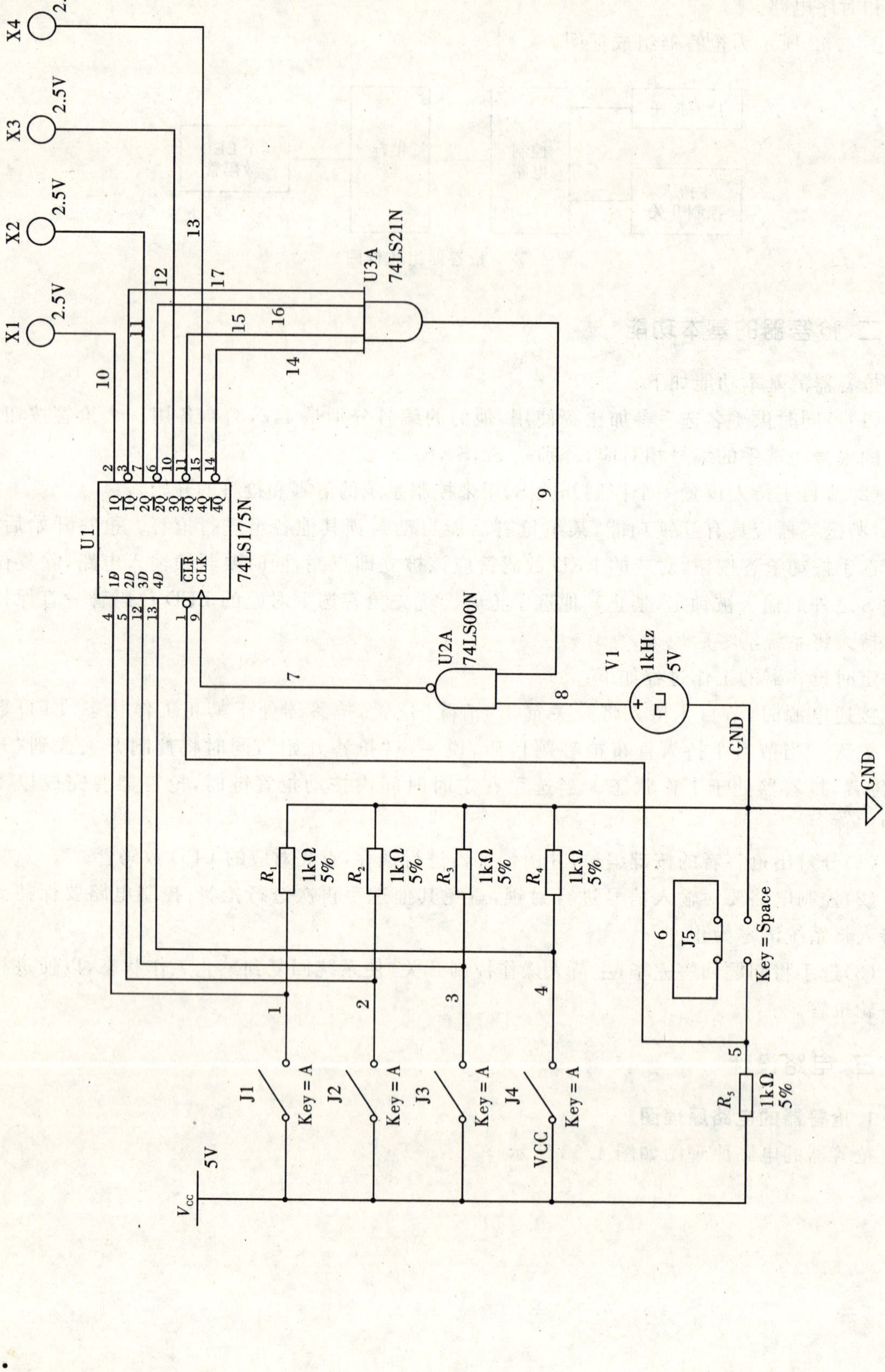

图4.53 4路抢答器电路和原理图

按照抢答器组成框图，根据功能指标的要求，可以确定各部分的组成。锁存器选用74LS175 4路锁存器。一个与非门，选用74LS00N 四2输入与非门；一个与门，选用74LS21N双4输入与门。

2. 工作原理

电路中的74LS175为一4路锁存器，当CLK引脚输入上升沿时，$1D \sim 4D$被锁存到输出端（$1Q \sim 4Q$）。在CLK其他状态时，输出与输入无关。其异步复位端为低电平时，$1Q \sim 4Q$输出为低电平，$1\bar{Q} \sim 4\bar{Q}$输出为高电平。

首先按下S(J5)按键使得4个D触发器全部清零，4个二极管全灭。

其次J1～J4四个人抢答式按下按键，只要有一个人最先按下按键，相对应的D触发器就会锁存信号并点亮相应的二极管告知对应的组，同时由U3A与门输出0封锁U2A，使得时钟信号无法到达U1芯片，其他3路D触发器在没有时钟信号的情况下无法锁存相应的信号，从而达到切断其他通道的目的。

四、主要元件

1. 六D触发器74LS175

74LS175是常用的四上升沿六D触发器，里面含有6组触发器，可以用来构成寄存器、抢答器等功能部件。其逻辑符号见图4.54。

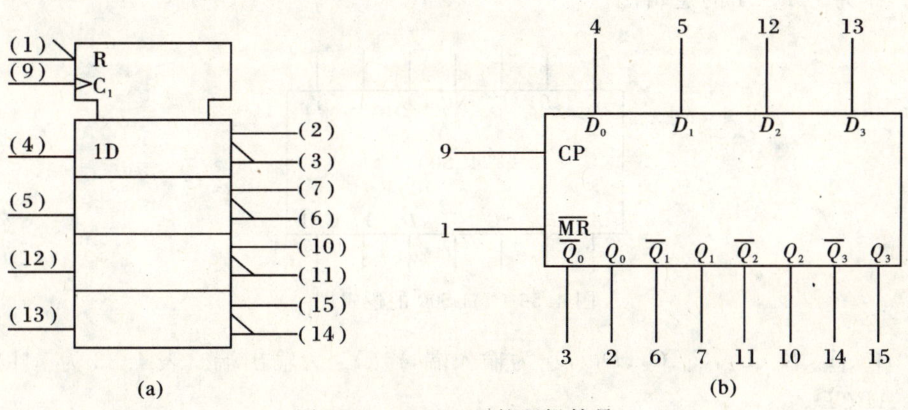

图4.54 74LS375的逻辑符号

(a)国标符号；(b)常用符号

其中CP是时钟输入端（上升沿有效），MR是清除端（低电平有效），D_3、D_2、D_1、D_0是数据输入端，Q_3、Q_2、Q_1、Q_0是输出端，$\bar{Q}_3$、$\bar{Q}_2$、$\bar{Q}_1$、$\bar{Q}_0$是互补输出端。表4.31是74LS175的功能表。

表4.31 74LS175的功能表

输入						输出			
R_D	CP	D_1	D_2	D_3	D_4	Q_1	Q_2	Q_3	Q_4
0	×	×	×	×	×	0	0	0	0
1	↑	D_1	D_2	D_3	D_4	Q_1	Q_2	Q_3	Q_4
1	1	×	×	×	×	保持			
1	0	×	×	×	×	保持			

当清除端($\overline{MR}$)为低电平时,输出端 Q 为低电平。在时钟(CP)上升沿作用下,Q 与数据端(D)相一致。当 CP 为高电平或低电平时,D 对 Q 没有影响。

2. 四 2 输入与非门 74LS00

图 4.55 为 74LS00 的逻辑图。

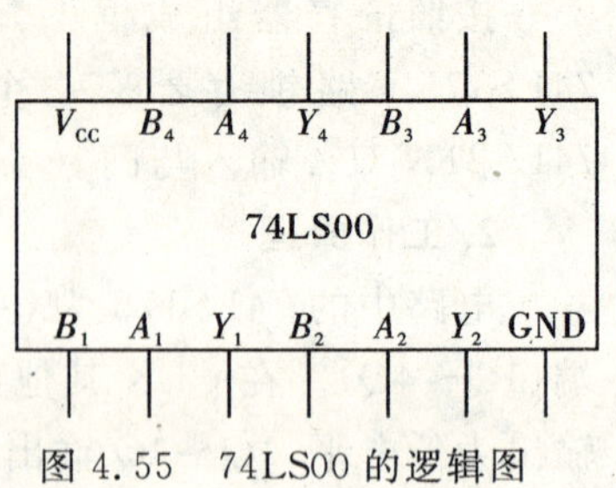

图 4.55　74LS00 的逻辑图

其中 A_1、A_2、A_3、A_4,B_1、B_2、B_3、B_4 为输入端,Y_1、Y_2、Y_3、Y_4 为输出端。表 4.32 为 74LS00 的功能表,$Y=\overline{AB}$。

表 4.32　74LS00 的功能表

输入		输出
A	B	Y
0	0	1
0	1	1
1	0	0
1	1	1

3. 双 4 输入与门 74LS21

图 4.56 为 74LS21 的逻辑图。

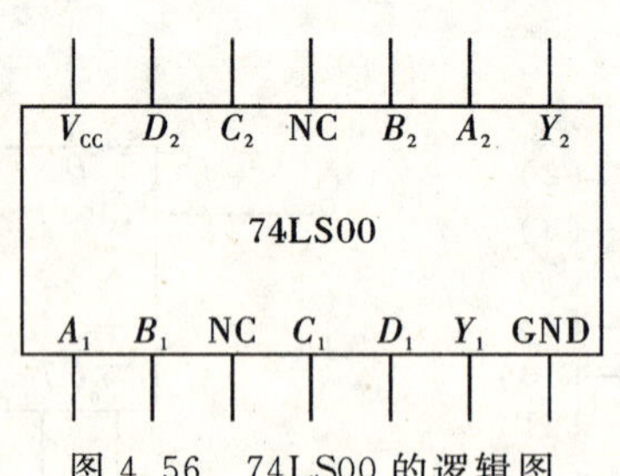

图 4.56　74LS00 的逻辑图

其中 A_1、A_2、B_1、B_2,C_1、C_2、D_1、D_2 为输入端,Y_1、Y_2 为输出端。表 4.33 为 74LS21 的功能表,$Y=ABCD$。

表 4.33　74LS21 的功能表

输入				输出
A	B	C	D	Y
×	×	×	0	0
×	×	0	×	0
×	0	×	×	0
0	×	×	×	0
1	1	1	1	1

五、利用 Multisim 对电路进行仿真测试

测试电路图如图 4.57 所示,建立步骤如下。

1. 电源的取用

在元件库中的组(Group)下拉列表中选择 Sources,在系列(Family)列表框中选择 POWER_SOURCES,在元件(Component)列表框中选择 VCC,单击确定按钮确认取出电源 5 V,如图 4.57 所示。

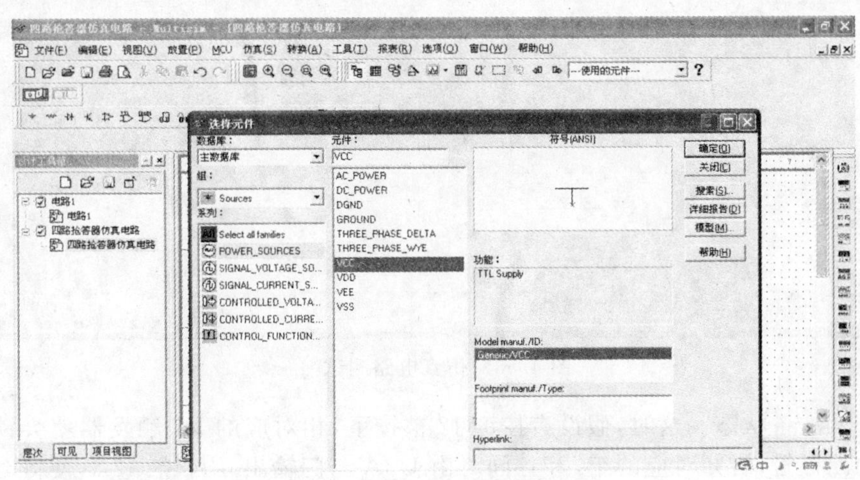

图 4.57 仿真电路建立

2. 其他元器件的取用

(1)4 位锁存器在(组 Group)TTL→(系列 Family)74LS→(元件 Component)中选择 74LS175N。

(2)R1～R5 电阻在(组 Group)Basic→(系列 Family)RESISTOR→(元件 Component)中选择 1.0kΩ 5%。

(3)J1～J4 单刀单掷开关在(组 Group)Basic→(系列 Family)SWITCH→(元件 Component)中选择 DIPSW1。

(4)S(J5)开关在(组 Group)Basic→(系列 Family)SWITCH→(元件 Component)中选择 PB_DPST。

(5)V1 在(组 Group)Sources→(系列 Family)SIGNAL_VOLTAGE→(元件 Component)中选择 CLOCK_VOLTAGE。

(6)U2A 与非门在(组 Group)TTL→(系列 Family)74LS→(元件 Component)中选择 74LS00N。

(7)U3A 与门在(组 Group)TTL→(系列 Family)74LS→(元件 Component)中选择 74LS21N。

(8)接数字地在(组 Group)→Sources→(系列 Family)POWER_SOURCES→(元件 Component)中选择 DGND。

3. 仿真电路的测试方法及测试结果

按下运行按钮 RUN,开始电路仿真。

首先复位按键,使得 4 个 D 触发器全部清零,与之相连接的指示用的四个二极管全熄灭,电路如图 4.58 所示。

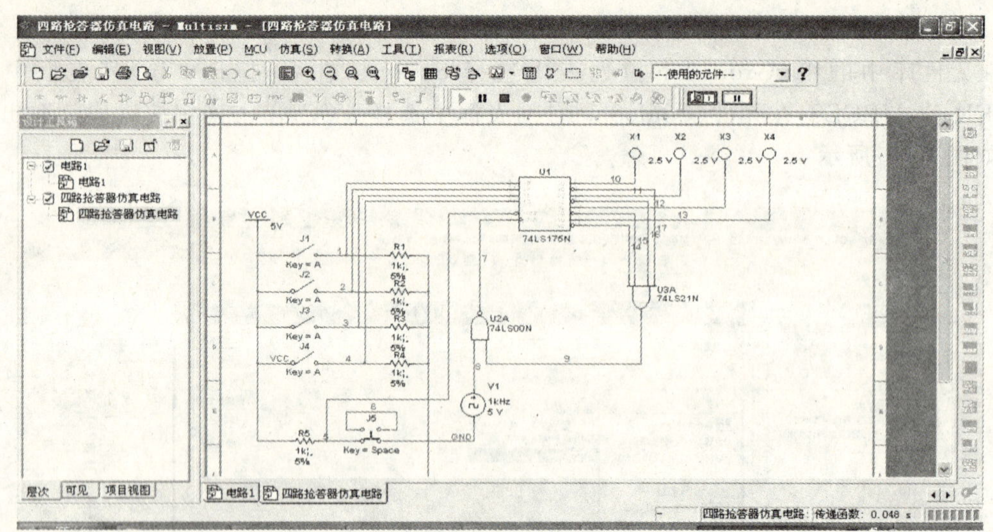

图 4.58 仿真电路测试一

电路进入准备状态。这时，假设有按键 J2 被按下，相对应的 D1 触发器就会锁存信号并点亮相应的二极管，告知对应的组，并且同时由 U3A 与门输出 0 封锁 U2A，使得时钟信号无法到达 U1 芯片，其他三个按键按下无效，直到主持人再次按下复位键，才能进行下一轮抢答，电路如图 4.59 所示。

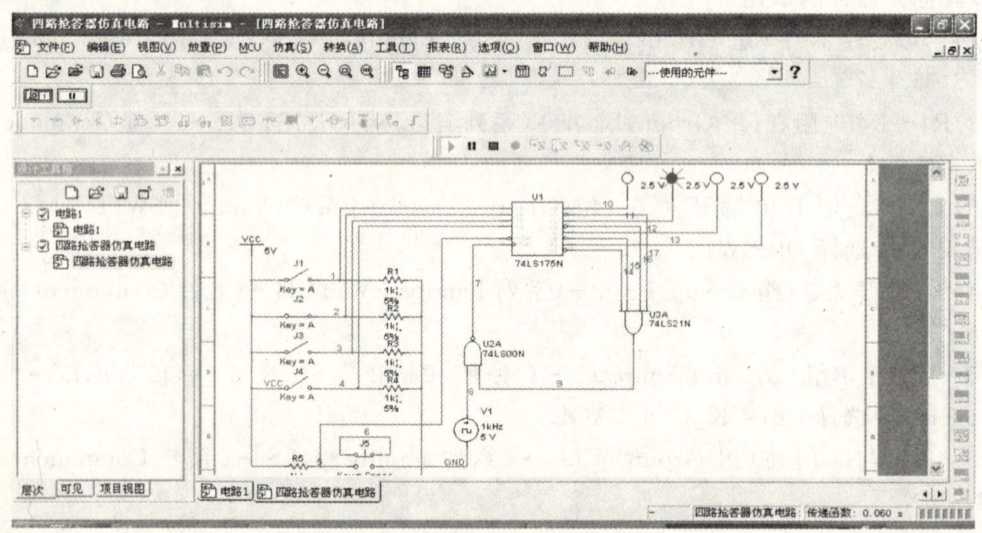

图 4.59 仿真电路测试二

实训 1

八路抢答器的仿真测试

1. 训练目的

(1)进一步掌握抢答器电路设计。

(2)进一步了解触发器的工作原理。

(3)熟悉 Multisim 软件。

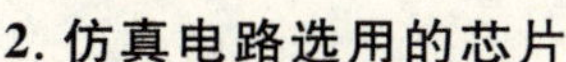

2. 仿真电路选用的芯片

(1)锁存器 74LS373。

(2)8 输入或非门 CD4078。

(3)六高压输出反相器 SN7406。

(4)双四输入或非门 CD4072。

(5)TTL 2 输入端四或门 74LS32。

(6)四 2 输入与非门 CD401。

3. 实验内容

按照图 4.60 所示的八路抢答器电路原理图在 Multisim 中建立仿真电路并进行测试。

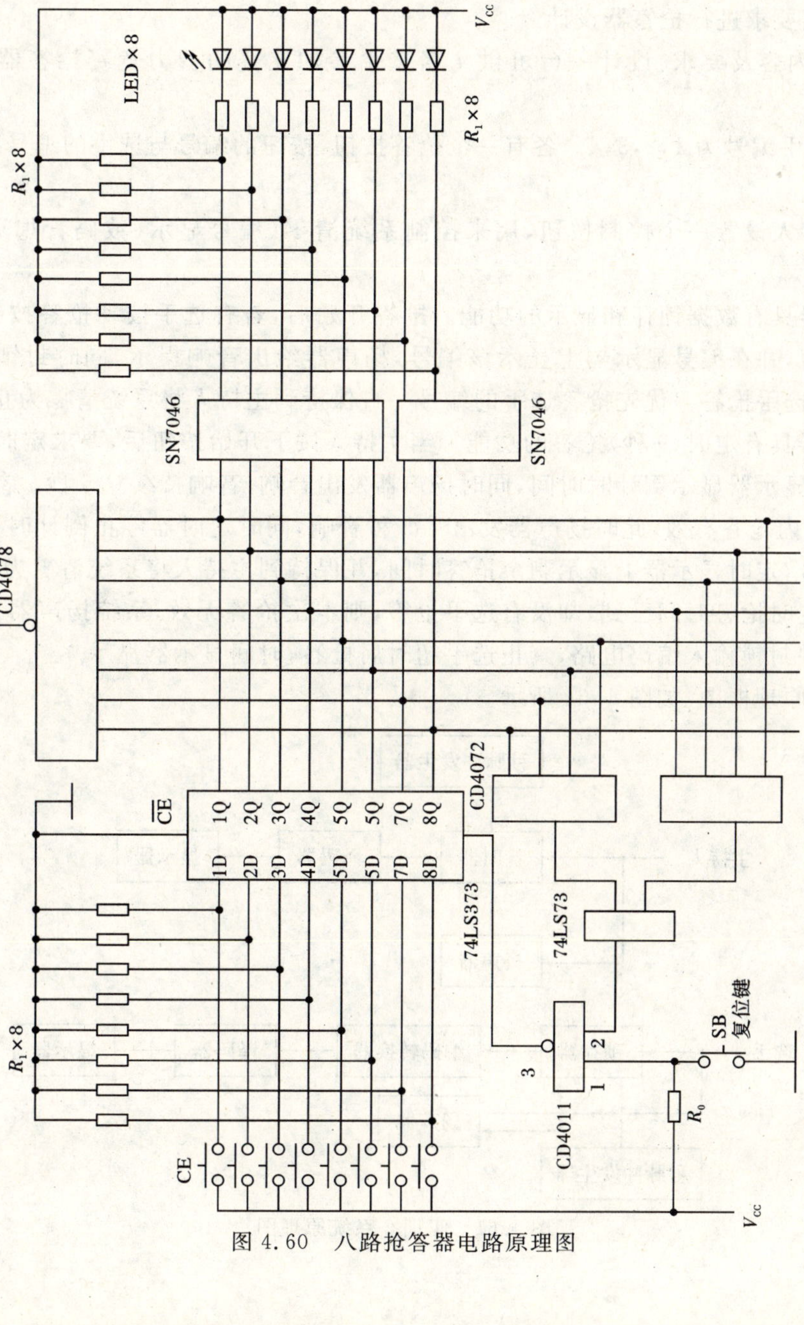

图 4.60　八路抢答器电路原理图

实训 2

智力竞赛抢答器设计

1. 训练目的

(1)进一步掌握抢答器电路设计。

(2)进一步了解触发器的工作原理。

(3)熟悉 Multisim 软件。

2. 训练内容及步骤

1)实验设计要求

按照下列要求进行抢答器设计。

(1)设计内容及要求:设计一台可供 4 名选手参加比赛的智力竞赛抢答器。具体要求如下:

①4 名选手编号为 1,2,3,4。各有一个抢答按钮,按钮的编号与选手的编号对应,也分别为 1,2,3,4。

②给主持人设置一个控制按钮,用来控制系统清零(编号显示、数码管熄灭)和抢答的开始。

③抢答器具有数据锁存和显示的功能。抢答开始后,若有选手按动抢答按钮,则该选手编号立即锁存,并在编号显示器上显示该编号,扬声器给出音响提示,同时封锁输入编码电路,禁止其他选手抢答。优先抢答选手的编号一直保持到主持人将系统清零为止。

④抢答器具有定时(9 秒)抢答的功能。当主持人按下开始按钮后,要求定时器开始倒计时,并用定时显示器显示倒计时时间,同时扬声器发出音响,音响持续 0.5 秒。参赛选手在设定时间(9 秒)内抢答有效,此时扬声器发出 0.5 秒音响,同时定时器停止倒计时,显示器上显示选手的编号,定时显示器上显示剩余抢答时间,并保持到主持人将系统清零为止。

⑤如果定时抢答时间已到,却没有选手抢答,则本次抢答无效,系统扬声器报警(音响持续 0.5 秒),并封锁输入编码电路,禁止选手超时后抢答,时间显示器显示 0。

(2)系统原理框图:如图 4.61 所示。

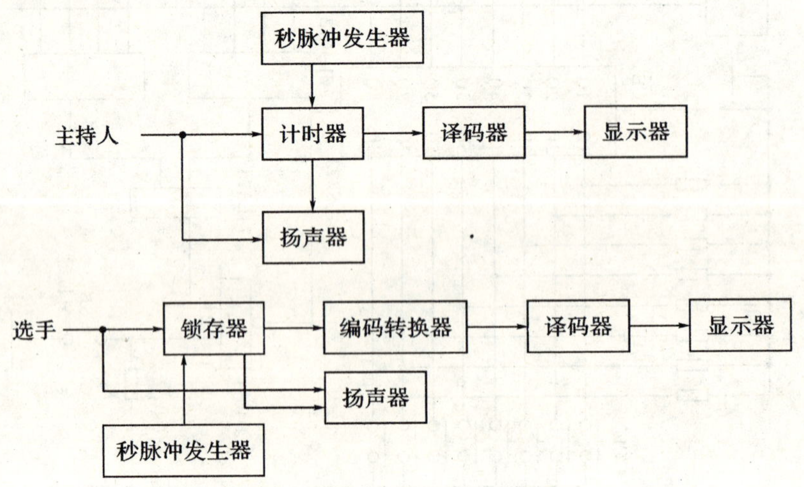

图 4.61　实训 2 系统原理图

(3)工作原理:电路由脉冲产生电路、锁存电路、编码及译码显示电路、倒计时电路和音响产生电路组成。当有选手抢答时,首先锁存,阻止其他选手抢答,然后编码,再经4线7段译码器将数字显示在显示器上,同时产生相应的音响效果。

主持人按开始键时,倒计时电路启动由9计到0;如有选手抢答,倒计时停止。

(4) 单元电路设计参数计算及元器件选择。

①编码电路:编码器的作用是把锁存器的输出转化成8421BCD码,送给7段显示译码器。其真值表如表4.34所示。

表4.34 实训2编码电路真值表

锁存器输出				编码器输出			
Q_4	Q_3	Q_2	Q_1	D	C	B	A
0	0	0	1	0	0	0	1
0	0	1	0	0	0	1	0
0	1	0	0	0	0	1	1
1	0	0	0	0	1	0	0

可得逻辑函数如下:

$$A=\overline{Q_4}\,\overline{Q_3}\,\overline{Q_2}Q_1+\overline{Q_4}Q_3\overline{Q_2}\,\overline{Q_1}$$

$$B=\overline{Q_4}\,\overline{Q_3}Q_2\overline{Q_1}+\overline{Q_4}Q_3\overline{Q_2}\,\overline{Q_1}$$

$$C=Q_4\overline{Q_3}\,\overline{Q_2}\,\overline{Q_1}$$

$$D=0$$

②锁存器电路:该电路的作用是捕捉按键按下的阶跃信号并锁存。电路如图4.62所示。

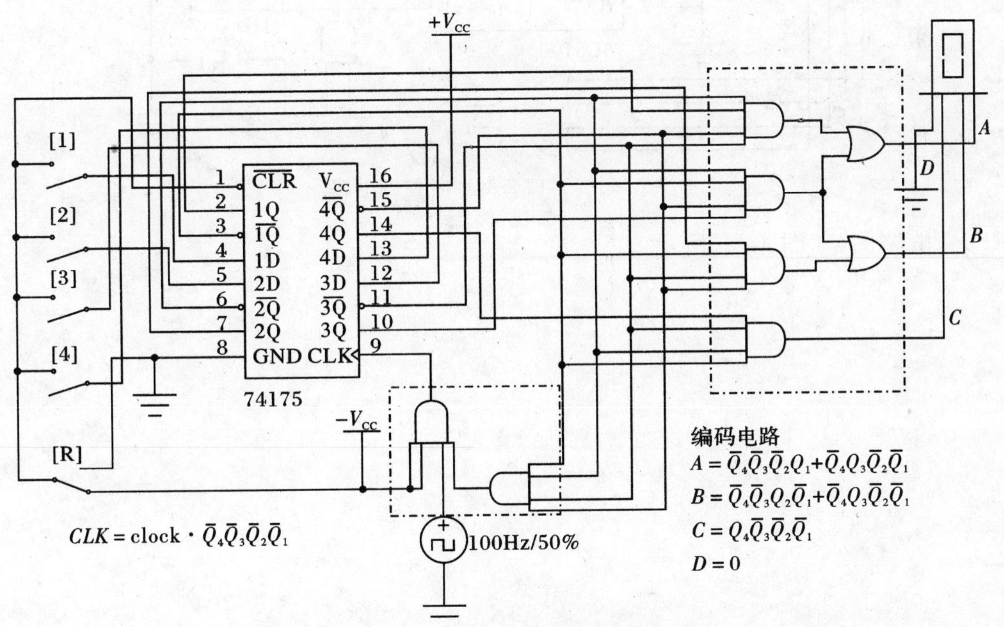

图4.62 实训2锁存器逻辑电路图

③倒计时显示电路：该电路使用十进制计数器 74LS190，主持人宣布开始时，按下按钮，同时使计数器置数为“9”，在脉冲作用下开始倒计时并在显示器上显示，直到“0”时停止。电路图如图 4.63 所示。

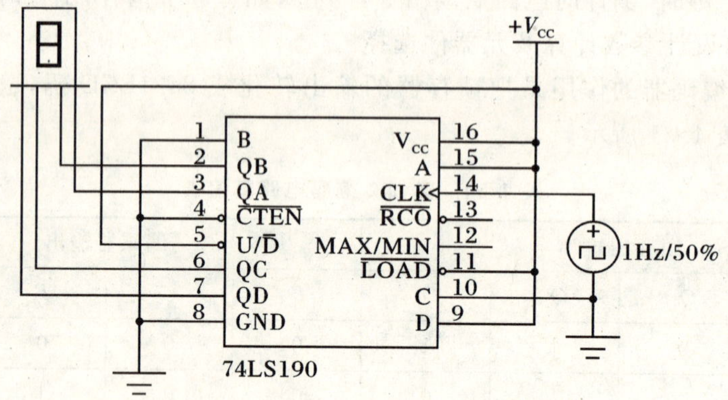

图 4.63　实训 2 倒计时显示逻辑电路图

④倒计时控制电路：遇“0”自停计数控制电路如图 4.64 所示。

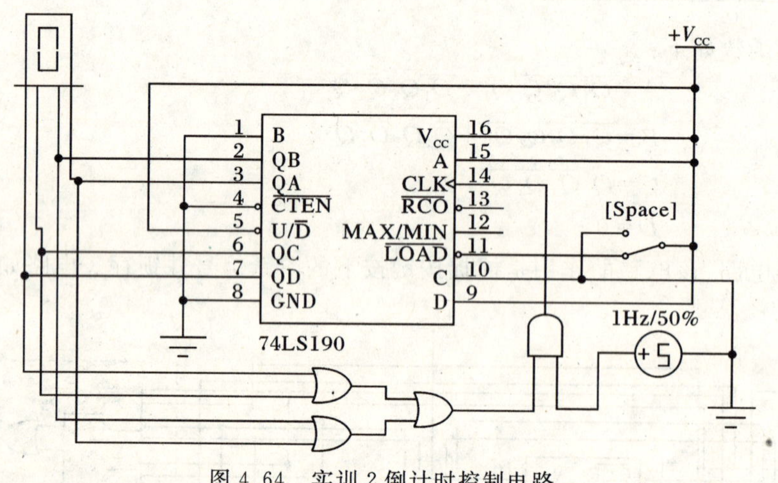

图 4.64　实训 2 倒计时控制电路

(5)总电路图，如图 4.65 所示。

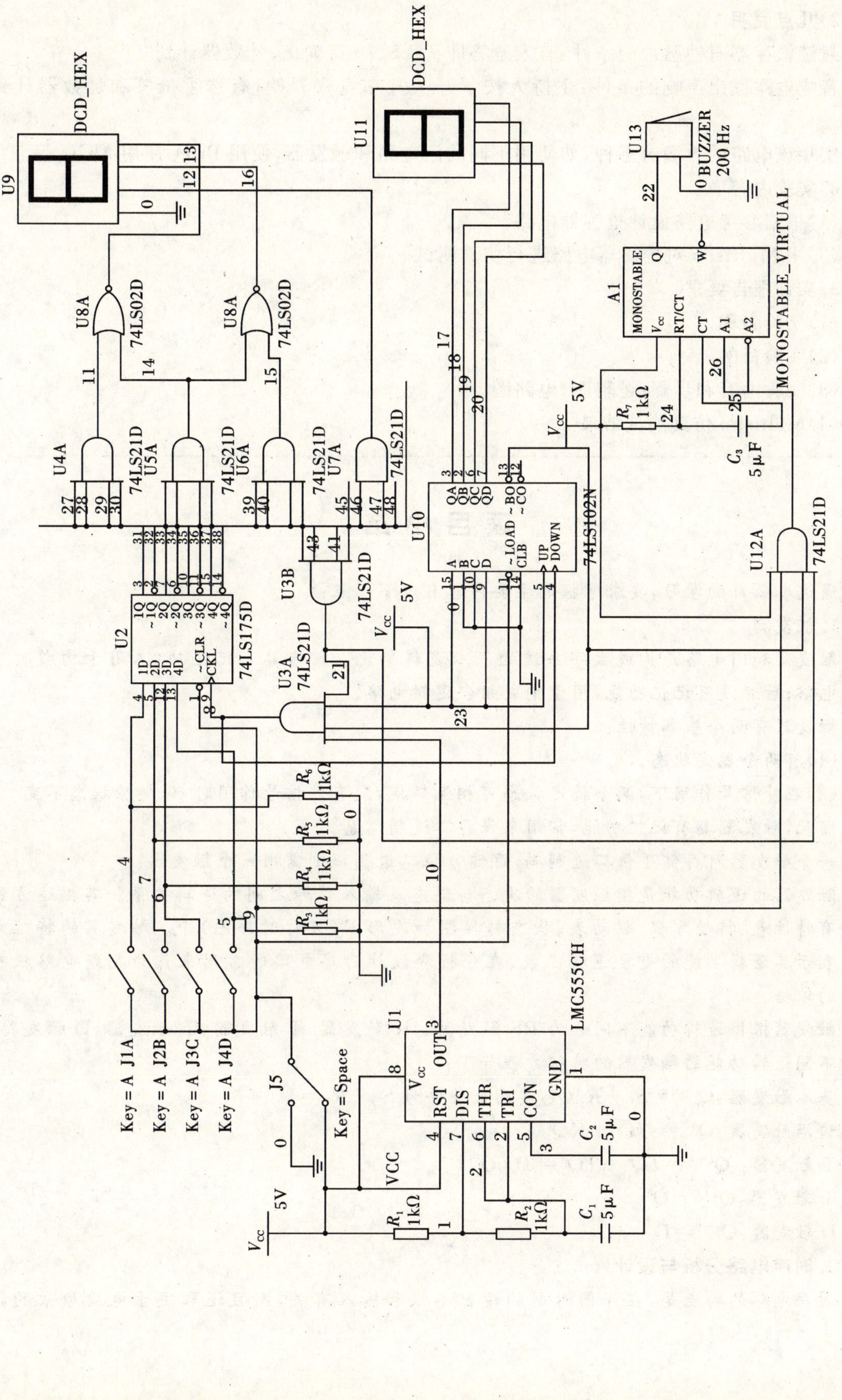

图4.65 实训2的逻辑电路图

2)几点说明

封锁锁存器时钟脉冲的条件：有人抢答即74LS175有输出；计数器计到“0”。

音响电路发出声响的条件：主持人按下开关宣布竞赛开始；有选手抢答和计数器计到“0”。

实现该电路的方案有多种，如使用不同的门电路和触发器，使用PLD，使用MCU等。

3)实验内容

(1)根据参考电路设计抢答器电路。

(2)用Multisim对抢答器电路进行仿真测试。

3. 实训报告要求

(1)实验名称。

(2)实验目的。

(3)实验内容和步骤、逻辑图、电路图。

(4)Multisim仿真测试结果。

项目小结

通过本项目的学习，要求掌握的主要内容有以下几点：

1. 触发器

触发器和门电路是构成数字系统的基本逻辑单元。前者具有记忆功能，用于构成时序逻辑电路；后者没有记忆功能，用于构成组合逻辑电路。

触发器有两个基本特性：

(1)有两个稳定状态。

(2)在外信号作用下，两个稳定状态可相互转换，没有外信号作用时，保持原状态不变。

因此，触发器具有记忆功能，常用来保存二进制信息。

一个触发器可存储1位二进制码，存储n位二进制码则需用n个触发器。

触发器的逻辑功能是指触发器的次态与现态及输入信号之间的逻辑关系。其描述方法主要有特性表、特性方程、驱动表、状态转换图和波形图(又称时序图)等。触发器的特性方程是表示其逻辑功能的重要逻辑函数，在分析和设计时序电路时常用来作为判断电路状态转换的依据。

触发器根据逻辑功能不同分为RS触发器、JK触发器、T触发器、T′触发器、D触发器。各种不同逻辑功能的触发器的特征方程如下：

基本触发器：$Q^{n+1}=\overline{S}_D+\overline{R}_DQ^n$，其约束条件为$\overline{S}_D+\overline{R}_D=1$

边沿触发器：$Q^{n+1}=J\overline{Q}^n+\overline{K}Q^n$

T触发器：$Q^{n+1}=\overline{T}Q^n+T\overline{Q}^n=T\otimes Q^n$

T′触发器：$Q^{n+1}=Q^n$

D触发器：$Q^{n+1}=D$

2. 时序电路分析与设计

时序电路的特点是：在任何时刻的输出不仅和输入有关，而且还取决于电路原来的状

态。为了记忆电路的状态，从电路的组成上来看，时序电路必须包含有存储电路。存储电路通常以触发器为基本单元电路构成。

时序电路可分为同步时序电路和异步时序电路两类。它们的主要区别是：前者的所有触发器受同一时钟脉冲控制，而后者的各触发器则受不同的脉冲源控制。

时序电路的逻辑功能可用逻辑图、状态方程、状态表、卡诺图、状态图和时序图等6种方法来描述，它们在本质上是相同的，可以互相转换。

时序电路的分析，就是由逻辑图到状态图的转换。

3. 抢答器设计

抢答器是一种在智力游戏或竞赛中流行的电子设备，用于指示哪个参与者最先按下了按键，并将其锁定，直到主持人按下复位下一轮竞赛开始。在本例中我们用一些门电路制作一个简单的四路抢答器，从中可以学习到基本门电路、触发器以及时序电路的应用，对数字逻辑设计产生一定的感性认识。

思考与练习 4

4.1 为什么说门电路没有记忆功能，而触发器有记忆功能？

4.2 试分析由或非门组成的基本RS触发器的逻辑功能，列出其真值表，并与由与非门组成的基本RS触发器作一比较。

4.3 题4.3图(a)所示“与非”门构成的基本触发器，输入$\overline{R}_D$、$\overline{S}_D$的波形如题4.3图(b)所示，画出Q和$\overline{Q}$波形。

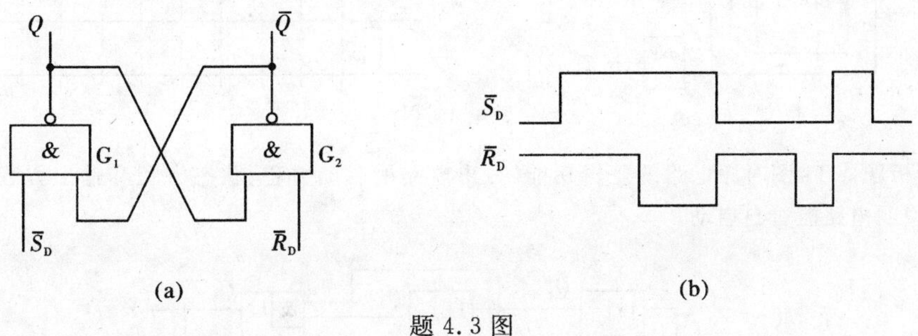

题4.3图

4.4 边沿JK触发器有哪几种功能？写出特征方程和特性表。

4.5 D触发器有哪几种功能？写出特征方程和特性表。

4.6 提高触发器抗干扰能力的主要措施是什么？

4.7 已知CP、D的波形如题4.7图所示，试画出高电平有效和上升沿有效D触发器Q的波形(设Q的初态为0)。

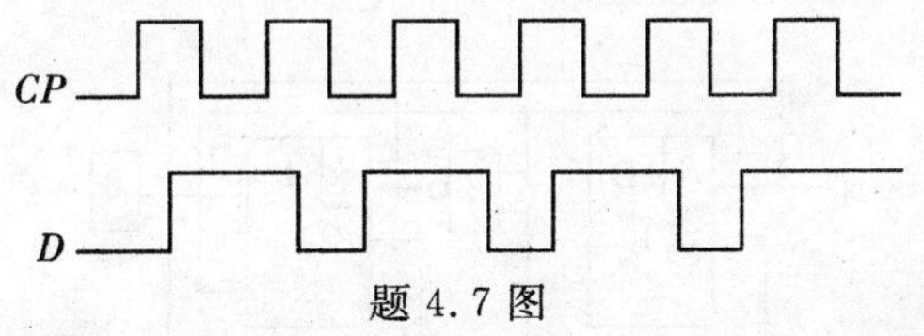

题4.7图

4.8 设题4.8图中的触发器的初态均为0，试画出对应A、B的X、Y的波形。

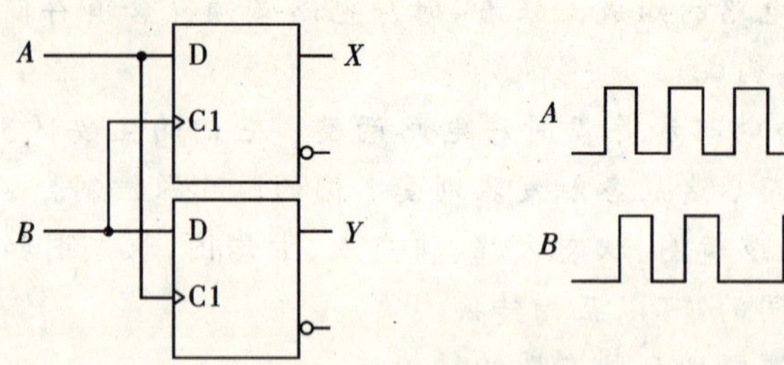

题 4.8 图

4.9 有一上升沿触发的 JK 触发器如题 4.9 图(a)所示，已知 CP、J、K 信号波形如题 4.9 图(b)所示，画出 Q 端的波形(设 Q 的初态为 0)。

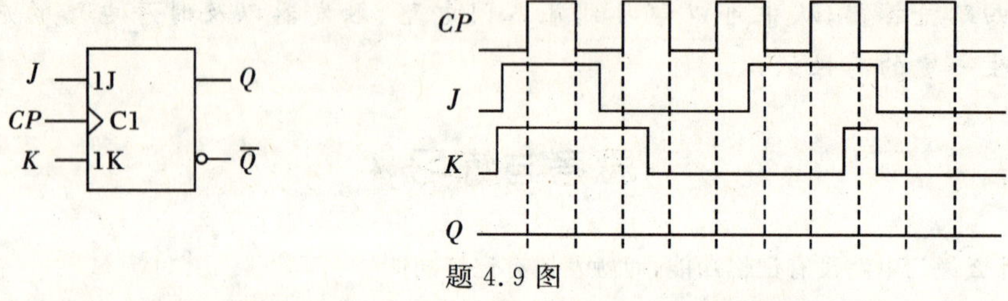

题 4.9 图

4.10 试画出题 4.10 图所示电路 Q 及 Z 端的波形(设触发器的初态为 0)。

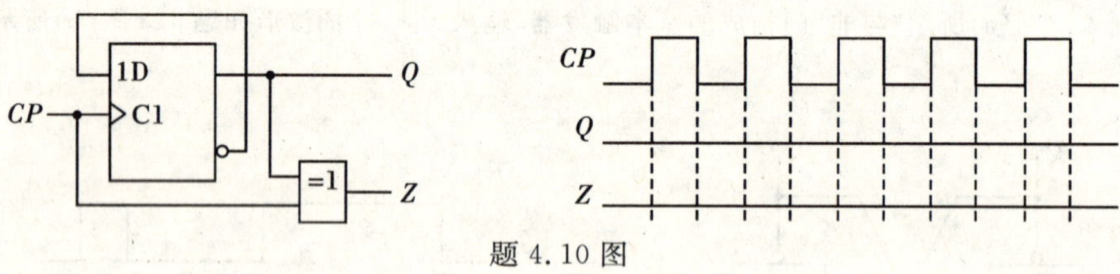

题 4.10 图

4.11 分析题 4.11 图时序电路的逻辑功能，写出电路的驱动方程、状态方程和输出方程，画出电路的状态转换图，说明电路能否自启动。

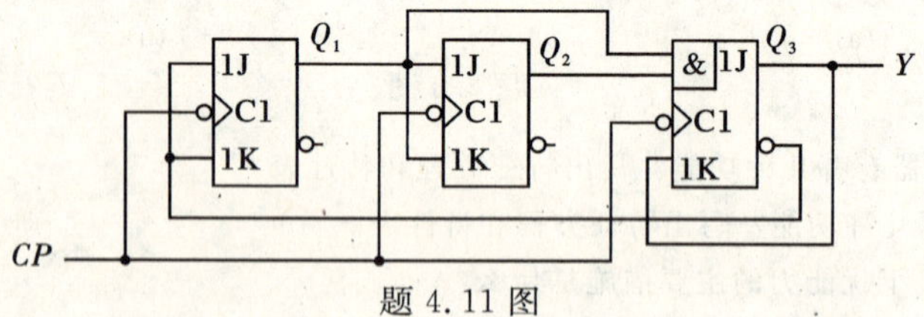

题 4.11 图

4.12 试分析题 4.12 图时序电路的逻辑功能，写出电路的驱动方程、状态方程和输出方程，画出电路的状态转换图。A 为输入逻辑变量。

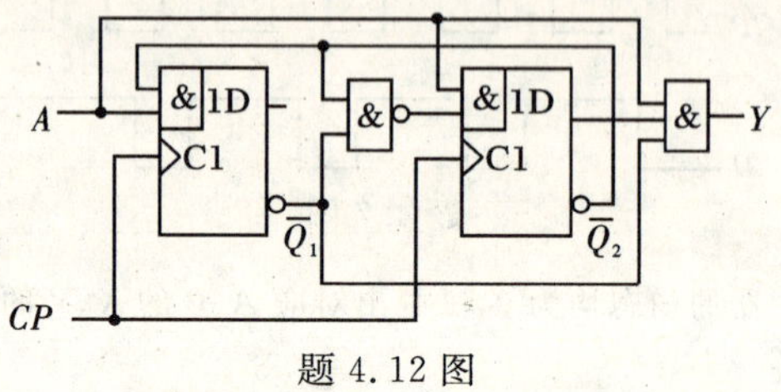

题 4.12 图

4.13　试分析题4.13图时序电路的逻辑功能，写出电路的驱动方程、状态方程和输出方程，画出电路的状态转换图，检查电路能否自启动。

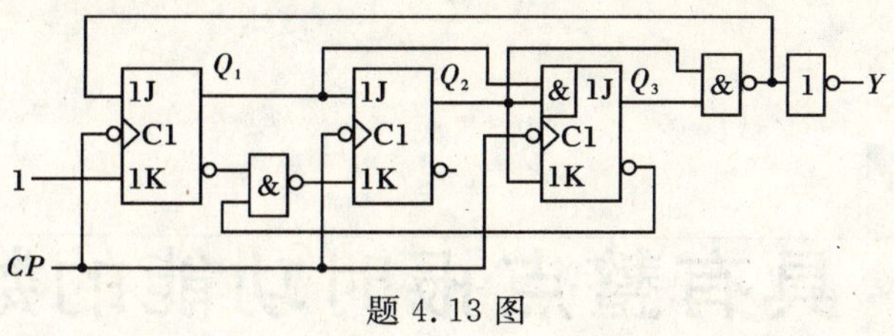

题4.13图

4.14　分析题4.14图给出的时序电路，画出电路的状态转换图，检查电路能否自启动，说明电路实现的功能(A为输入变量)。

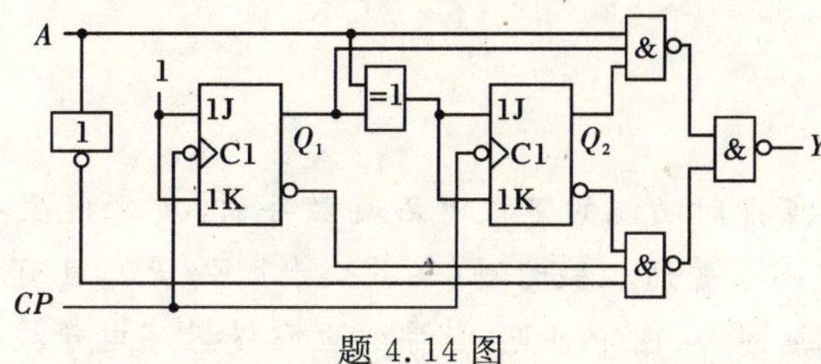

题4.14图

4.15　试分析如题4.15图所示同步时序逻辑电路，并写出分析过程。

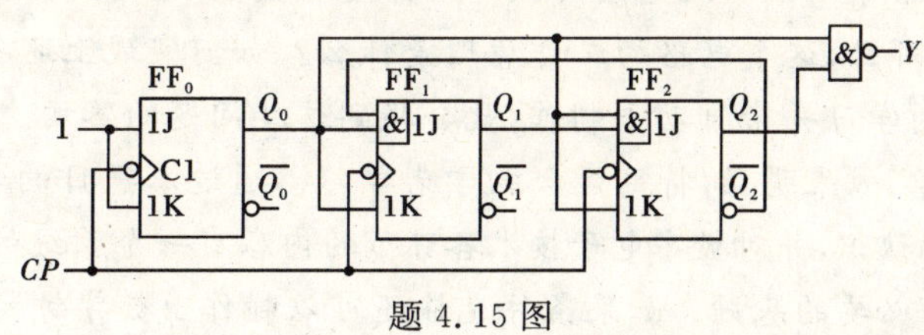

题4.15图

4.16　分析题4.16图所示时序逻辑电路，写出电路的驱动方程、状态方程和输出方程，画出电路的状态转换图，说明电路能否自启动。

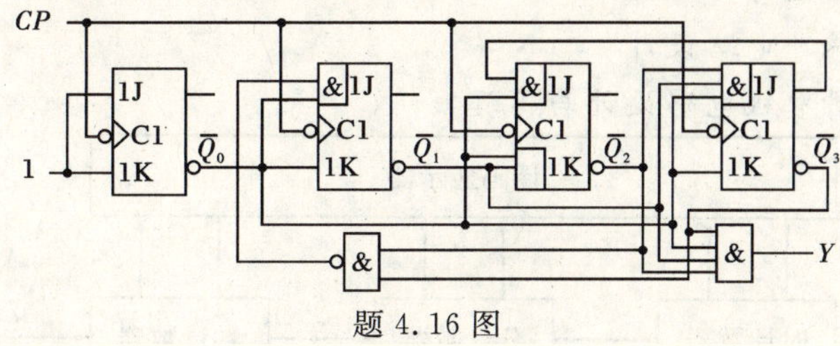

题4.16图

4.17　设计一时序电路，实现题4.17图所示的状态图。

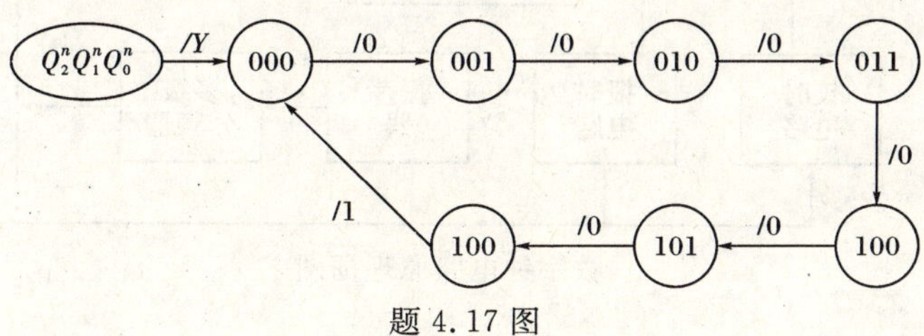

题4.17图

项目5 具有整点报时功能的数字钟

项目剖析

本项目制作具有整点报时功能的可校时石英数字钟,要求能直接显示“时”、“分”、“秒”(24 时/天),走时精度要高于普通机械时钟(误差<±1 秒/天),具有校时功能并能进行整点报时。下图为它的原理框图,从图中可见,数字钟电路是数字电子技术这门课程的一个综合性实训项目,既用到前述所讲的门电路、显示译码器、触发器等知识,又用到本项目中的计数器、时钟脉冲产生电路等知识。此电路的核心部件是计数器,电路的主要功能是计时、显示、校时、整点报时等。那么,这个电路的工作原理是什么?如何实现上述各项功能?相信你完成以下各任务内容的学习并亲自动手制作,就会找到这些问题的答案。

本项目制作简单,效果明显,特别适合初学者学习。通过本项目的学习将使大家对计数器的使用有个初步的认识,并对数字电子技术各环节的内容有一个系统的了解与使用,也为今后的学习与工作打下必要的基础。如果条件允许还可以制作出数字钟实物进行焊接调试,以增进学习的兴趣。

本项目由三个任务组成:

任务1　计数器设计

任务2　时钟脉冲电路设计

任务3　数字钟整机电路设计与仿真

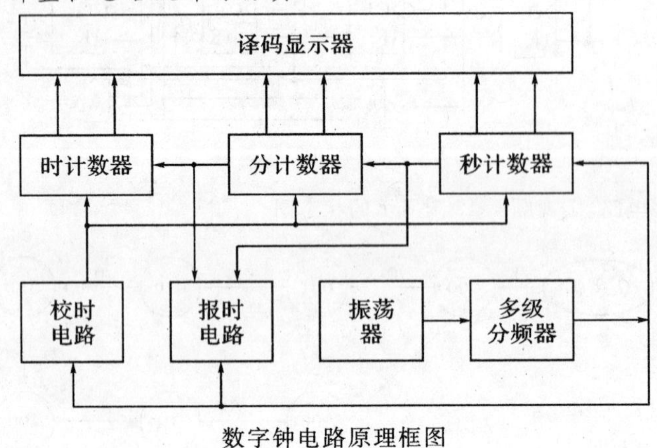

数字钟电路原理框图

项目目标

计数器是组成数字系统的重要部件之一，对它的分析与应用是整个数字电路学习的基础和重点。本项目通过围绕“具有整点报时功能的数字钟”的制作展开学习，要达到的主要目标为：

(1)掌握计数器的工作原理及分析方法。

(2)熟练掌握集成计数器的逻辑功能及应用。

(3)掌握时钟脉冲电路的工作原理及应用。

任务1 计数器设计

【任务目标】

(1)了解计数器的功能和特点。

(2)掌握计数器的工作原理及分析方法。

(3)掌握集成计数器的逻辑功能。

(4)掌握集成计数器的级联方法。

(5)掌握组成任意进制计数器的方法。

在数字系统中使用得最多的时序电路要算是计数器了。计数器不仅能用于对时钟脉冲计数，还可以用于分频、定时、产生节拍脉冲和脉冲序列以及进行数字运算等。

按计数器中的触发器是否同时翻转分类，可将计数器分为同步计数器和异步计数器。同步计数器是指计数器中各触发器采用同一个时钟脉冲信号，即各触发器的翻转是同时进行的。而异步计数器中各触发器并不共用时钟脉冲信号，即各触发器的翻转有先有后，不是同时发生的。

按计数增减趋势分类，可将计数器分为加法计数器、减法计数器、可逆计数器。随着计数脉冲的不断输入而作递增计数的叫加法计数器，作递减计数的叫减法计数器，可增可减的叫可逆计数器。

按计数器的进位制不同分类，可将计数器分为二进制计数器和非二进制计数器。二进制计数器是指进位模数为 2^n 的计数器，非二进制计数器是指进位模数不是 2^n 的计数器，用的较多的如十进制计数器。

计数器累计输入计数脉冲的最大数目称为计数器的“模”，用 M 表示。计数器的模实际上是计数器电路的有效状态数。

一、二进制计数器

1. 异步二进制计数器

在前面触发器的学习中已知，T′触发器是翻转型触发器，也就是说，输入一个 CP 脉冲触

发器的状态就翻转一次。如果 T′触发器初始状态为 0，在逐个输入 CP 脉冲时，其输出状态就会由 0→1→0→1 不断变化，这样一个触发器就能表示一位二进制数的两种状态，两个触发器就能表示两位二进制数的 4 种状态，n 个触发器就能表示 n 位二进制数的 2^n 种状态，即能计 2^n 个数。此时称触发器工作在计数状态，即由触发器输出状态的变化，可以确定 CP 脉冲的个数。

图 5.1 是 4 位异步二进制加法计数器逻辑图，由 4 个下降沿触发的 JK 触发器构成，其最低位触发器 FF_0 的时钟脉冲输入端接计数脉冲 CP，其他触发器的时钟脉冲接相邻低位触发器的输出 Q。当一个计数脉冲 CP 下降沿到来时，触发器 FF_0 的状态翻转一次；当 Q_0 由 1 变为 0 时，给 FF_1 的时钟脉冲输入一个下降沿，触发器 FF_1 的状态翻转一次；当 Q_1 由 1 变为 0 时，给 FF_2 的时钟脉冲输入一个下降沿，触发器 FF_2 的状态翻转一次；当 Q_2 由 1 变为 0 时，又给 FF_3 的时钟脉冲输入一个下降沿，触发器 FF_3 的状态翻转。可见，逐个输入 CP 脉冲时，计数器的状态按 $Q_3Q_2Q_1Q_0$ = 0000→0001→0010→0011→0100→0101→0110→0111→1000→1001→1010→1011→1100→1101→1110→1111 的规律变化。当输入第 16 个 CP 脉冲时，计数状态由 1111→0000，完成一个计数周期。

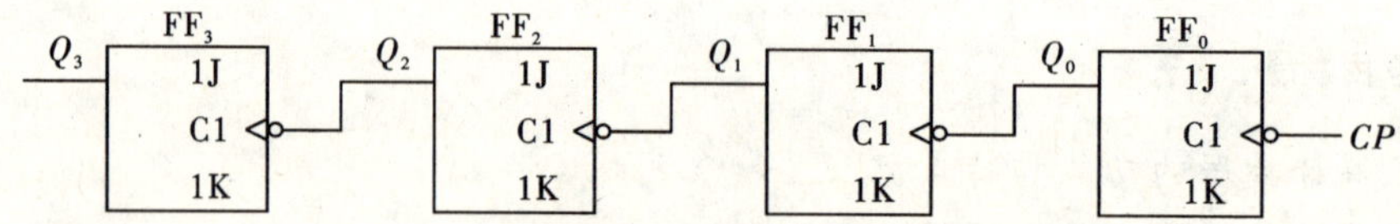

图 5.1　4 位异步二进制加法计数器逻辑图

表 5.1 为 4 位异步二进制加法计数器的状态表。

表 5.1　4 位异步二进制加法计数器的状态表

CP	Q_3	Q_2	Q_1	Q_0	等效的十进制数	CP	Q_3	Q_2	Q_1	Q_0	等效的十进制数
0	0	0	0	0	0						
1	0	0	0	1	1	9	1	0	0	1	9
2	0	0	1	0	2	10	1	0	1	0	10
3	0	0	1	1	3	11	1	0	1	1	11
4	0	1	0	0	4	12	1	1	0	0	12
5	0	1	0	1	5	13	1	1	0	1	13
6	0	1	1	0	6	14	1	1	1	0	14
7	0	1	1	1	7	15	1	1	1	1	15
8	1	0	0	0	8	16	0	0	0	0	0

异步二进制加法计数器的状态转换图如图 5.2 所示，时序图如图 5.3 所示。

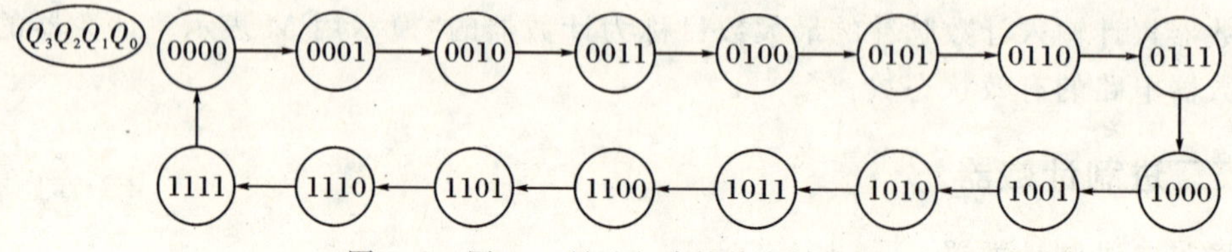

图 5.2　图 5.2 所示电路的状态转换图

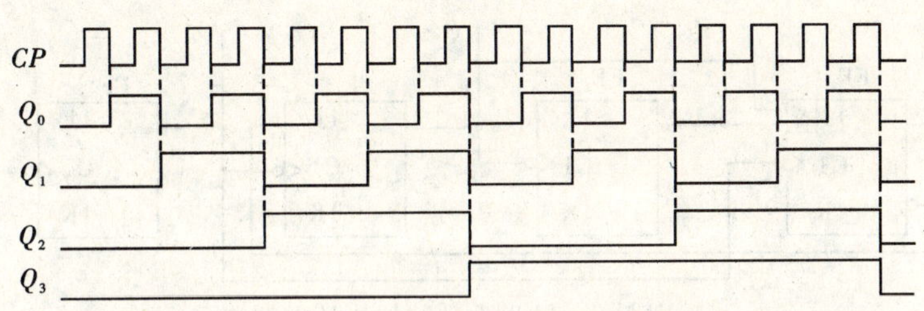

图 5.3　图 5.2 所示电路的时序图

由上述分析可知：如果 CP 脉冲的频率为 f，那么 Q_0 的频率为 $1/2f$，Q_1 的频率为 $1/4f$，Q_2 的频率为 $1/8f$，Q_3 的频率分别为 $1/16f$，所以计数器又称为分频器，具有分频作用。

2. 同步二进制计数器

图 5.4 是用 4 个下降沿触发的 JK 触发器构成的 4 位同步二进制加法计数器。图中 4 个 JK 触发器采用同一计数脉冲 CP。

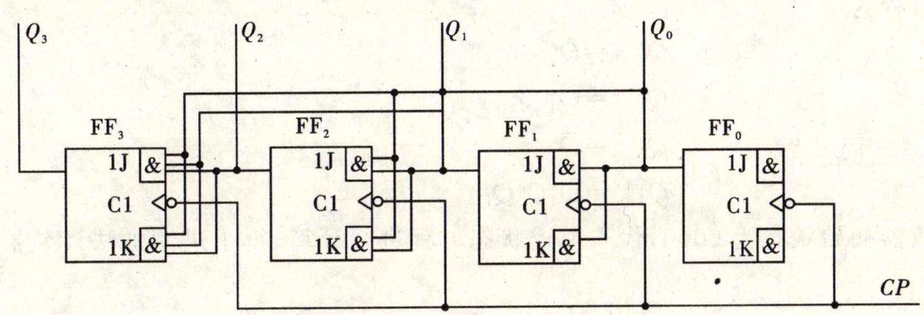

图 5.4　同步二进制加法计数器

根据图 5.4，可以写出驱动方程为

$$J_0=K_0=1$$

$$J_1=K_1=Q_0^n$$

$$J_2=K_2=Q_1^nQ_0^n$$

$$J_3=K_3=Q_2^nQ_1^nQ_0^n$$

将驱动方程代入 JK 触发器特征方程 $Q^{n+1}=J\,\overline{Q}^n+\overline{K}Q^n$，得状态方程为

$$Q_0^{n+1}=\overline{Q}_0^n$$

$$Q_1^{n+1}=Q_0^n\,\overline{Q}_1^n+\overline{Q}_0^nQ_1^n$$

$$Q_2^{n+1}=\overline{Q}_2^nQ_1^nQ_0^n+Q_2^n\,\overline{Q_1^nQ_0^n}$$

$$Q_3^{n+1}=\overline{Q}_3^nQ_2^nQ_1^nQ_0^n+Q_3^n\,\overline{Q_2^nQ_1^nQ_0^n}$$

根据状态方程列出状态表，可得此计数器的状态转换过程与图 5.1 所示计数器的状态转换过程完全相同，这里不再赘述。同步二进制加法计数器的状态表同表 5.1，状态转换图同图5.2，时序图同图 5.3。

二、十进制计数器

1. 异步十进制计数器

8421BCD 码异步十进制加法计数器电路如图 5.5 所示。

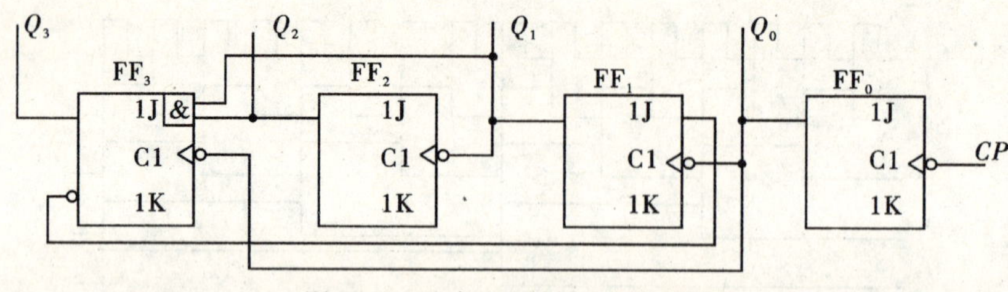

图 5.5　异步十进制加法计数器

由图 5.6,写出异步十进制加法计数器的驱动方程为

$$J_0=K_0=1$$
$$J_1=\bar{Q}_3^n,\quad K_1=1$$
$$J_2=K_2=1$$
$$J_3=Q_2^nQ_1^n,\quad K_3=1$$

状态方程为

$$Q_0^{n+1}=\bar{Q}_0^n$$
$$Q_1^{n+1}=\bar{Q}_3^n\ \bar{Q}_1^n$$
$$Q_2^{n+1}=\bar{Q}_2^n$$
$$Q_3^{n+1}=\bar{Q}_3^nQ_2^nQ_1^n$$

设计数器初始状态为 0000,代入上述状态方程进行计算,得十进制加法计数器的状态转换表 5.2。

表 5.2　十进制加法计数器的状态转换表

CP	现态				次态			
	Q_3^n	Q_2^n	Q_1^n	Q_0^n	Q_3^{n+1}	Q_2^{n+1}	Q_1^{n+1}	Q_0^{n+1}
0	0	0	0	0	0	0	0	1
1	0	0	0	1	0	0	1	0
2	0	0	1	0	0	0	1	1
3	0	0	1	1	0	1	0	0
4	0	1	0	0	0	1	0	1
5	0	1	0	1	0	1	1	0
6	0	1	1	0	0	1	1	1
7	0	1	1	1	1	0	0	0
8	1	0	0	0	1	0	0	1
9	1	0	0	1	0	0	0	0
	1	0	1	0	1	0	1	1
	1	0	1	1	0	1	0	0
	1	1	0	0	1	1	0	1
	1	1	0	1	0	1	0	0
	1	1	1	0	1	1	1	1
	1	1	1	1	0	0	0	0

由状态转换表可知:8421BCD 码异步十进制加法计数器只用了 0000～1001 这 10 个有效状态,其余 1010～1111 这 6 个状态是无效状态。由表可知该电路具有自启动能力。

8421BCD码异步十进制加法计数器的状态转换图如图5.6所示，时序图如图5.7所示。

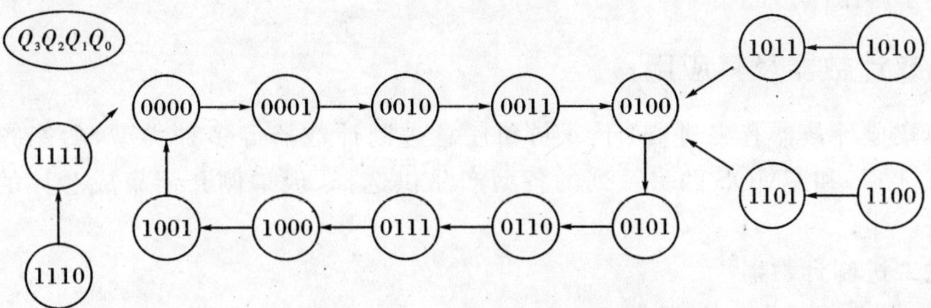

图5.6　异步十进制加法计数器状态转换图

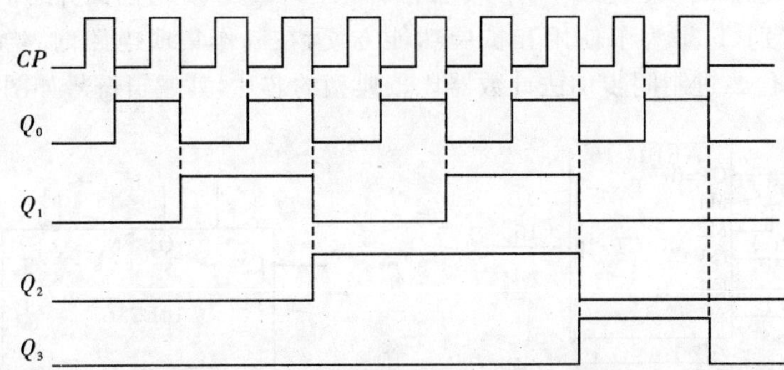

图5.7　异步十进制加法计数器时序图

2. 同步十进制加法计数器

同步十进制加法计数器电路如图5.8所示。

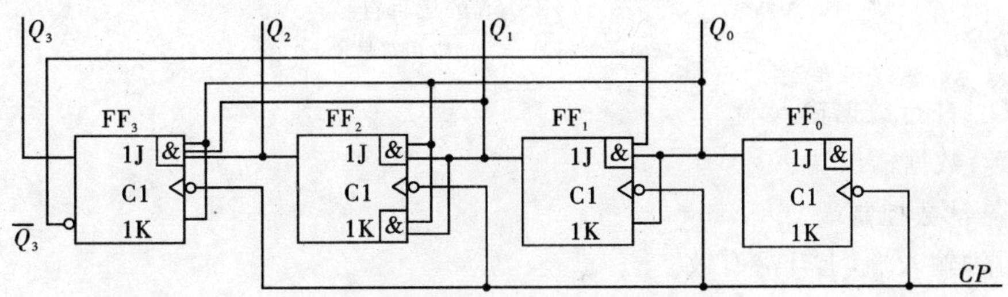

图5.8　同步十进制加法计数器

由图5.8，写出同步十进制加法计数器的驱动方程为

$$J_0=K_0=1$$
$$J_1=\overline{Q}_3^nQ_0^n,\quad K_1=Q_0^n$$
$$J_2=K_2=Q_1^nQ_0^n$$
$$J_3=Q_2^nQ_1^nQ_0^n,\quad K_3=Q_0^n$$

状态方程为

$$Q_0^{n+1}=\overline{Q}_0^n$$
$$Q_1^{n+1}=\overline{Q}_3^n\ \overline{Q}_1^nQ_0^n+\overline{Q}_0^nQ_1^n$$
$$Q_2^{n+1}=\overline{Q}_2^nQ_1^nQ_0^n+Q_2^n\ \overline{Q_1^nQ_0^n}$$
$$Q_3^{n+1}=\overline{Q}_3^nQ_2^nQ_1^nQ_0^n+Q_3^n\ \overline{Q}_0^n$$

根据状态方程可列出状态表，同步十进制加法计数器的状态表同表 5.2，状态转换图同图 5.6，时序图同图 5.7。

三、集成计数器及其应用

中规模集成计数器有二进制、十进制和任意进制计数器等多种类型，功能齐全，使用灵活。目前有 TTL 和 CMOS 两大系列的各型产品供选择，现举例介绍集成芯片的型号、功能及使用方法。

1. 集成二进制计数器

1)4 位二进制同步加法计数器 74LS161

就基本工作原理而言，集成二进制同步加法计数器 74LS161 与前面介绍的 4 位二进制同步加法计数器并无区别，只是为了使用和扩展功能方便，在制作集成电路时，增加了一些辅助功能。74LS161 是 4 位二进制同步加法计数器比较典型的芯片，其逻辑符号如图 5.9 所示。

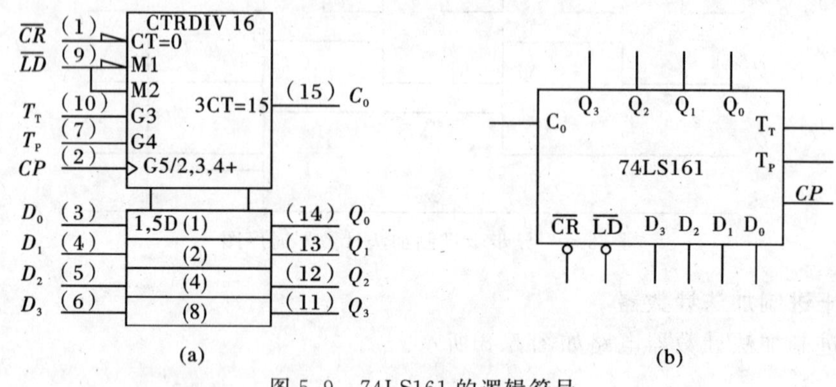

图 5.9　74LS161 的逻辑符号

(a)国标符号；（b)常用符号

$D_0 \sim D_3$：并行数据输入端。

$Q_0 \sim Q_3$：数据输出端。

T_T、T_P：计数控制端。

CP：时钟输入端，上升沿有效。

$\overline{CR}$：异步清除输入端，低电平有效。

$\overline{LD}$：同步并行置数控制端，低电平有效。

C_0：进位输出端，高电平有效。

74LS161 的功能(见表 5.3)及特点如下：

表 5.3　74LS161 的功能表

输入									输出	功能说明
$\overline{CR}$	$\overline{LD}$	T_T	T_P	CP	D_3	D_2	D_1	D_0	Q_3　Q_2　Q_1　Q_0	
0	×	×	×	×	×	×	×	×	0　0　0　0	异步清零
1	0	×	×	↑	d_3	d_2	d_1	d_0	d_3　d_2　d_1　d_0	同步置数
1	1	1	1	↑	×	×	×	×	当计到 1111 时 $C_0=1$	计数
1	1	0	×	×	×	×	×	×	保持	保持
1	1	×	0	×	×	×	×	×	保持	

(1)异步清“0”功能。当清除端$\overline{CR}$为低电平时，无论其他各输入端的状态如何，各触发器均被清“0”，即该计数器被异步清0。

(2)同步预置数功能。当$\overline{CR}$为高电平，置数控制端$\overline{LD}$为低电平时，在CP脉冲上升沿的作用下，数据输入端$D_0 \sim D_3$上的数据就被送至输出端$Q_0 \sim Q_3$。如果改变$D_0 \sim D_3$端的预置数，即可构成16以内的各种不同进制的计数器。

(3)计数功能。$\overline{CR}$,$\overline{LD}$,T_T和T_P均为高电平时，计数器处于计数状态，每输入一个CP脉冲，就进行一次加法计数。74LS161的计数是同步的，即4个触发器的状态更新是在同一时刻(CP脉冲的上升沿)进行的，它是由CP脉冲同时加在4个触发器上实现的。

(4)保持功能。T_T和T_P是计数器控制端，只要其中一个或一个以上为低电平，计数器保持原态。

(5)超前计数功能，即当计数溢出时，进位端C_0输出一个高电平脉冲，其宽度为一个时钟周期。

2)4位二进制同步加法计数器74LS163

74LS163具有同步清“0”功能。当$\overline{CR}=0$时，在CP脉冲的上升沿到来时，$Q_3Q_2Q_1Q_0=0000$，即同步清“0”。进位输出端C_0当计到15(1111)时，产生进位输出，其他时刻为0，其余功能与74LS161相同。即74LS161和74LS163均是同步预置4位计数器，外形及引脚也相同，所不同的是74LS161是异步清零，74LS163是同步清零。

2.集成十进制计数器

1)二—五—十进制异步加法计数器74LS290(74290、74LS90)

74LS290是异步式二—五—十进制计数器，它由两个独立的计数器组成。触发器A构成模2计数器，对CP_A计数，触发器B、C、D组成模5计数器，对CP_B计数。若将Q_A的输出接至CP_B端，计数脉冲由CP_A输入，则构成2×5的十进制计数器。74LS290具有清零、置数和计数功能，其逻辑符号如图5.10所示，功能表如表5.4所示。

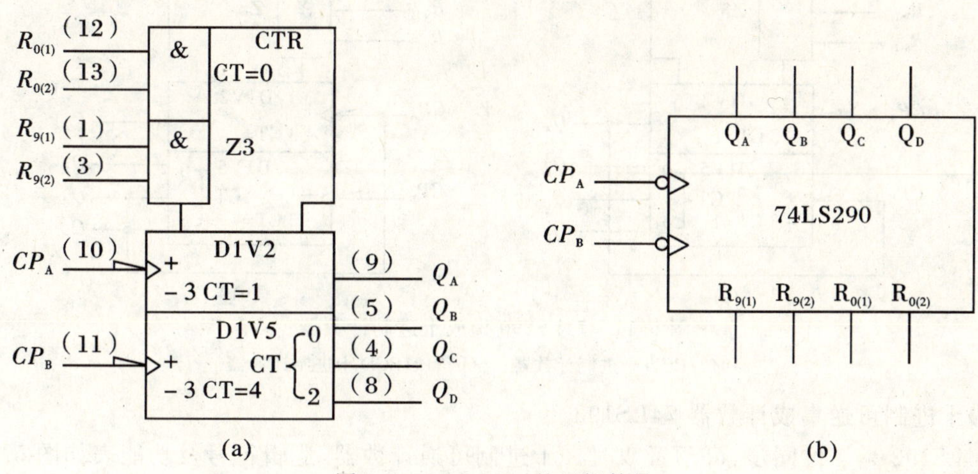

图5.10　74LS290的逻辑符号

(a)国标符号；(b)常用符号

表 5.4　74LS290 的功能表

输入						输出			
$R_{0(1)}$	$R_{0(2)}$	$S_{9(1)}$	$S_{9(2)}$	CP_A	CP_B	Q_D	Q_C	Q_B	Q_A
1	1	0	×	×	×	0	0	0	0
1	1	×	0	×	×	0	0	0	0
0	×	1	1	×	×	1	0	0	1
×	0	1	1	×	×	1	0	0	1
$\overline{R_{0(1)}R_{0(2)}}=1$		$\overline{S_{9(1)}S_{9(2)}}=1$		CP	0	二进制计数			
				0	CP	五进制计数			
				CP	Q_A	8421 码十进制计数			
				Q_D	CP	5421 码十进制计数			

功能说明如下：

(1)异步置 9：当 $S_{9(1)}$、$S_{9(2)}$ 均为高电平时，实现置 9 功能。可利用置 9 功能进行功能扩展。

(2)异步清零：当 $R_{0(1)}$、$R_{0(2)}$ 均为高电平时，$S_{9(1)}$、$S_{9(2)}$ 为低电平，实现清零功能。

(3)计数：当 $R_{9(1)} \cdot R_{9(2)}=0$，且 $R_{0(1)}=R_{0(2)}=0$ 时，电路为计数状态。计数方式有三种：

二进制计数，CP_A 为二进制计数脉冲输入端，Q_A 为二进制计数脉冲输出端。

五进制计数，CP_B 为五进制计数脉冲输入端，Q_D、Q_C、Q_B 为五进制计数脉冲输出端。

十进制计数，分两种情况，若计数脉冲从 CP_A 端输入，将 Q_A 与 CP_B 端相连接，输出按 8421 码的顺序计数，从高位到低位依次是 Q_D、Q_C、Q_B、Q_A。当计数脉冲从 CP_B 端输入时，将 Q_D 与 CP_A 端相连接，输出按 5421 码的顺序计数，从高位到低位依次是 Q_A、Q_B、Q_C、Q_D。构成这两种十进制的新国标逻辑电路连接如图 5.11 所示。

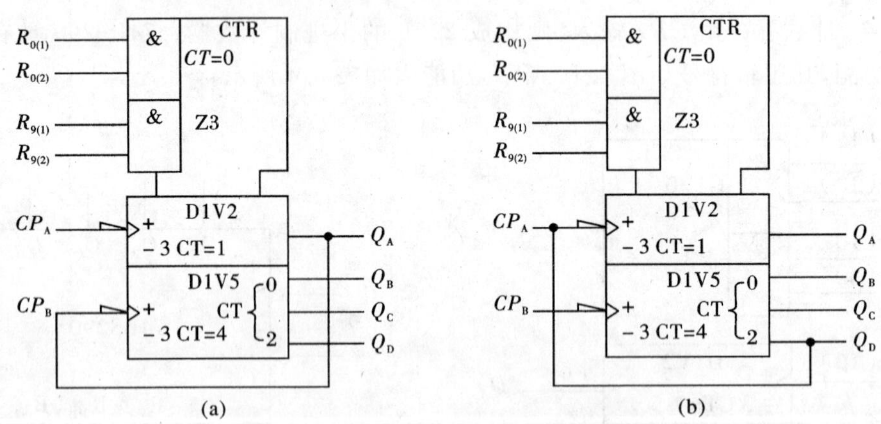

图 5.11　74LS290 构成十进制计数器

(a)8421BCD 十进制计数器；（b)5421BCD 十进制计数器

2)十进制可逆集成计数器 74LS192

74LS192 是 4 位同步、可预置双时钟十进制可逆计数器，逻辑符号及功能表如图 5.12 及表 5.5 所示。

CP_+ 和 CP_-：74LS192 为双时钟工作方式，CP_+ 是加计数时钟输入，CP_- 是减计数时钟输入，均为上升沿触发。

CR:异步清零端,高电平有效。

$\overline{LD}$:异步预置控制端,低电平有效。当 $CR=0$,$\overline{LD}=0$ 时,预置输入端 D,C,B,A 的数据送至输出端,即 $Q_DQ_CQ_BQ_A=DCBA$。

$\overline{Q_C}$:进位输出,加法计数时,进入1001状态后有负脉冲输出。

$\overline{Q_B}$:借位输出,减法计数时,进入0000状态后有负脉冲输出。

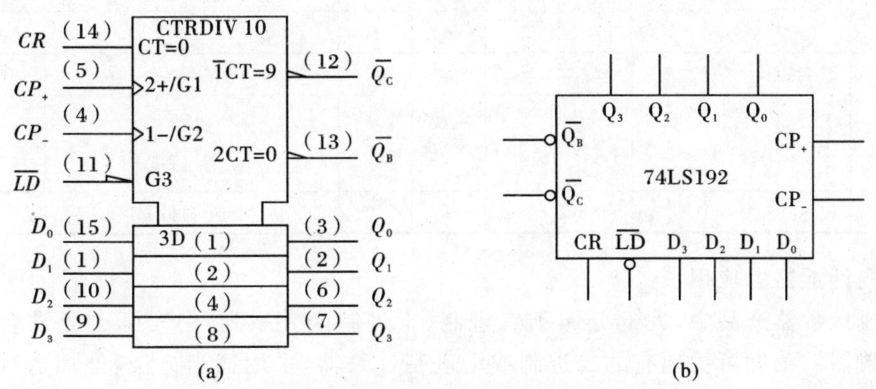

图5.12 同步十进制可逆计数器74LS192的逻辑符号

(a)国标符号; (b)常用符号

表5.5 74LS192的功能表

输	入							输	出				
CR	$\overline{LD}$	CP_+	CP_-	D_3	D_2	D_1	D_0	Q_3	Q_2	Q_1	Q_0	$\overline{Q_C}$	$\overline{Q_B}$
1	×	×	×	×	×	×	×	0	0	0	0	1	1
0	0	×	×	d_3	d_2	d_1	d_0	d_3	d_2	d_1	d_0		
0	1	1	1	×	×	×	×	保持					
0	1	↑	1	×	×	×	×	加计数				1	1
0	1	0	1	×	×	×	×	1	0	0	1	0	1
0	1	1	↑	×	×	×	×	减计数				1	1
0	1	1	0	×	×	×	×	0	0	0	0	1	0

功能说明如下:

(1)异步清零:当 $CR=1$ 时,不论其他输入如何,输出 $Q_3Q_2Q_1Q_0$ 为0000。

(2)异步并行置数:在 $CR=0$ 条件下,若 $\overline{LD}=0$,可将要预置的数据并行送到输出端,即 $Q_3Q_2Q_1Q_0=d_3d_2d_1d_0$。

(3)保持:当 $CR=0$、$\overline{LD}=1$、$CP_+=CP_-=1$ 时,输出保持原状态不变。

(4)加计数:当 $CR=0$、$\overline{LD}=1$、$CP_-=1$ 时,在 CP_+ 上升沿作用下对 CP_+ 进行加计数。

(5)减计数:当 $CR=0$、$\overline{LD}=1$、$CP_+=1$ 时,在 CP_- 上升沿作用下对 CP_- 进行减计数。

(6)进位、借位:进、借位输出常态均为1。在进行加计数时,当 $Q_3Q_2Q_1Q_0$ 计到1001时,要等到 CP_+ 由高电平回到低电平时 Q_C 才输出进位负脉冲;在进行减计数时,借位信号也和加计数的进位信号有相同的特性。根据时序图(略)可知,进位负脉冲 Q_C 的上升沿可作为高位计数器的 CP_+ 信号,借位信号 Q_B 的上升沿可作为高位计数器的 CP_- 信号。

3)8421BCD码同步加法计数器74LS160

74LS160 是前面介绍的二进制同步加法计数器 74LS161 的姐妹电路，除了计数为十进制外，其他功能都与 74LS161 一样，其逻辑图和引脚图与 74LS161 相同，其功能表如表 5.6 所示。

表 5.6　74LS160 的功能表

输入									输出	功能说明
CR	$\overline{LD}$	T_T	T_P	CP	D_3	D_2	D_1	D_0	Q_3　Q_2　Q_1　Q_0	
0	×	×	×	×	×	×	×	×	0　0　0　0	异步清零
1	0	×	×	↑	d_3	d_2	d_1	d_0	d_3　d_2　d_1　d_0	同步置数
1	1	0	×	×	×	×	×	×	保持	保持
1	1	×	0	×	×	×	×	×	保持	保持
1	1	1	1	↑	×	×	×	×	十进制计数	计数

3. 集成计数器的应用

在集成计数器产品中，大部分属于二进制、十进制两大系列，但实际上经常会用到其他进制的计数器。我们可用现有的二进制或十进制计数器，采用适当方法，外加适当的门电路制成其他进制的计数器。下面举例说明组成任意进制计数器的几种方法。

1）反馈归零法

利用计数器的置零功能可获得任意 N 进制计数器。集成计数器的置零方式有两种：同步和异步。

（1）异步清零法。异步清零法适用于具有异步清零端的集成计数器。由于异步清零与时钟脉冲 CP 没有任何关系，只要异步清零端出现清零有效信号，计数器便立即被清零。因此，在输入第 N 个计数脉冲 CP 后，通过控制电路产生一个清零信号加到异步清零端上，使计数器回零，则可获得 N 进制计数器。图 5.13 所示为用集成计数器 74LS161 和与非门组成的六进制计数器。74LS161 从 0000 状态开始计数，当输入第 6 个计数脉冲（上升沿）时，输出 $Q_3Q_2Q_1Q_0=0110$，与非门输出端变低电平，反馈给 $\overline{CR}$ 端一个清零信号，立即使 $Q_3Q_2Q_1Q_0$ 返回 0000 状态，接着与非门输出端变高电平，$\overline{CR}$ 端清零信号随之消失，74LS161 重新从 0000 状态开始新的计数周期，可见 0110 状态仅在极短的瞬间出现，为过渡状态。该电路的有效状态是 0000～0101，共 6 个状态，所以为六进制计数器。

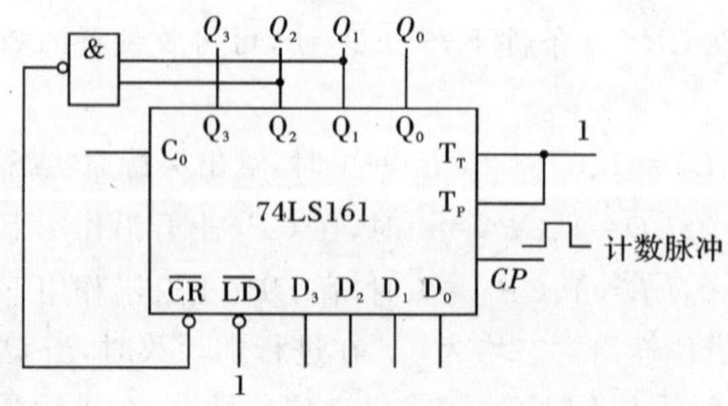

图 5.13　74LS161 异步清零法组成六进制计数器

（2）同步清零法。同步清零法适用于具有同步清零端的集成计数器。与异步清零不同，同步清零输入端获得有效信号后，计数器并不能立即清零，只是为清零创造条件，还需要再

输入一个计数脉冲 CP，计数器才能被清零。因此利用同步清零端获得 N 进制计数器时，应在输入第 $N-1$ 个计数脉冲 CP 时，使同步清零输入端获得清零信号，这样，在输入第 N 个计数脉冲 CP 时，计数器才被清零，从而实现 N 进制计数器。图 5.14 所示是集成计数器 74LS163 和与非门组成的六进制计数器。74LS163 与 74LS161 不同的是，它的清零端$\overline{CR}$为同步清零方式，由图可知，当 74LS163 从 0000 状态开始计数，输入第 5 个计数脉冲(上升沿)时，输出 $Q_3Q_2Q_1Q_0=0101$，与非门输出端变低电平，使$\overline{CR}$端有效，为清零作好准备，再输入下一个脉冲，即第 6 个脉冲(上升沿)时，使 $Q_3Q_2Q_1Q_0$ 返回 0000 状态，同时$\overline{CR}$端的有效信号消失，74LS163 重新从 0000 状态开始新的计数周期。

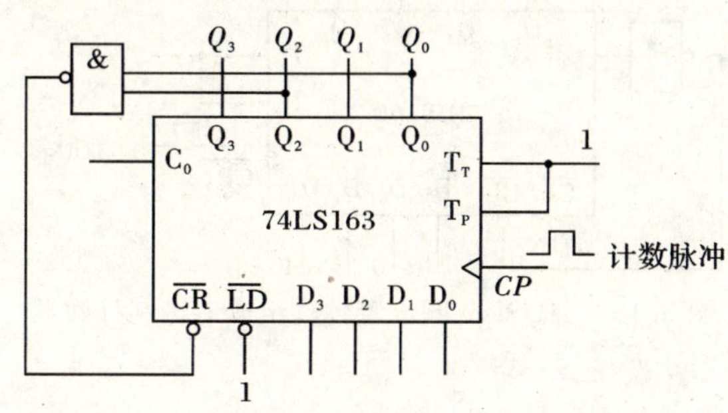

图 5.14　74LS163 同步清零法组成六进制计数器

2)预置数法

利用计数器的预置数功能也可获得 N 进制计数器，这时应将计数起始数据预先置入计数器。集成计数器的预置数也有两种方式：同步和异步。

(1)异步预置数法。异步预置数法适用于具有异步预置端的集成计数器。和异步清零一样，异步置数与时钟脉冲没有任何关系，只要异步置数控制端出现置数有效信号，并行输入的数据便立即被置入计数器的输出端。因此，异步置数控制端先预置一个初始状态，在输入第 N 个计数脉冲 CP 后，通过控制电路产生一个置数信号加到置数控制端上，使计数器返回到初始状态，即可实现 N 进制计数器。图 5.15 所示是集成计数器 74LS192 和与非门组成的六进制计数器。74LS192 是 4 位同步可逆计数器，具有异步预置数端$\overline{LD}$。

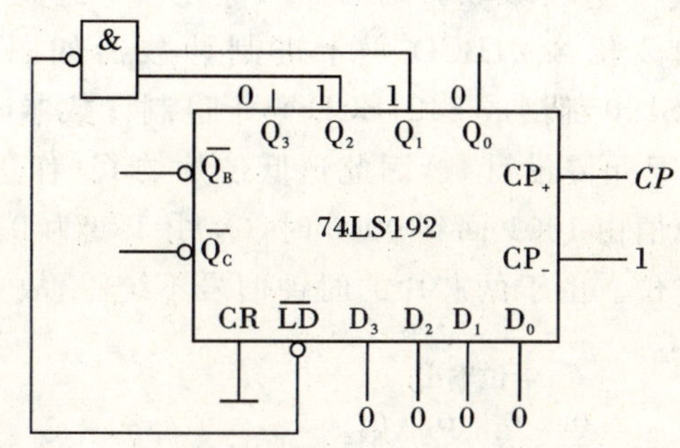

图 5.15　74LS192 异步置数法组成六进制计数器

由图可知，该电路已接成加法计数器，电路的预置数为 $D_3D_2D_1D_0=0000$，当输入第 6 个计数脉冲(上升沿)时，输出 $Q_3Q_2Q_1Q_0=0110$，与非门输出端变低电平，反馈给$\overline{LD}$端一个置数信号，立即使 $Q_3Q_2Q_1Q_0$ 置数为 $D_3D_2D_1D_0=0000$，接着与非门输出端变高电平，$\overline{LD}$端置数信号随之消失，74LS161 重新从 0000 状态开始新的计数周期，可见 0110 状态仅在极短的瞬间出现，为过渡状态。该电路的有效状态是 0000～0101，共 6 个状态，所以为六进制计数器。

(2)同步预置数法。同步预置数法适用于具有同步预置数端的集成计数器。方法与异步预置数法类似，不同的是，应在输入第 $N-1$ 个计数脉冲 CP 后，通过控制电路产生一个置

数信号，使置数控制端有效。然后再输入一个(第 N 个)计数脉冲 CP 时，计数器执行预置操作，重新将预置状态置入计数器，从而实现 N 进制计数器。图 5.16 所示是集成计数器 74LS160 和与非门组成的七进制计数器。74LS160 本身是 8421BCD 码加法计数器，具有同步预置数端。由图可知，电路的预置数为 $D_3D_2D_1D_0=0011$，当输入第 6 个 CP 脉冲后计数到 1001 状态时，进位输出端 $C_0=1$，$\overline{LD}=0$，在第 7 个 CP 脉冲到来，计数器执行预置操作，重新将 0011 状态置入计数器。同时使 $C_0=0$，$\overline{LD}=1$，新的计数周期又从 0011 开始。

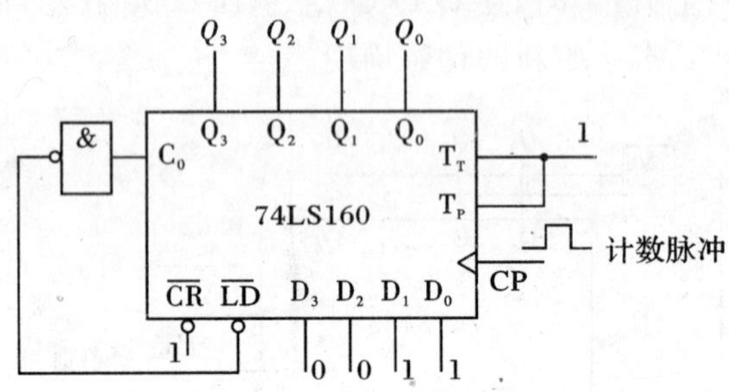

图 5.16　74LS160 同步置数法组成七进制计数器

3)级联法

计数器的级联是将两个或两个以上的集成计数器串接起来，以获得计数容量更大的计数器。一般集成计数器都设有级联用的输入端和输出端，只要正确连接这些级联端，就可获得所需进制的计数器。两个模 N 计数器级联，可实现最大模数 $N\times N$ 的计数器。

计数器的级联一般用低位片的进位/借位输出端和高位片的使能端或时钟端相连来实现。根据集成计数器进位/借位输出信号的类型，计数器常用的级联方式也有两种：同步和异步。

(1)异步级联。用两片二一五一十进制异步加法计数器 74LS290 采用异步级联方式组成的 2 位 8421BCD 码十进制计数器如图 5.17 所示，模为 $10\times10=100$。图中的两片 74LS290 都接成 8421BCD 码十进制计数器(Q_0 接到 CP_B)。由于 74LS290 没有进位信号，且为 CP 下降沿计数，因此选低位片的 Q_3 作进位信号，与高位片的 CP_A 端相连。当低位片的计数值由 1001 回到 0000 时，Q_3 由 1 变为 0，发一个进位脉冲下降沿给高位片的 CP_A 端，实现进位。由于两芯片的时钟信号不统一，故这种级联属异步级联。

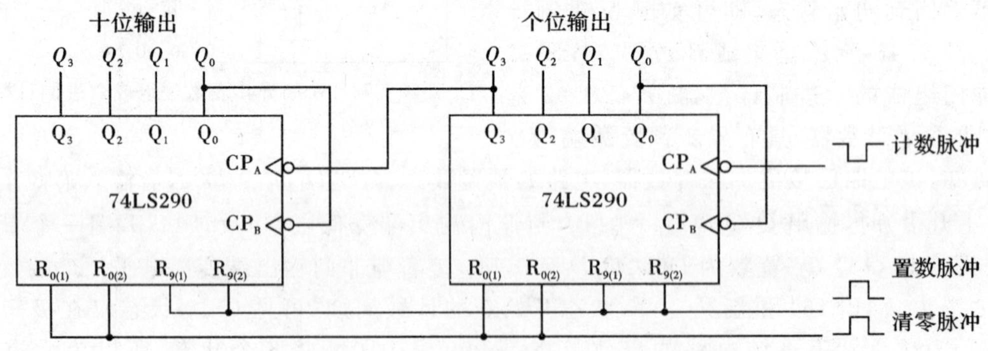

图 5.17　74LS290 异步级联组成 2 位 8421BCD 码十进制计数器

(2)同步级联。图 5.18 是用两片 4 位二进制加法计数器 74LS161 采用同步级联方式构成的 8 位二进制同步加法计数器，模为 $16\times16=256$。两芯片共用外部时钟脉冲和清零信

号。由于低位片的 $T_T=T_P=1$，因此总是工作在计数状态。而高位片的 T_T、T_P 接低位片的进位输出端 C_0。所以，只有当低位片计数到最大值 1111 时，$C_0=1$，使高位片的 $T_T=T_P=1$，满足计数条件，在下一个计数脉冲到来时，低位片回零，高位片加 1，实现了进位。由于两芯片共用外部时钟，在需要翻转时，两片同时翻转，所以称其为同步级联。

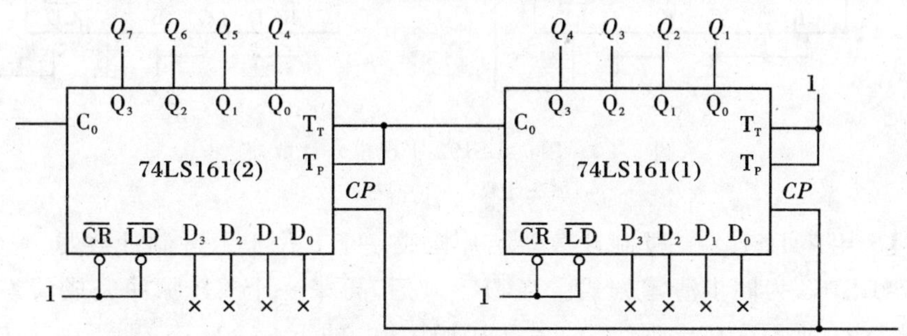

图 5.18　74LS161 同步级联组成 8 位二进制同步加法计数器

【例 5.1】 用 74LS161 芯片构成十进制计数器。

【解】 令 $\overline{LD}=T_T=T_P=$"1"，因为 $N=10$，其对应的二进制代码为 1010，将输出端 Q_3 和 Q_1 通过与非门接至 74LS161 的复位端 $\overline{CR}$，实现 N 值反馈清零法，电路如图 5.19 所示。

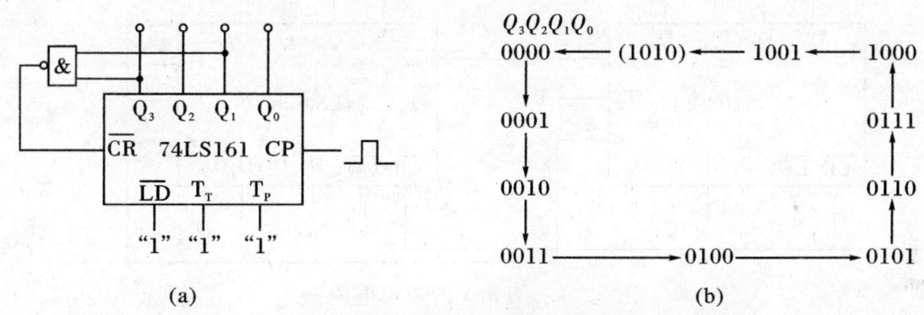

图 5.19　例 5.1 的逻辑电路图

(a)构成电路；(b)计数过程(即状态图)

当 $\overline{CR}=0$ 时，计数器输出复位清零。设初始状态 $Q_3Q_2Q_1Q_0=0000$，因 $\overline{CR}=\overline{Q_3Q_1}=1$，计数器开始加法计数。当第 10 个 CP 脉冲输入时，$Q_3Q_2Q_1Q_0=1010$，与非门的输出为 0，即 $\overline{CR}=\overline{Q_3Q_1}=0$，使计数器异步复位清零，立即回到初始状态，与非门的输出变为 1，即 $\overline{CR}=1$，计数器又开始重新计数。

【例 5.2】 用 74LS192 实现模 6 加法计数器和模 6 减法计数器。

【解】 由于 74LS192 为异步预置，最大计数值 $N=10$，加法计数时，进入 1001 状态后 O_C 有负脉冲输出，接到 $\overline{LD}$ 后立即预置初值。因此，加计数时预置值 $=N-M-1=10-6-1=3$，相应的预置输入端 $D_3D_2D_1D_0=0011$，0011～1000 共六个有效状态，如图 5.20(a)所示。减计数时，进入 0000 状态后 O_B 有负脉冲输出，接到 $\overline{LD}$ 后立即预置初值。因此，减计数时预置值 $M=6$，相应的预置输入端 $D_3D_2D_1D_0=0110$，0110～0001 共 6 个有效状态，其连接电路见图 5.20(b)。

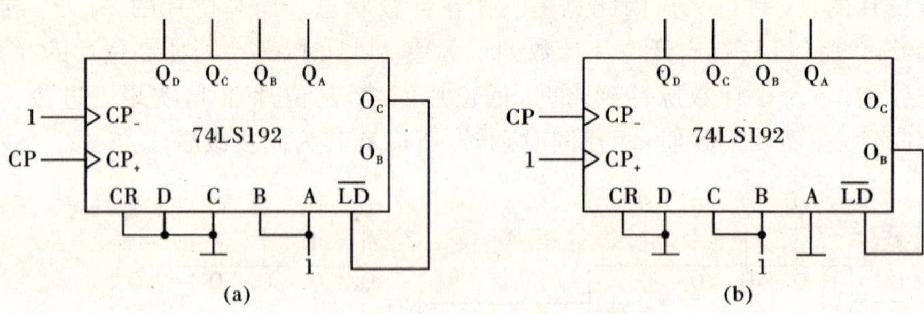

图 5.20　用 74LS192 实现模 6 计数器

(a)加法计数；（b)减法计数

【例 5.3】 用 74LS163 二进制计数器芯片构成一个 8 位十六进制计数器。

【解】 74LS163 为同步清零方式。当$\overline{CR}$＝0 后，再来一个 CP 脉冲完成清零，故采用同步清零，如图 5.21 所示。在出现$(85)_{10}=(01010101)_2$的下一个状态，即下一个 CP 到来时，计数器回到零。因此，只要将高位芯片 Q_2Q_0 和低位芯片 Q_2Q_0 组合为与非函数，作反馈清零信号就可以了。

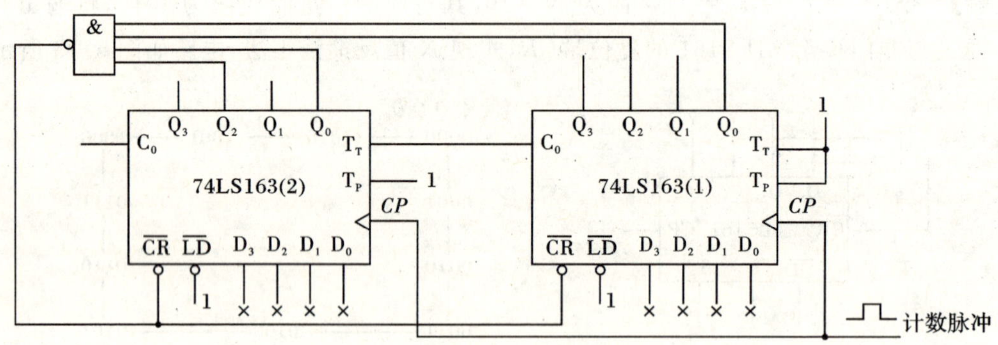

图 5.21　例 5.5 的逻辑电路图

【例 5.4】 某石英晶体振荡器输出脉冲信号的频率为 32 768 Hz，用 74LS161 组成分频器，将其分频为频率为 1 Hz 的脉冲信号。

【解】 因为 $32\,768=2^{15}$，经 15 级分频后，可获得频率为 1 Hz 的脉冲信号，因此将四片 74LS161 级联，从高位片(4)的 Q_2 输出即可，其逻辑电路图如图 5.22 所示。

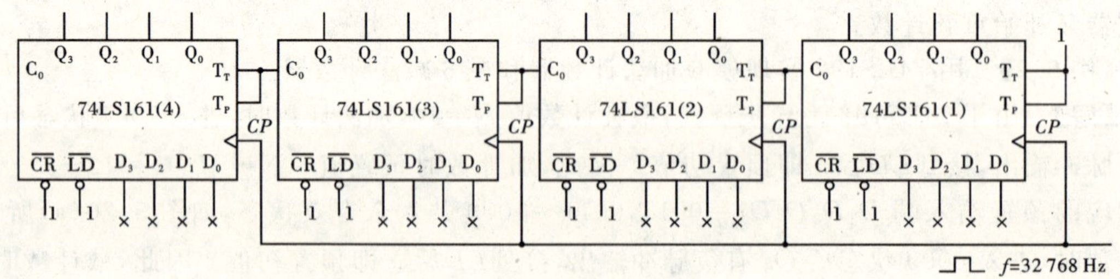

图 5.22　例 5.4 的逻辑电路图

实训

计数器的应用

1. 训练目的

(1)了解计数器的功能及特点。

(2)熟练掌握集成计数器的逻辑功能及应用。

(3)进一步掌握译码显示电路的应用。

2. 设备与器件

(1)数字电路实验装置　1台。

(2)万用表　1块。

(3)TTL集成计数器74LS161　1片。

(4)TTL二4输入与非门74LS00　1片。

(5)TTL数字显示译码器74LS48　1片。

(6)七段共阴极数码管　1个。

(7)导线　若干。

3. 训练内容及步骤

1)集成计数器逻辑功能测试

按图5.23在数字电路实验装置上接好电路图，并接好74LS161、74LS48及数码管的电源线和地线。将74LS161的T_T、T_P、$\overline{CR}$、$\overline{LD}$、$D_3 \sim D_0$分别接到实验装置的电平输入端，CP接到实验装置的脉冲输入端。按照表5.7所示的74LS161的功能表输入数据，观察数码管输出结果，并将输出结果填入功能表5.7的输出部分。

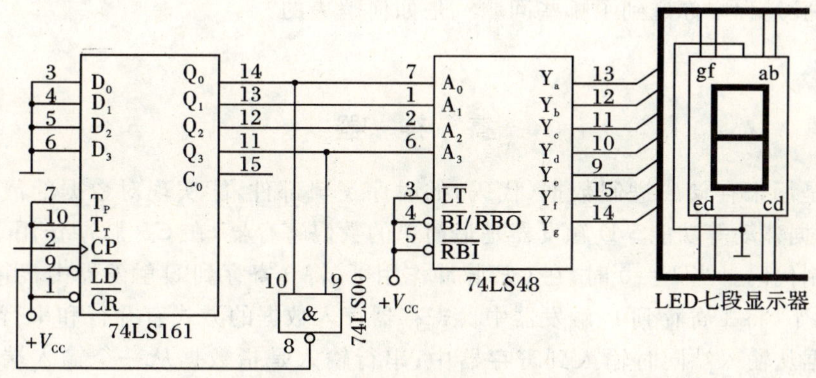

图5.23　计数译码显示电路连接图

表5.7　74LS161的功能测试表

输入									输出
$\overline{CR}$	$\overline{LD}$	T_T	T_P	CP	D_0	D_1	D_2	D_3	
0	×	×	×	×	×	×	×	×	
1	0	×	×	↑	D_0	D_1	D_2	D_3	
1	1	1	1	↑	×	×	×	×	
1	1	0	×	×	×	×	×	×	
1	1	×	0	×	×	×	×	×	

2)任意进制计数器的实现

(1)采用直接清零法,用 74LS161 和 74LS00 构成九进制计数器并测试其计数功能。要求画出电路连接图并写出计数过程(计数状态图)。

(2)采用预置数法,用 74LS161 和 74LS00 构成六进制计数器并测试其计数功能。要求画出电路连接图并写出计数过程(计数状态图)。

(3)采用进位输出置最小数法,用 74LS161 和 74LS00 构成八进制计数器并测试其计数功能。要求画出电路连接图并写出计数过程(计数状态图)。

4. 注意事项

(1)电源接通时,不得随意移动或插拔集成电路芯片,以避免引起过电流冲击而造成电路损坏。

(2)数字显示译码器和数码管需配套使用(同为共阴极或同为共阳极)。

5. 实训报告要求

(1)实验名称。

(2)实验目的。

(3)实验仪器的名称和型号。

(4)实验内容和步骤、逻辑图、实验接线图和实验数据。

(5)对实验中发生的故障现象进行分析,整理排除故障的措施。

(6)思考题的解答。

6. 思考题

(1)当$\overline{CR}$、$\overline{LD}$、T_T、T_P处于什么状态时,计数器 74LS161 处于加法计数状态?

(2)采用 74LS161 如何实现 100 进制以内计数器?

(3)在实验过程中你碰到了哪些问题?是如何解决的?

任务拓展

寄存器

寄存器是用来存储二进制数据(代码)的时序逻辑部件,能实现对数据的清除、接收、保存、输出和数据移动等功能。D 触发器是最简单的数码寄存器,在 CP 脉冲作用下,它能够寄存一位二进制代码。当 $D=0$ 时,在 CP 脉冲作用下,将 0 寄存到 D 触发器中;当 $D=1$ 时,在 CP 脉冲作用下,将 1 寄存到 D 触发器中。寄存器存入数据的方式有并行和串行两种。并行输入是指数据从输入端同时输入到寄存器中;串行输入是指数据从一个输入端逐位输入到寄存器中。

寄存器可分为锁存器、基本寄存器和移位寄存器三类。

1. 锁存器

锁存器是由电平触发器完成的,N 个电平触发器的时钟端连在一起,在 CP 作用下能接收 N 位二进制信息。图 5.24 是四位锁存器电路,可以寄存四位二进制数。当 CP 为高电平时,$Q_4Q_3Q_2Q_1$ 与 $D_4D_3D_2D_1$ 一致;当 CP 为低电平时,触发器状态保持不变,从而达到锁存数据的目的。

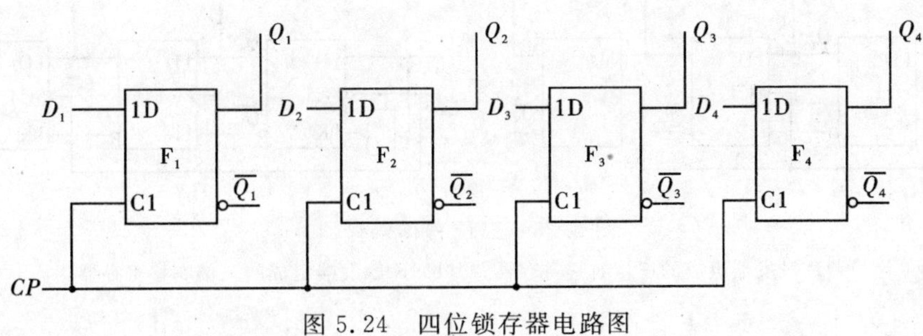

图 5.24　四位锁存器电路图

2. 基本寄存器

通常所说的寄存器均指基本寄存器。寄存器和锁存器的功能是一致的，其区别仅在于锁存器中用电平触发器，而寄存器中用边沿触发器。用哪一种电路寄存信息，取决于触发信号和数据之间的时间关系，若输入的有效数据稳定滞后于触发信号，则只能使用锁存器；若输入的有效数据的稳定先于触发信号，则采用基本寄存器。

图 5.25 是中规模集成四位寄存器 74LS175 的逻辑电路，表 5.8 为其功能表。该寄存器采用并行输入、并行输出方式。

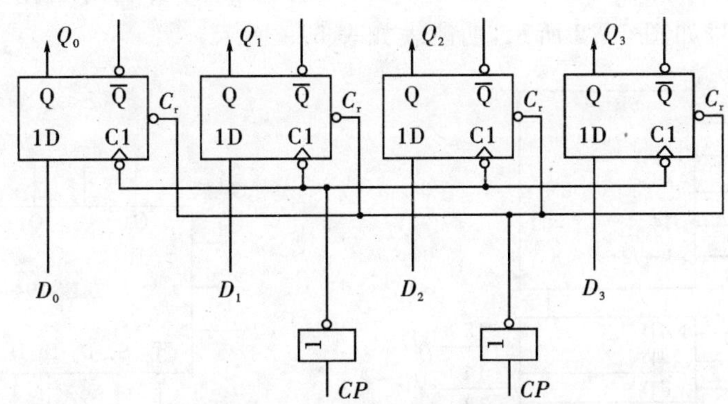

图 5.25　74LS175 逻辑电路表

表 5.8　74LS175 的功能表

C_r	CP	D	Q	$\overline{Q}$
0	×	×	0	1
1	↑	1	1	0
1	↑	0	0	1
1	0	×	保	持

3. 移位寄存器

移位寄存器具有数据的寄存和移位两个功能。若在时钟脉冲的作用下，寄存器中的数据依次向左移动一位，则称左移；如依次向右移动一位，称为右移。移位寄存器具有单向移位功能的称为单向移位寄存器；既可左移又可右移的称为双向移位寄存器。图 5.26 是三位右移寄存器电路图，图 5.27 是三位左移寄存器电路图。

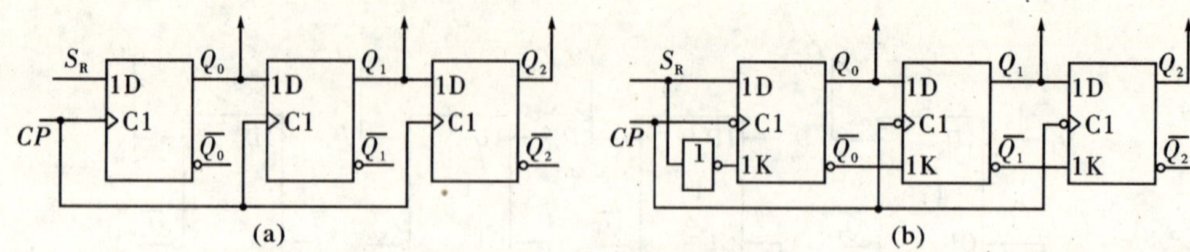

图 5.26　三位右移寄存器

(a)D 触发器组成的三位右移寄存器；(b)JK 触发器组成的三位右移寄存器

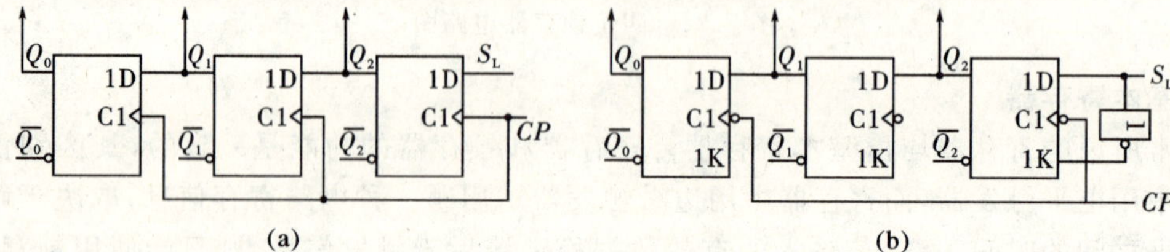

图 5.27　三位左移寄存器

(a)D 触发器组成的三位左移寄存器；(b)JK 触发器组成的三位左移寄存器

74LS194(CC40194)是四位双向多功能集成移位寄存器，可在时钟脉冲的上升沿实现左移、右移或并行送数等操作，也可以保持不变，具体功能的实现由工作方式控制端控制。74LS194 的逻辑符号如图 5.28 所示，功能表如表 5.9 所示。

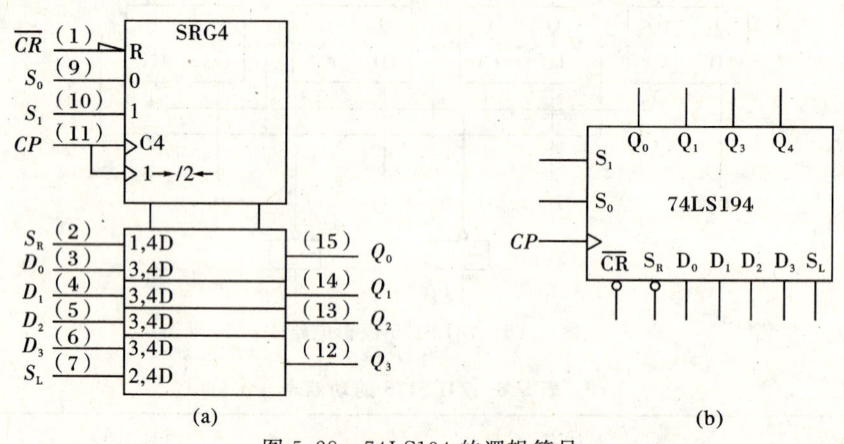

图 5.28　74LS194 的逻辑符号

(a)国际符号；(b)常用符号

表 5.9　74LS194 的功能表

功能	输入										输出			
	$\overline{CR}$	S_1	S_0	CP	S_L	S_R	D_0	D_1	D_2	D_3	Q_0	Q_1	Q_2	Q_3
清 0	0	×	×	×	×	×	×	×	×	×	0	0	0	0
保持	1	×	×	0	×	×	×	×	×	×	保持			
保持	1	0	0	↑	×	×	×	×	×	×	保持			
送数	1	1	1	↑	×	×	D_0	D_1	D_2	D_3	D_0	D_1	D_2	D_3
右移	1	0	1	↑	×	1	×	×	×	×	1	Q_0^n	Q_1^n	Q_2^n
	1	0	1	↑	×	0	×	×	×	×	0	Q_0^n	Q_1^n	Q_2^n
左移	1	1	0	↑	1	×	×	×	×	×	Q_1^n	Q_2^n	Q_3^n	1
	1	1	0	↑	0	×	×	×	×	×	Q_1^n	Q_2^n	Q_3^n	0

由表 5.9 可见,74LS194 有如下主要功能。

(1)置 0 功能:当$\overline{CR}=0$时,双向移位寄存器 74LS194 置 0,$Q_3Q_2Q_1Q_0$ 均为 0 状态。

(2)保持功能:当$\overline{CR}=1$、$CP=0$ 或$\overline{CR}=1$、$S_1S_0=00$ 时,双向移位寄存器 74LS194 保持原状态不变。

(3)并行送数功能:当$\overline{CR}=1$,$S_1S_0=11$ 时,在 CP 上升沿的作用下,双向移位寄存器 74LS194 具有同步并行送数功能,即输入端输入的数据 $D_3D_2D_1D_0$ 并行送入输出端 $Q_3Q_2Q_1Q_0$ 中。

(4)右移串行送数功能:当$\overline{CR}=1$,$S_1S_0=01$ 时,在 CP 上升沿的作用下,双向移位寄存器 74LS194 具有右移串行送数功能,S_R 输入端输入的数据依次送入双向移位寄存器 74LS194 输出端中。

(5)左移串行送数功能:当$\overline{CR}=1$,$S_1S_0=10$ 时,在 CP 上升沿的作用下,双向移位寄存器 74LS194 具有左移串行送数功能,S_L 输入端输入的数据依次送入双向移位寄存器 74LS194 输出端中。

4. 移位寄存器的应用

1)实现数据传输方式的转换

在数字电路中,数据的传送方式有串行和并行两种,而移位寄存器可实现数据传送方式的转换,既可将串行输入转换为并行输出,也可将并行输入转换为串行输出。如将两片 74LS194 进行级联,则扩展为八位双向移位寄存器,如图 5.29 所示。其中,第一片的 S_R 端是八位双向移位寄存器的右移串行输入端,第二片的 S_L 端是八位双向移位寄存器的左移串行输入端,$D_7 \sim D_0$ 为并行输入端,$Q_7 \sim Q_0$ 为并行输出端。

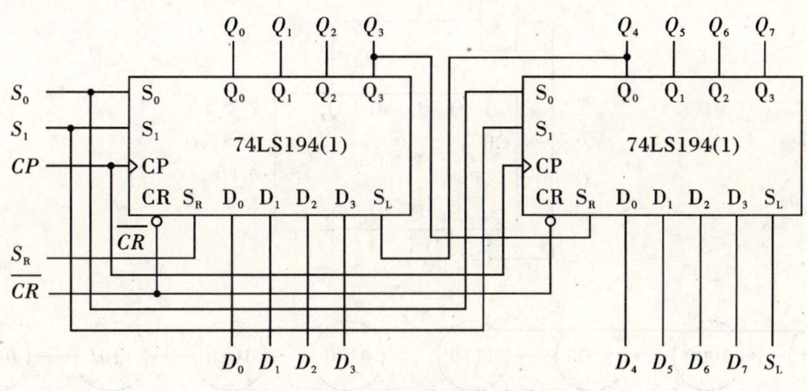

图 5.29 八位双向移位寄存器

2)构成移位型计数器

(1)自启动环型计数器。图 5.30(a)是由 74LS194 构成的四位自启动环型计数器,它利用 74LS194 的预置功能,并进行全 0 序列检测,有效地消除了无效循环,其完全状态图如图 5.30(b)所示。

环型计数器结构很简单,其特点是每个时钟周期只有一个输出端为 1(或 0),因此可以直接用环型计数器的输出作为状态输出信号或节拍信号,不需要再加译码电路。但它的状态利用率低,n 个触发器或 n 位移位寄存器只能构成 $M=n$ 计数器,有(2^n-n)个无效状态。

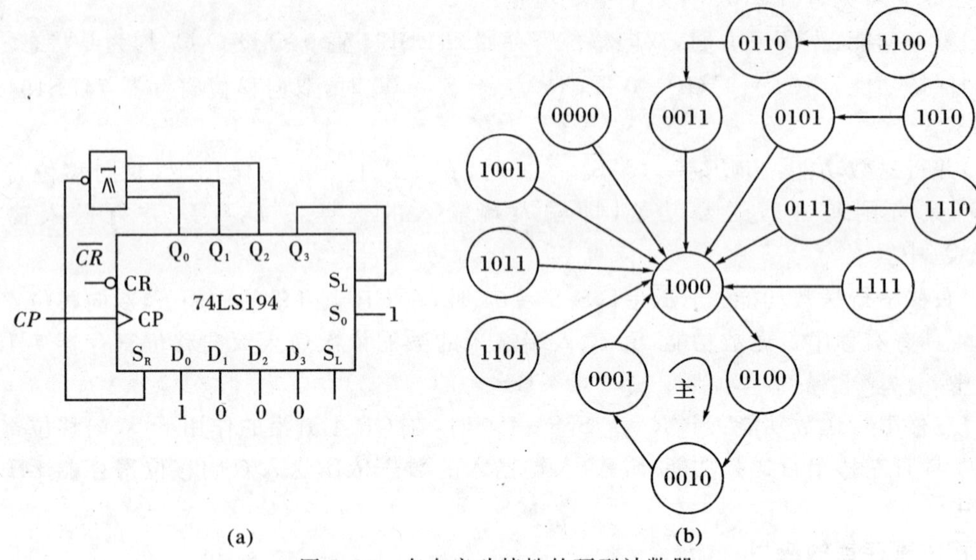

图 5.30　有自启动特性的环型计数器

(a)逻辑电路；(b)完全状态图

(2)扭环计数器。n 位扭环计数器由 n 位移位寄存器组成，n 位移位寄存器可以构成 $M=2n$ 计数器，无效状态为(2^n-2n)个。扭环计数器的状态按循环码的规律变化，即相邻状态之间仅有一位代码不同，译码电路也比较简单。图 5.31 是由 74LS194 构成的四位扭环计数器和它的状态图，它有一个无效循环，不能自启动。

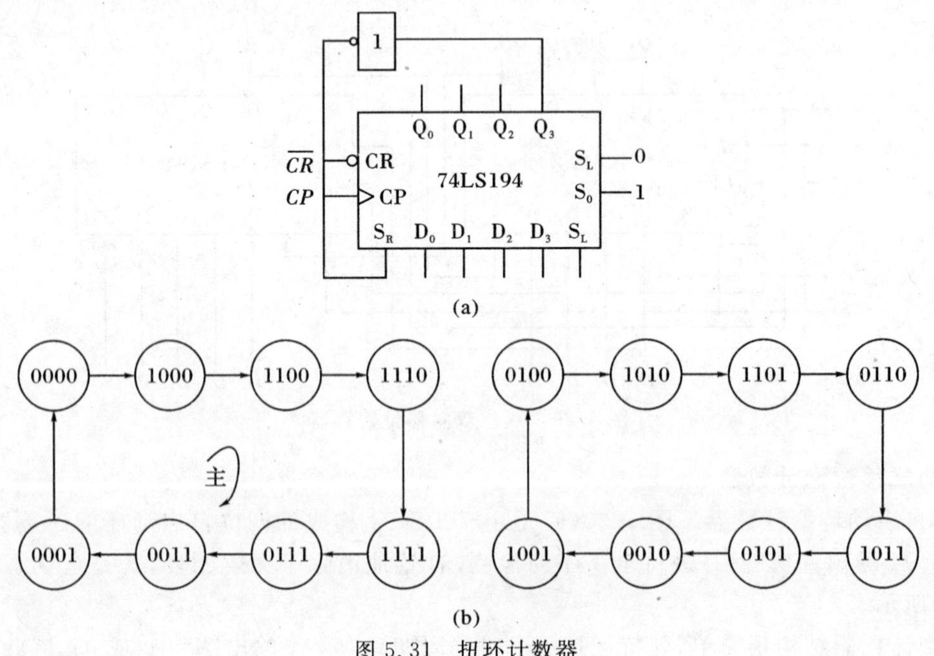

图 5.31　扭环计数器

(a)逻辑电路；(b)完全状态图

任务2 时钟脉冲电路设计

【任务目标】

(1)了解555定时器的工作原理。
(2)掌握矩形波产生电路的工作原理及应用。
(3)掌握单稳态触发器的工作原理及应用。
(4)掌握施密特触发器的工作原理及应用。
(5)掌握分频器的使用方法。

在数字电路或系统中,除了有数字信号“1”和“0”以外,一般还存在同步脉冲控制信号(CP 信号),例如时钟脉冲、控制过程的定时信号等,它是具有一定幅度和频率的矩形波。这些脉冲波形的获取通常采用两种方法:一种是利用脉冲信号产生器直接产生;另一种则是通过对已有信号进行变换,将不理想的波形变换成所要求的矩形波,使之满足系统的要求。在产生矩形波的电路中,这里主要介绍555IC定时器和石英晶体振荡器。在整形电路中,主要介绍单稳态触发器和施密特触发器。

一、矩形波产生电路

振荡器主要用来产生时钟信号,是各种数字(计算机)系统中最基本的电路。它是一种自激电路,在接通电源后,不需要外加触发信号,便能自动产生连续的矩形脉冲输出。所谓多谐振荡器实际就是方波发生器,因其含有丰富的谐波,故称之为多谐振荡器。多谐振荡器通常用集成门电路外接反馈及稳频电路组成,在一些计算机系统(如单片机)中通常将振荡电路集成到芯片内,外部仅需接一个晶振及两个电容即可。

1. 由555定时器构成的多谐振荡器

555定时电路是目前应用十分广泛的一种器件,它是一种产生时间延迟和多种脉冲信号的电路,有TTL集成定时电路和CMOS集成定时电路两类,功能和引脚排列完全一样,只是前者的驱动能力大于后者。我们以CMOS集成定时器CC7555为例进行介绍。

1)555定时器的基本组成

555定时电路主要由3个5kΩ电阻组成的分压器、两个高精度电压比较器、一个基本RS触发器、一个作为放电通路的三极管及输出驱动电路组成,其电路结构和引脚如图5.32所示。

(1)分压器:分压器由3个5kΩ电阻组成,它为两个电压比较器提供基准电平。当5脚悬空时,电压比较器A的基准电平为 $2/3U_{DD}$,比较器B的基准电平为 $1/3U_{DD}$。

(2)比较器:比较器A、B是两个完全相同的高精度电压比较器。A的输入端为引脚6,当 $U_6>2/3U_{DD}$ 时,A端输出为高电平,即逻辑“1”;当 $U_6<2/3U_{DD}$ 时,A输出为低电平,即逻辑“0”。B的输入端为引脚2,当 $U_2>1/3U_{DD}$ 时,B输出为低电平,即逻辑“0”;当 $U_2<1/3U_{DD}$ 时,B的输出为高电平,即逻辑“1”。A、B的输出直接控制基本RS触发器的动作。

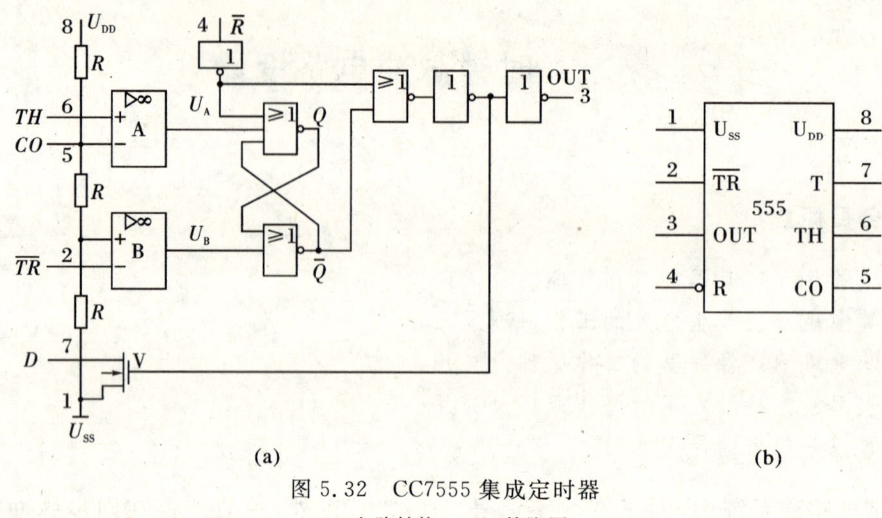

图 5.32 CC7555 集成定时器

(a)电路结构；(b)管脚图

(3)基本 RS 触发器：由图可看出，$U_A=0,U_B=0$，触发器处于维持状态；$U_A=1,U_B=0$，触发器为置“0”状态，$Q=0$；$U_A=0,U_B=1$，触发器为置“1”态，$Q=1$；$U_A=1,U_B=1$ 为非法状态，不允许出现。

(4)开关放电管和输出缓冲级：放电管 V 是 N 沟道增强型场效应管，其控制栅为 0 电平时截止，为 1 时导通。两级反相器构成输出缓冲级。

2)555 定时器的工作原理

CC7555 的功能如表 5.10 所示。

表 5.10 CC7555 的功能表

阈值输入 $TH(U_6)$	触发输入 $\overline{TR}(U_2)$	复位 $\overline{R}$	输出 OUT	放电管 V
X	X	0	0	导通
$>2/3U_{DD}$	$>1/3U_{DD}$	1	0	导通
$<2/3U_{DD}$	$>1/3U_{DD}$	1	保持	保持
$<2/3U_{DD}$	$<1/3U_{DD}$	1	1	关断

(1)当输入 $TH>2/3U_{DD}$，$\overline{TR}>1/3U_{DD}$ 时：$U_+>U_-$，比较器 A 输出为 $U_A=1$，$U_+<U_-$，比较器 B 输出 $U_B=0$，基本 RS 触发器输出 $Q=1$，此信号使输出 OUT=0，V 导通。

(2)当输入 $TH<2/3U_{DD}$，$\overline{TR}>1/3U_{DD}$ 时：比较器 A 输出为 $U_A=0$，比较器 B 输出 $U_B=0$，因而 RS 触发器保持原态不变。

(3)当输入 $TH<2/3U_{DD}$，$\overline{TR}<1/3U_{DD}$ 时：比较器 A 输出为 $U_A=0$，比较器 B 输出 $U_B=1$，基本 RS 触发器输出 $Q=0$，此信号使输出 OUT=1，V 截止。

(4)$\overline{R}$ 是复位端，当 $\overline{R}=0$ 时，经反相后将或非门封锁，此时不论 TH、$\overline{TR}$ 为何值，输出为 0，即 $Q=0$，输出 $U_o=0$，V 导通。正常工作时一般应将 $\overline{R}$ 端接高电平。

(5)改变 5 脚的接法可改变比较器 A、B 的基准电平，如 5 脚通过电阻 10kΩ 接地，则基准电平分别为 $1/2U_{DD}$ 和 $1/4U_{DD}$。5 脚也可外接控制电压，则可改变两个基准电平；不加控制电压时，该引脚不可悬空，一般要通过一个 0.01～0.1μF 电容接地，以防止干扰信号影响 5 脚电压值。

CC7555 是 CMOS 电路，因而器件功耗小，输入阻抗极高，且电源电压范围较宽，可在

3～18V 内正常工作。但其输入电压不可超过 U_{DD}。

3)由 555 定时器构成的多谐振荡器

由 555 定时器构成的多谐振荡器电路结构和输入输出波形如图 5.33 所示。

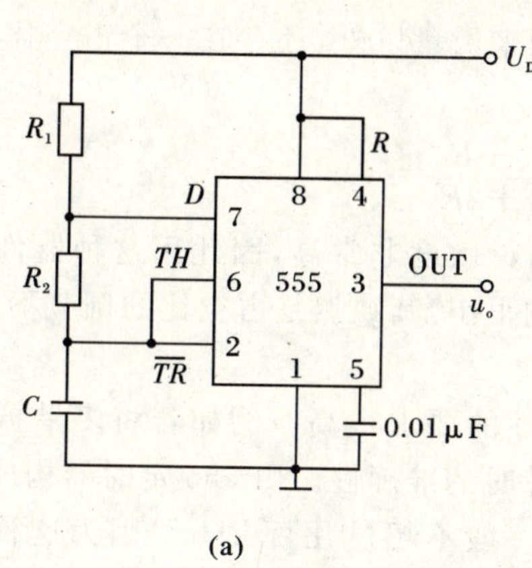

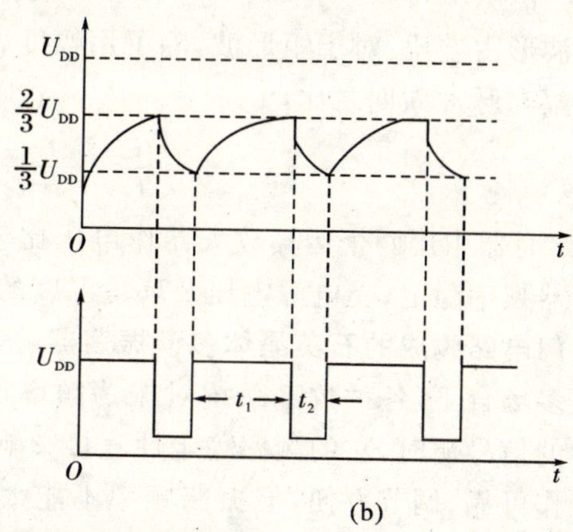

图 5.33　由 555 定时器构成的多谐振荡器

(a)电路；（b)输入输出波形

(1)起始状态：接通电源前，电容初始电压为零，接通电源瞬间，因电容两端电压不能突变，则有 $U_{TH}=U_{\overline{TR}}=U_C=0<\frac{1}{3}U_{DD}$，OUT＝"1"，V 截止，放电端 D 与接地端 1 断路。

(2)暂态 1：接通电源后，上述 OUT＝"1"，V 截止，放电端 D 与接地端 1 断路。则直流电源通过电阻 R_1、R_2 向电容 C 充电，电容电压开始上升，充电时间常数为 $t_1=(R_1+R_2)C$。

(3)状态自动翻转：随着电容 C 不断充电，电容两端电压不断上升，当电容两端电压 $U_C\geqslant\frac{2}{3}U_{DD}$ 时，$U_{TH}=U_{\overline{TR}}=U_C\geqslant\frac{2}{3}U_{DD}$，则 OUT＝"0"，V 导通，放电端 D 与接地端 1 导通，电路输出自动由"1"态跳变到"0"态。

(4)暂态 2：OUT＝"0"后，V 导通，放电端 D 与接地端 1 导通，由于充电电流从放电端 D 入地，电容不再充电，反而通过电阻 R_2 和放电端 D 向地放电，电容电压开始下降，放电时间常数为 $t_2=R_2C$。

(5)状态自动翻转：随着电容 C 不断放电，电容两端电压不断下降，当电容两端电压 $U_C\leqslant\frac{1}{3}U_{DD}$ 时，$U_{TH}=U_{\overline{TR}}=U_C\leqslant\frac{1}{3}U_{DD}$，则输出就由 OUT＝"0"变为 OUT＝"1"，V 截止，放电端 D 由接地变为与地断路，电路输出自动由"0"态跳变到"1"态。

(6)电源通过 R_1、R_2 重新向 C 充电，重复上述(2)～(5)过程，这样电路就会在两个暂态之间来回振荡翻转，输出端就产生了矩形脉冲波形。

电路充电时间：即电容两端电压从 $\frac{1}{3}U_{DD}$ 上升到 $\frac{2}{3}U_{DD}$ 所需的时间，

$$t_1\approx0.7(R_1+R_2)C$$

电路放电时间：即电容两端电压从 $\frac{2}{3}U_{DD}$ 下降到 $\frac{1}{3}U_{DD}$ 所需的时间，

$$t_2\approx0.7R_2C$$

电路振荡周期：

$$T = t_1 + t_2 \approx 0.7(R_1 + 2R_2)C$$

电路震荡频率：

$$f = \frac{1}{T} = \frac{1.43}{(R_1 + 2R_2)C}$$

输出波形占空比：对于矩形波，除了用幅度、周期来衡量以外，还存在一个占空比参数 q，即脉冲宽幅与脉冲周期之比，

$$q = \frac{t_1}{T} = \frac{t_1}{t_1 + t_2} = \frac{R_1 + R_2}{R_1 + 2R_2}$$

555 定时器中用两个运算放大器作电压比较器，灵敏度非常高，因此用这种器件构成的多谐振荡器频率稳定，受电源电压及环境温度的影响很小，其缺点是占空比的调节不灵活。

2. 由门电路构成的石英晶体多谐振荡器

在很多场合下，各种数字系统对振荡频率稳定性的要求很高。例如若将多谐振荡器作为数字钟的信号源时，它的频率稳定性直接影响着计时的准确性。由 555 定时器构成的多谐振荡器工作可靠，调节方便，但振荡频率不能太高，一般不超过几百 kHz。因为这种电路是靠电容充放电形成的，而充放电又是按指数规律进行的，所以器件受到干扰便会影响振荡周期。在频率要求高，对频率稳定性要求更高的场合，一般的 *RC* 多谐振荡器难以满足要求。目前普遍采用的一种稳频方法是在多谐振荡器电路中接入石英晶体，组成石英晶体多谐振荡器。

石英晶体 J 相当于一个高 Q(品质因数)选频网络。在石英晶体两端加不同频率的电压信号，则石英晶体表现出不同的阻抗值：只有频率为 f_0 时，石英晶体的阻抗最小(接近零)，晶体两边的信号最容易通过；频率大于 f_0，晶体表现为电感性阻抗；频率小于 f_0，晶体表现为电容性阻抗。石英晶体的阻抗频率特性如图 5.34(a)所示，图 5.34(b)是石英晶体的符号。

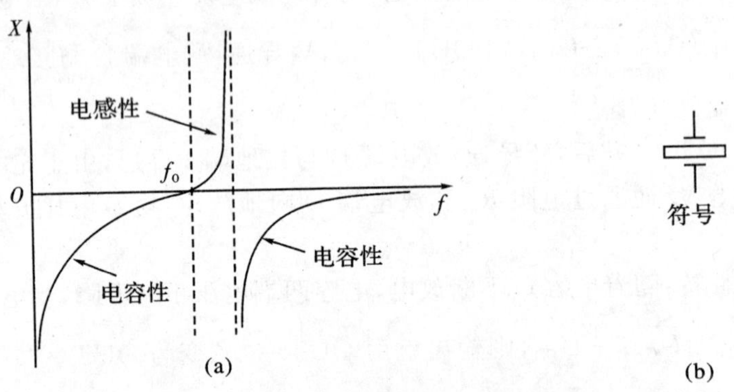

图 5.34 石英晶体的阻抗频率特性和符号

(a) 阻抗频率特性；(b) 符号

图 5.35 为由门电路组成的石英晶体振荡器。电路中，两反向器均工作于放大状态(而不是开关状态)，这是由反馈电阻 R_F 来实现的。由图中两反向器的连接方式，显然可看出电路处于正反馈状态。只要电路中有微小的电压扰动，就会被正反馈回路放大而引起振荡。将石英晶体接入多谐振荡器的正反馈环路后，频率为 f_0 的电压信号最容易通过它，并在电路中形成正反馈，而其他频率信号经过石英晶体时被衰减。因此，振荡器的工作频率必然为 f_0。

由此可见，石英晶体多谐振荡器的振荡频率取决于石英晶体的固有谐振频率 f_0，而与外接电阻、电容无关。在图 5.35 中，若采用 TTL 电路 7404 作为反向器，$R_F = 1\text{k}\Omega$，$C =$

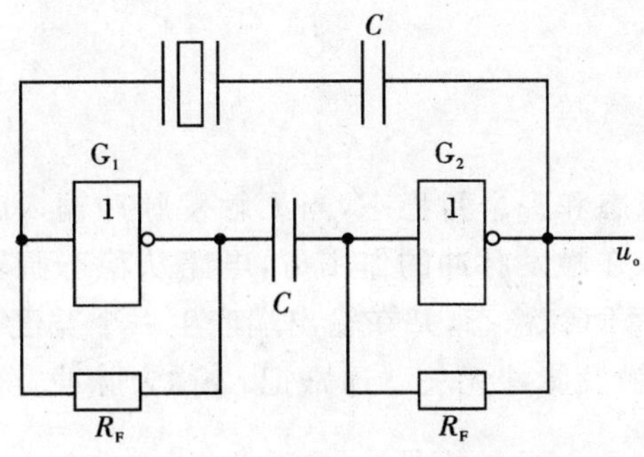

图 5.35　石英晶体多谐振荡器

0.05μF，其振荡频率可达几十兆赫兹。此电路为对称式石英晶体多谐振荡器，亦可接成非对称式石英晶体多谐振荡器。

3. 由 CD4060 构成的晶体振荡器及应用

CD4060 内部含有振荡电路及计数器，仅需外接晶体与电容即可构成振荡器。图 5.36 为其在数字钟电路中的应用。因为数字钟的精度主要取决于时间标准信号的频率及其稳定度，所以要产生稳定的时标信号，一般是采用石英晶体振荡器。从数字钟的精度考虑，晶振频率愈高，钟表的计时准确度就愈高。但这会使振荡器的耗电量增大，分频器的级数也要增多。所以在确定频率时应当考虑这两方面的因素。我们选用了成型数字钟中使用的石英晶体频率 $f_0=32\,768$ Hz，因其易购买，体积小，成本低。

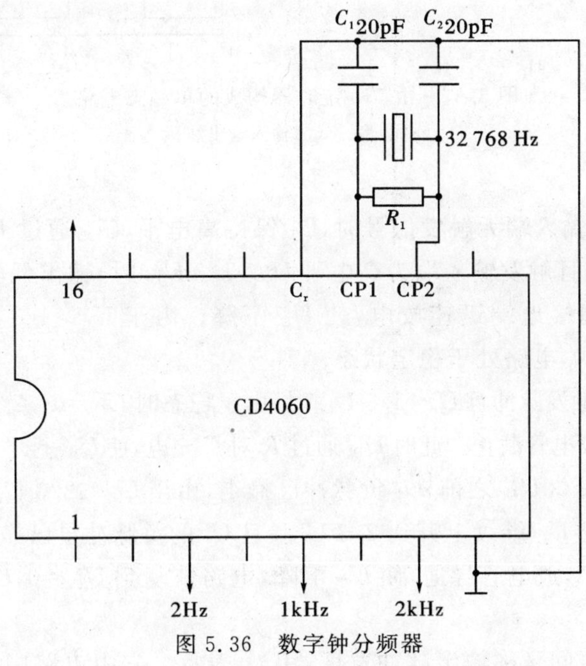

图 5.36　数字钟分频器

上述振荡器产生的时钟信号频率很高，要使它变成能用来计时的“秒”信号，需要一定级数的分频电路，石英晶体振荡器产生的 32 768 Hz 的时钟信号，级过 15 级的二分频即可得到周期为一秒的“秒”信号。由于该芯片内部集成了计数器，故可完成分频任务，见图 5.37。读者可实际实验并测试。

二、矩形波整形电路

1. 单稳态触发器

单稳态触发器有一个稳态和一个暂稳态，当无触发脉冲输入时，单稳态触发器处于稳定状态；当外界有触发脉冲时，在触发脉冲的作用下，电路从稳态翻转到暂稳态，然后在暂稳态停留一段时间 t_w 后又自动返回到稳态，并在输出端产生一个宽度为 t_w 的矩形脉冲。t_w 只与电路本身的参数有关，而与触发脉冲无关。通常把 t_w 称为脉冲宽度。图 5.37(a)为由 555 芯片构成的单稳态电路。

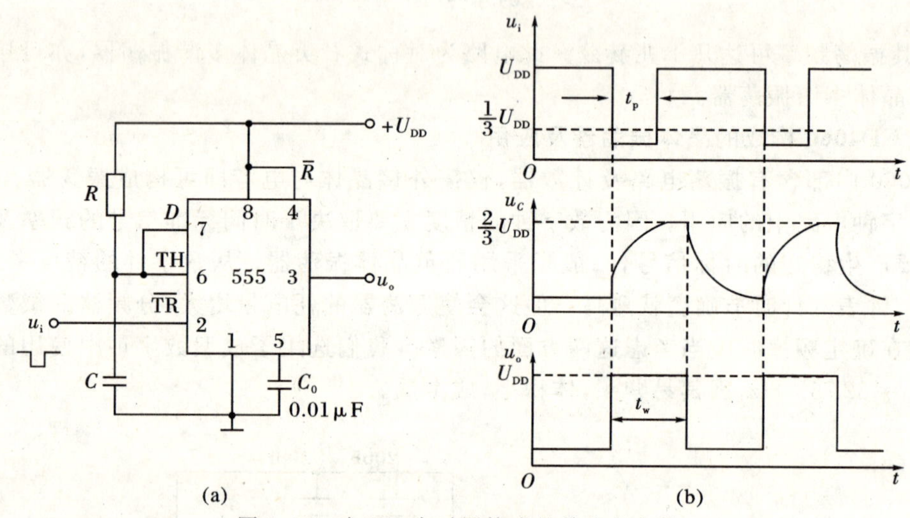

图 5.37　由 555 定时器构成的单稳态电路

(a)电路；　(b)输入输出波形

1) 工作原理

(1)当电源接通且输入端无触发信号时，U_i 保持高电平，U_{DD}通过 R 对 C 充电，使 U_C 上升。当上升到 2/3 U_{DD}且触发输入端为高电平 $U_i>1/3\ U_{DD}$时，输出低电平 $U_o=0$，晶体三极管导通，电容通过 7 端接地端迅速放电，使 U_C 下降。由于 $U_i>1/3\ U_{DD}$，电容放电，直到 $U_C=0$，仍能保持 $U_o=0$，电路处于稳定状态。

(2)当输入端加负触发脉冲且 $U_i<1/3\ U_{DD}$时，由于稳态时 $U_C=0<2/3\ U_{DD}$，故输出端 U_o 由低电平跳变为高电平，放电管截止。此时 U_{DD}通过 R 对 C 充电，使 U_C 上升，电路进入暂稳态。

(3)在 U_C 未升到 2/3 U_{DD}之前，U_i 负脉冲已撤走，由于 $U_C<2/3\ U_{DD}$，$U_i>1/3\ U_{DD}$，其输出仍保持不变。只有当 U_C 继续上升到 2/3 U_{DD}，且 U_i 的负脉冲早已撤走，输出端 U_o 才由高电平自动翻转到低电平，放电管导通，使 U_C 下降，电路恢复到 $U_C=0$，$U_o=0$ 稳定状态，其波形如图 5.37(b)所示。

暂稳状态持续的时间又称输出脉冲宽度，用 t_w 表示。它由电路中电容两端的电压来决定，可以用三要素法求得 $t_w\approx1.1RC$。详细计算可参阅有关书籍。

只有当触发器处于稳定状态时，输入的触发脉冲才起作用，即当一个触发脉冲使单稳态触发器进入暂稳定状态以后，t_w 时间内的其它触发脉冲对触发器不起作用。

对输入脉冲的要求：输入必须是脉冲宽度小于 t_w 的窄的负脉冲，因为当输入脉冲宽度小

于 t_w 时，输出正脉冲宽度 t_w 是恒定的，它只与外接电阻 R 和电容 C 有关。当输入负脉冲宽度大于 t_w 时，则输出正脉冲宽度不再是恒定的 t_w，而随 u_i 变宽，这种情况应当避免。

2）单稳态电路的应用

单稳态电路在数字系统中经常用于脉冲波形的定时、延时和整形。

(1)单稳态触发器与继电器或驱动放大电路配合，可实现自动控制、定时开关的功能。一个典型定时电路如图 5.38 所示。当电路接通＋6V 电源后，经过一段时间进入稳定状态，定时器输出为低电平，继电器 KA(当继电器无电流通过时，常开触点处于开路状态)无通过电流，故形不成导电回路，灯泡 HL 不亮。当按下按钮 SB 时，低电平触发端 TR(外部信号输入端 U_i)由接＋6V 电源变为接地，相当于输入一个负脉冲，使电路由稳定状态转入暂稳状态，输出为高电平，继电器 KA 通过电流，使常开触点闭合，形成导电回路，灯泡 HL 发亮。暂稳定状态的出现时刻是由按钮 SB 何时按下决定的，它的持续时间 t_w(也是灯亮时间)则是由电路参数决定的，若改变电路中的电阻 R_w 或 C，均可改变 t_w。

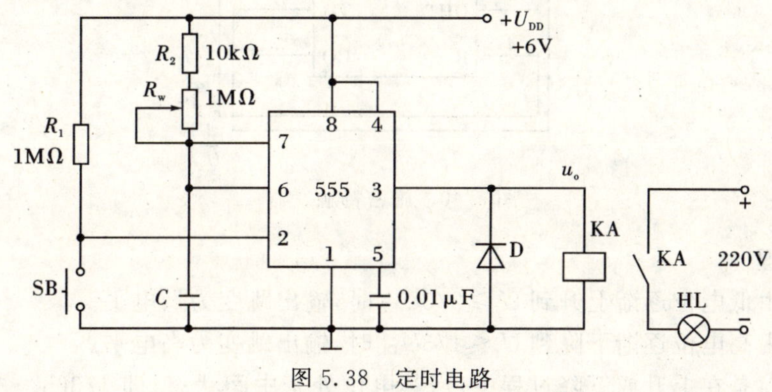

图 5.38　定时电路

(2)典型延时电路如图 5.39 所示，电路中的继电器 KA 用常开触点，二极管 D 的作用是限幅保护。

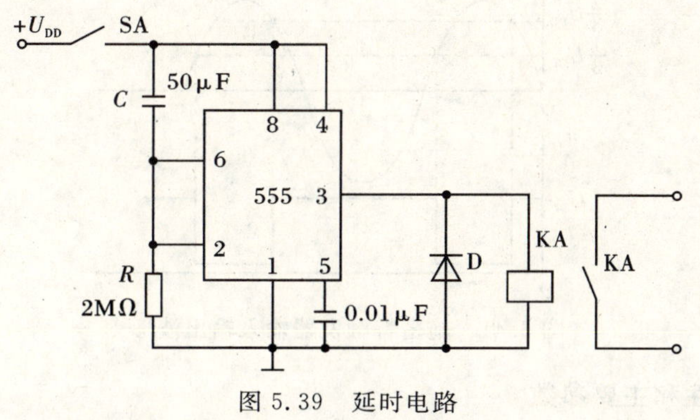

图 5.39　延时电路

电源接通之前，电容两端电压为零。开关 SA 闭合，直流电源接通，555 定时器开始工作，因电容两端电压不能突变，而 $U_{DD}=U_C+U_R$，所以 $U_{TH}=U_{\overline{TR}}=U_R=U_{DD}-U_C=U_{DD}$，OUT＝“0”，继电器常开触点不动。同时电源开始经 R 向电容充电，电容两端电压不断上升，电阻两端电压对应下降，当 $U_C\geqslant\frac{2}{3}U_{DD}$，即 $U_{TH}=U_{\overline{TR}}=U_R\leqslant\frac{1}{3}U_{DD}$ 时，OUT＝“1”，继电器常

开触点闭合;电容充电至 $U_C=U_{DD}$ 时结束,此时电阻两端电压为零,电路输出 OUT 保持为"1"。从开关 SA 按下到继电器 KA 闭合这段时间称为延时时间。

2. 施密特触发器

施密特触发器是一种将边沿变化缓慢的电压波形整形为边沿陡峭的矩形脉冲的电路,具有滞回特性,抗干扰能力很强。它可以将符合特定条件的输入波形变为对应的矩形波,这个特定条件是:输入信号的最大幅度 U_{max} 要大于施密特触发器中 555 定时器的参考电压 U_{R1}。施密特触发器有两个稳态:一个稳态输出高电平,另一个稳态输出低电平。但这两个稳态要靠输入信号电平来维持。图 5.40 为由 555 定时器构成的施密特触发器。

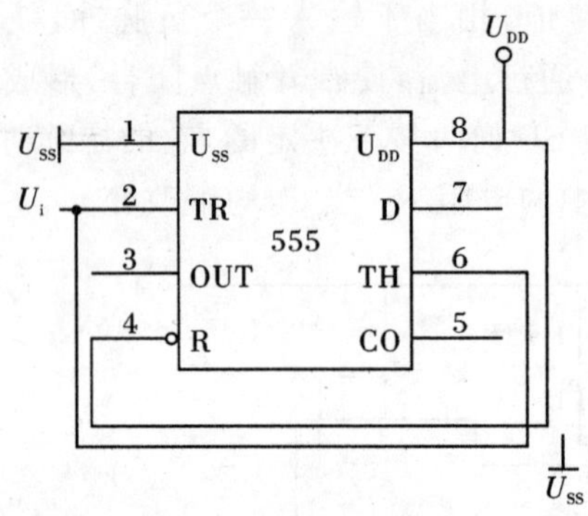

图 5.40 施密特触发器

1)工作原理

(1)当 U_i 由低电位逐渐上升到 $U_i \geqslant 2/3U_{DD}$ 时,输出跳变为低电平。

(2)当 U_i 由高电位逐渐下降到 $U_i \leqslant 1/3U_{DD}$ 时,输出跳变为高电平。

(3)无论 U_i 是在上升或下降过程中,当其电位处于中间状态,即 $1/3U_{DD}<U_i<2/3\ U_{DD}$ 时,其输出保持前一稳定状态不变。电路输入输出波形如图 5.41 所示。

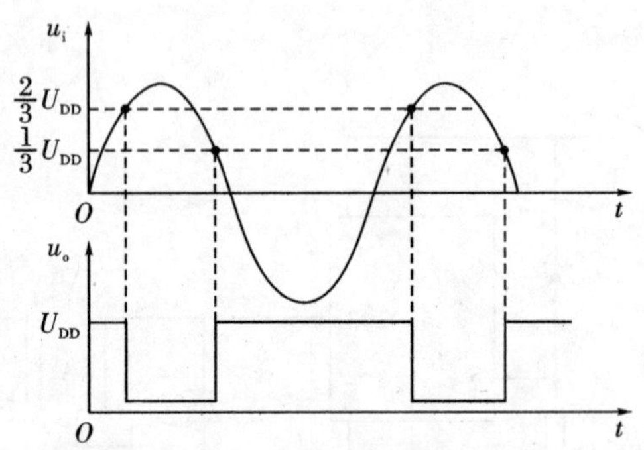

图 5.41 施密特触发器输入输出波形

2)电压滞回特性和主要参数

施密特触发器的另一个特点是电压滞回特性。电压滞回特性曲线如图 5.42 所示。

(1)正向阈值电压 U_{T+}:在输入信号 U_i 上升过程中,输出电压 U_o 由高电平 U_{oH} 跳变到低电平 U_{oL} 时所对应的输入电压值,即 $U_{T+}=\frac{2}{3}U_{DD}$。

(2)负向阈值电压 U_{T-}:在输入信号 U_i 下降过程中,输出电压 U_o 由低电平 U_{oL} 跳变到高

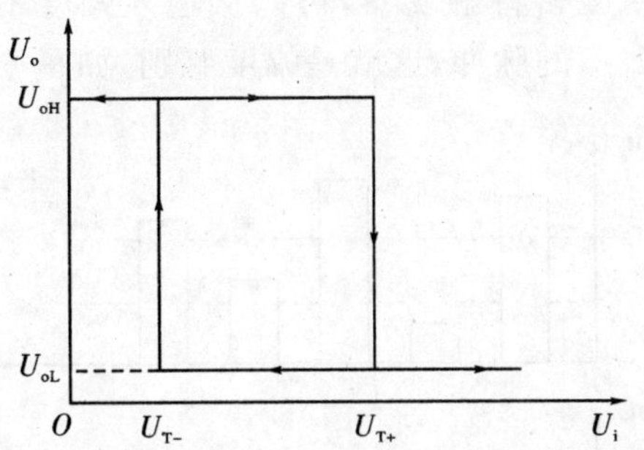

图 5.42　施密特触发器的电压滞回特性曲线

电平 U_{oH} 时所对应的输入电压值，即 $U_{T-}=\frac{1}{3}U_{DD}$。

(3)回差电压 ΔU_T：又叫滞回电压，$\Delta U_T=U_{T+}-U_{T-}=\frac{2}{3}U_{DD}-\frac{1}{3}U_{DD}=\frac{1}{3}U_{DD}$。

通常回差电压越大，电路抗干扰能力也越强。

3)施密特触发器的应用

(1)波形变换。施密特触发器能将变化缓慢的非矩形波变换为矩形波，如图 5.43 所示。

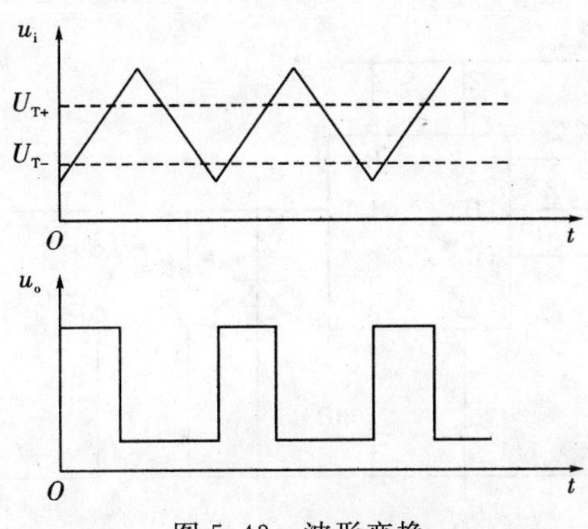

图 5.43　波形变换

(2)波形整形。将一个不规则的或者在信号传送过程中受到干扰而变坏的波形经过施密特电路，可以得到良好的波形，这就是施密特触发器的整形功能，如图 5.44 所示。

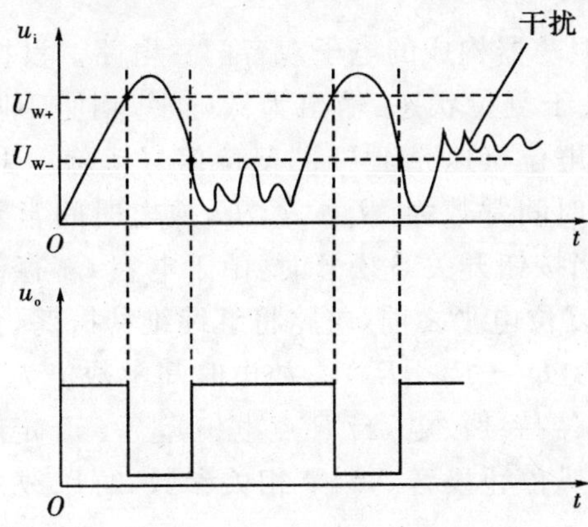

图 5.44　波形的整形

(3)脉冲幅度鉴别。利用施密特触发器，可以从输入幅度不等的一串脉冲中，去掉幅度较小的脉冲，保留幅度超过 U_{T+} 的脉冲，这就是幅度鉴别，如图 5.45 所示。

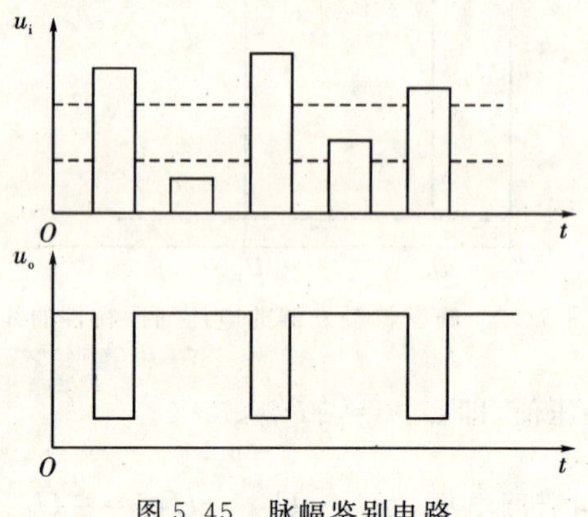

图 5.45　脉幅鉴别电路

(4)光控电路。图 5.46 为由 555 电路构成的光控电路。当有阳光照射时光敏电阻阻值减少，输入电压升高，输出电压为低电平，继电器断开，电灯熄灭；同理，当夜晚光线弱时，继电器吸合，电灯打开。

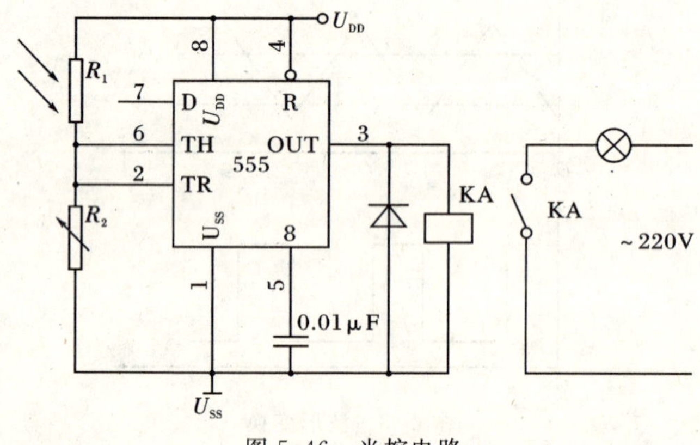

图 5.46　光控电路

三、简易门铃电路设计

图 5.47 所示是用多谐振荡器构成的电子双音门铃电路。没按下开关电钮时，P(4 脚)点电位为低电平，555 定时器处于复位状态，输出为低电平，喇叭不响。当按下按钮开关 S 后，U_{CC}经 VD_2 向 C_3 充电，P 点电位迅速充至 U_{CC}，复位信号解除。由于 VD_1 将 R_3 旁路，U_{CC}经 VD_1、R_1、R_2 向 C 充电，充电时间常数为$(R_1+R_2)C$，放电时间常数为 R_2C，多谐振荡器产生高频振荡，喇叭发出高音。当按钮开关 S 松开时，由于电容 C_3 存储的电荷经 R_4 放电要维持一段时间，在 P 点电位降至复位电平之前，电路将继续维持振荡，但此时 U_{CC}经 R_3、R_1、R_2 向 C 充电，充电时间常数增加为$(R_3+R_1+R_2)C$，放电时间常数仍为 R_2C，多谐振荡器产生低频振荡，喇叭发出低音。电容 C_3 持续放电，当 P 点电位降至 555 定时器的复位电平以下时，多谐振荡器复位，停止振荡，喇叭停止发音。调节相关参数，可以改变高、低音发声频率及低音维持时间。

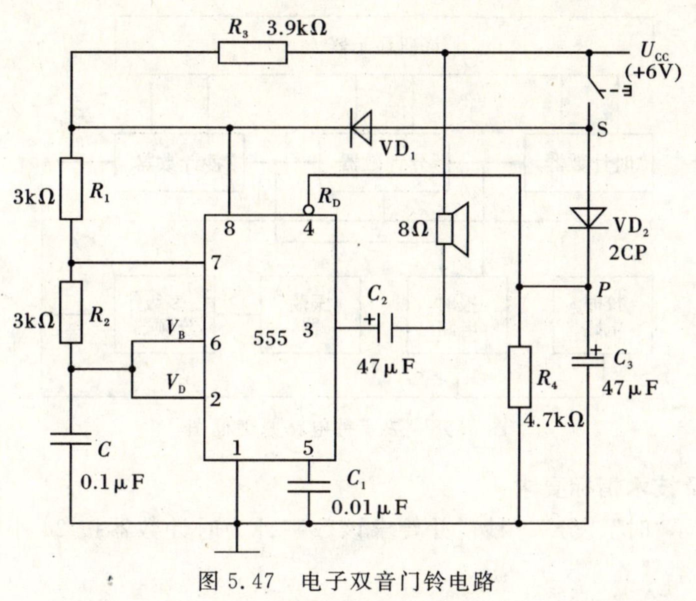

图 5.47 电子双音门铃电路

任务3 数字钟整机电路设计与仿真

【任务目标】

(1)了解数字钟电路的基本组成。

(2)掌握各组成电路的工作原理。

(3)掌握利用 Multisim 仿真软件仿真各组成电路的方法。

石英晶体数字钟是应用非常广泛的计时电路,因其计时准确、电路简单、集成度高、成本低等特点而被广泛使用。目前数字钟电路可以用一个集成块来完成其全部功能,但为了学生能够将理论知识应用到具体的实践中,此设计使用多个基本集成块来组成一个石英晶体数字钟系统。

一、数字钟整机框图设计和功能定义

1. 数字钟整机框图设计

本项目制作具有整点报时功能的可校时石英晶体数字钟,并能直接显示时间。一个简单、完整的数字钟系统主要由六部分组成:振荡器、分频器、计数器、译码显示器、校时电路和整点报时电路。其中计数器由秒计数器、分计数器和时计数器组成。整机电路方框图如图 5.48 所示。

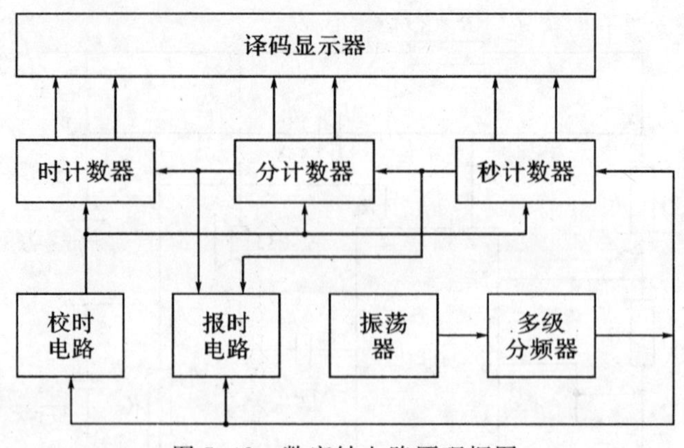

图 5.48 数字钟电路原理框图

2. 设计任务及技术指标要求

(1)能直接显示"时"、"分"、"秒",并要求该数字钟为时计数器按 24 小时/天计时的石英晶体数字钟。

(2)走时精度要高于普通机械钟(误差<±1 秒/天)。

(3)任意时刻具有校时功能,要求可靠方便。

(4)具有整点报时功能,要求声响四低一高,最后一响为整点。

(5)电源电压:6V。

二、振荡、分频电路的设计与仿真

1. 振荡、分频电路的设计

振荡器主要用来产生时间标准信号,同时也将产生报时声响信号。因为数字钟的精度主要取决于时间标准信号的频率及其稳定度,所以要产生稳定的时标信号,一般采用石英晶体振荡器。从数字钟的精度考虑,晶振频率愈高,时钟的计时准确度就愈高。但频率太高会使振荡器的耗电量增大,分频器的级数也要增多。为了省电和降低制造成本,在确定频率时必须考虑这两方面的因素。我们选用目前使用非常广泛的频率为 $f_0=32\,768$ Hz 数字钟晶振,该晶振稳定性好、体积小、价格低、易购买。采用 RC 振荡器,该振荡器是由石英晶体、电阻、电容组成的。

振荡器产生的时标信号频率很高,需要使用分频器来降低频率。本设计采用了频率为 32 768 Hz 的振荡器,需经过 15 级的二分频才可得到周期为 1 s 的"秒"信号。但考虑到秒位校时的需要,实际经过 14 级的二分频得到周期为 0.5 s 的信号,再利用一个 JK 触发器将 0.5 s 的信号变为 1 s 的"秒"信号用于秒位的计时。

以上两部分电路采用一个集成块来完成,简化电路的同时也降低了成本。本电路中采用了 CD4060 集成块外接石英晶体、电容、电阻来完成振荡和分频功能,CD4027 双 JK 触发器将 2 Hz 信号转变为 1 Hz 的标准秒信号,电路如图 5.49 所示。

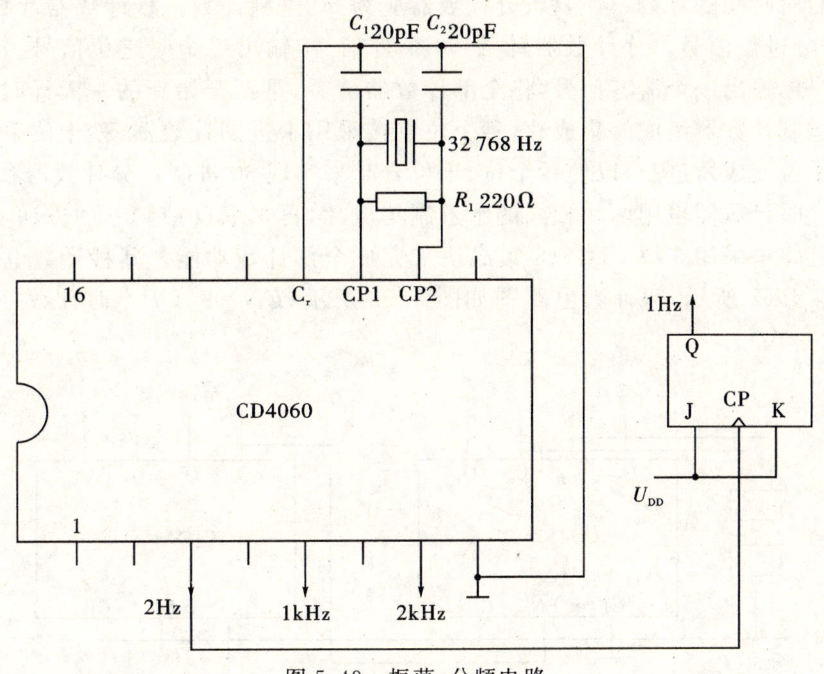

图 5.49 振荡、分频电路

2. 振荡、分频电路的仿真

利用 Multisim 来设计仿真振荡、分频电路，首先打开 Multisim，新建一个文件(振荡、分频仿真电路. MS10)。根据图 5.49 电路中所需元件，在元器件栏中选择 CMOS→CMOS_5V →4060_5V 和 4027_5V；在元器件栏中选择 MISC→CRYSTAL→R26－32.768 kHz 等，将所需全部元件放入到电路工作区后，按图 5.49 连接电路。为了便于看到仿真结果，在仪器仪表栏中选择示波器(XSC1)用来观察输出信号的波形。振荡、分频仿真电路如图 5.50 所示。

图 5.50 振荡、分频仿真电路

三、60 进制与 24 进制计数器的设计与仿真

1. 60 进制与 24 进制计数器的设计

数字钟中的计数器包括秒、分、时计数器。其中秒、分计数器是按 60 秒为 1 分，60 分为 1 小时的进制计数，时计数器是按 24 小时为 1 天的进制计数。为简化电路，便于 8421 译码显示电路的应用，三个计数器均采用 6 个相同的十进制计数器，采用反馈归零的方法实现 60 和 24 进制的计数器。

按照人们对时间的计数习惯，秒、分计数器应为 60 进制计数。秒计数器计数 60 个秒信号，输出一个分进位信号。分计数器计数 60 个分信号，输出一个时进位信号。时计数器计数 24 个时信号，输出一个清零信号，将全部计数器清零，重新开始新的一天计时。秒计数器中用两个十进制计数器组成的集成片，秒个位直接采用十进制计数器，秒十位采用反馈归零的方法使秒十位变成六进制，以使秒个位、十位合起来实现 60 进制。分计数器和秒计数器组成完全相同。时计数器也用两块相同的十进制集成片，再采取反馈归零的方法实现 24 进制就行了。本电路中采用 3 块 CD4518 集成块来完成全部计数功能。其秒计数电路及时序图如图 5.51、图 5.52 所示，时计数电路图如图 5.53 所示（$EN=1$，$CP\uparrow$ 时计数一次；$CP=0$，$EN\downarrow$ 时计数一次）。

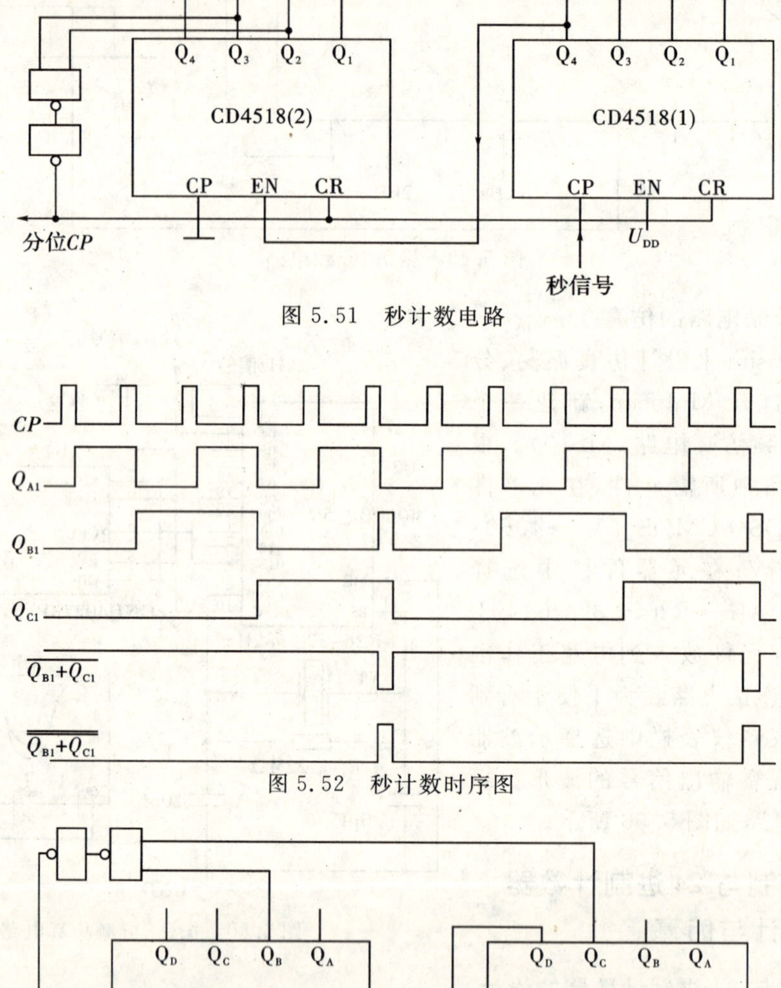

图 5.51 秒计数电路

图 5.52 秒计数时序图

图 5.53 时计数电路图

2. 60 进制与 24 进制计数器的仿真

秒计数器和分计数器均采用 60 进制计数，电路相同，先建立秒计数器的仿真电路，然后再建立时计数器的仿真电路。

打开 Multisim，新建一个文件(秒计数器仿真电路. MS10)。根据图 5.51 所示电路中所需元件，在元器件栏中选择CMOS→CMOS_5V →4518_5V 、4011_5V；在仪器仪表栏中选择函数信号发生器(XSC1)用来产生秒位输入信号，按图 5.51 连接电路。

打开 Multisim，再新建一个文件(时计数器仿真电路. MS10)，根据图 5.53 所示电路在元器件栏中选择所需元件，并按图 5.53 连接电路。为了便于直接观看时间数字，此电路与时间显示电路合并成一个电路，一起仿真。

四、时间显示电路的设计与仿真

1. 时间显示电路的设计

计数器全部采用十进制计数器，十进制计数器由 4 个触发器组成，有 4 个输出端，并按 8421 码的规律输出 4 个相应的高低电平。将此输出信号接至 8421 码译码电路，即可产生驱动七段数码显示器的信号，呈现出对应的十进制数字。我们这里采用了 CD4511 译码器和 LT547 显示器。译码器和显示器连接时要用电阻来控制显示器的输入信号电流，以免电流过大烧坏显示器。显示器的 DP 端只在分个位、时个位使用。时间显示电路如图 5.54 所示。

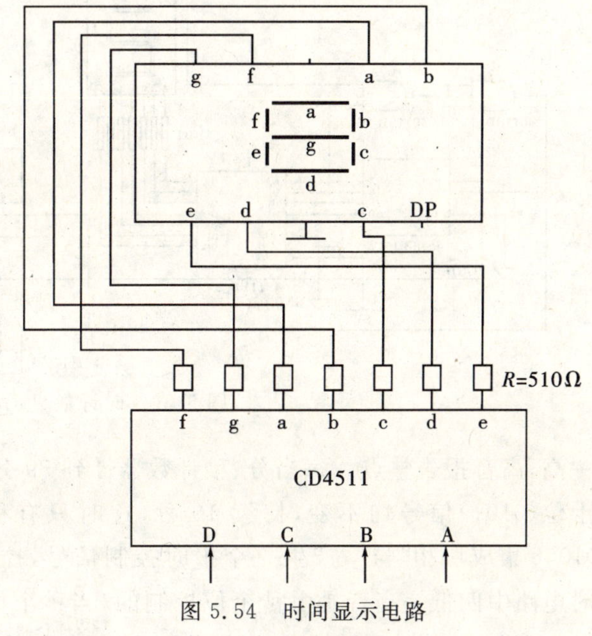

图 5.54 时间显示电路

2. 时间显示电路的仿真

打开秒计数器仿真电路(秒计数器仿真电路. MS10)，在元器件栏中选择 CMOS→CMOS_5V →4511_5V ；在放置指示器件库中选择 HEX_DISPLAY→SEVEN_SEG_COM_K，其中有多种颜色的七段数码显示器。限流电阻选用 510Ω，按图5.54 连接仿真电路。检查无误后，打开仿真开关运行，可观察到仿真结果。秒计数显示仿真电路如图 5.55 所示。

时计数器仿真电路与秒计数器仿真电路略有不同，只有反馈信号不同，所以只需在秒计数器仿真电路上稍作改动即可，时计数显示仿真电路如图 5.56 所示。

五、整点报时电路的设计与仿真

1. 整点报时电路的设计

整点报时数字钟，要求每当分、秒计数器计时到 59 分 50 秒时，开始准备报时，在 10 秒钟内自动发出五次鸣叫声，最后一次结束为整点。每隔一秒鸣叫一次，每次叫声持续一秒，四

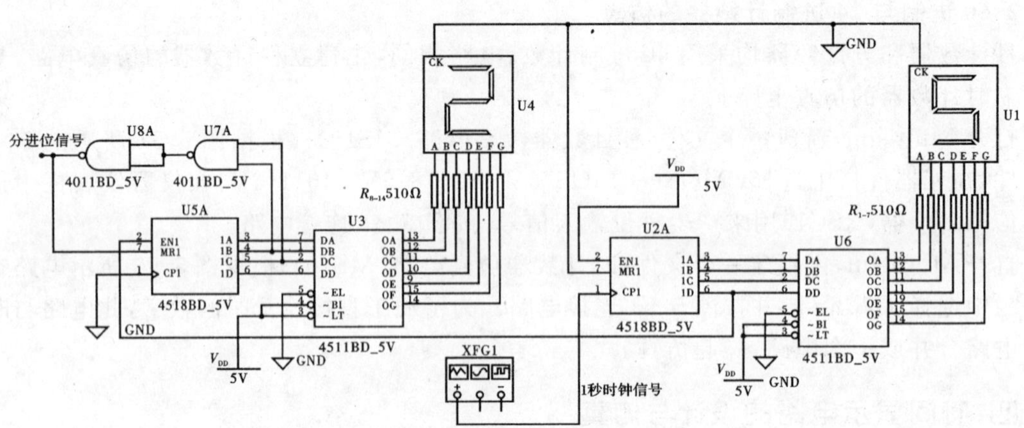

图 5.55　秒计数显示仿真电路

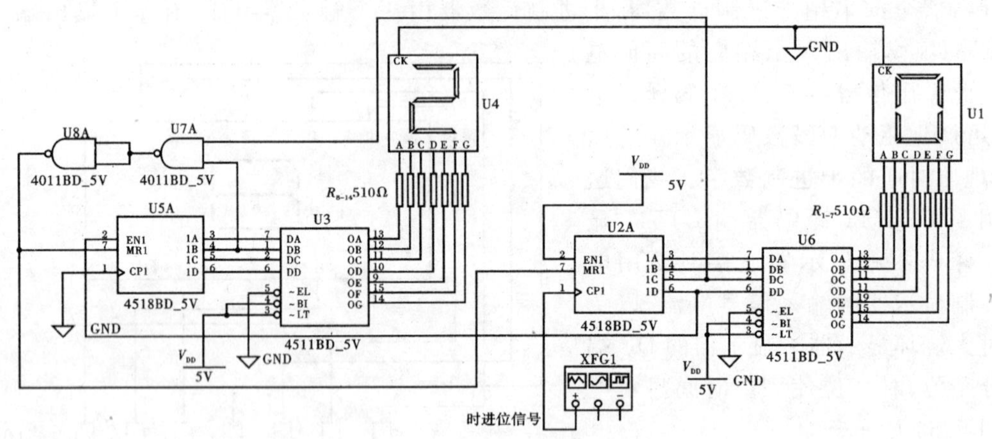

图 5.56　时计数显示仿真电路

低一高，高音报告整点。每当分、秒计数器计到 59 分 50 秒时，分十位(0101)、分个位(1001)、秒十位(0101)信号均不变，持续 10 秒，这时只有秒个位变，将此 6 个高电平信号送入到 CD4068 集成块相“与”，产生一个报时控制信号，控制报时电路的开启(CD4048、CD4017)。报时电路中四低一高音是由秒个位控制的，当秒个位是 1,3,5,7 时，即 $Q_1=1$、$Q_4=0$ 时，将 CD4048 块中有一个输入 1 kHz 信号的或门打开，输出信号进入 CD40107 推动蜂鸣器发出声音。当 $Q_1=1$、$Q_4=1$ 时，将 CD4048 块中有输入 2 kHz 信号的另一个或门打开，输出信号进入 CD40107 来推动蜂鸣器发出最后一响高音。1 kHz 信号和 2 kHz 信号均来自 CD4060，电路如图 5.57 所示。

2. 整点报时电路的仿真

打开 Multisim，建立一个新文件(整点报时仿真电路. MS10)。在元件库中按图 5.57 所示电路选择元件，如果元件库中没有电路中的元件，可根据功能选择其他元件。在元器件栏中选择 CMOS→CMOS_5V →4068_5V、4009_5V 、4082_5V、4071_5V 、40106_5V；在放置指示器件库中选择 BUZZER→BUZZER；在仪器仪表栏中选择函数信号发生器用以产生1 kHz 和2 kHz的声响信号。按图 5.57 连接仿真电路。为了简化仿真电路，秒十位、分十位、分个

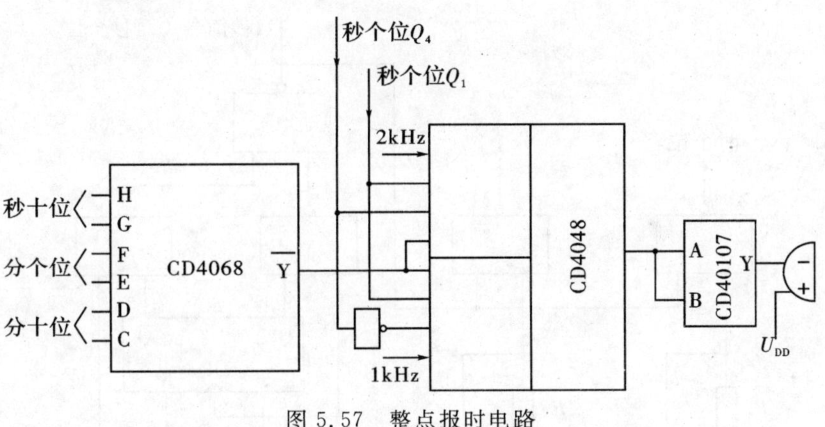

图 5.57 整点报时电路

位的信号全部接高电平，秒个位的信号用开关连接或直接给出。检查无误后，打开仿真开关运行，可得到仿真结果。整点报时仿真电路如图 5.58 所示。

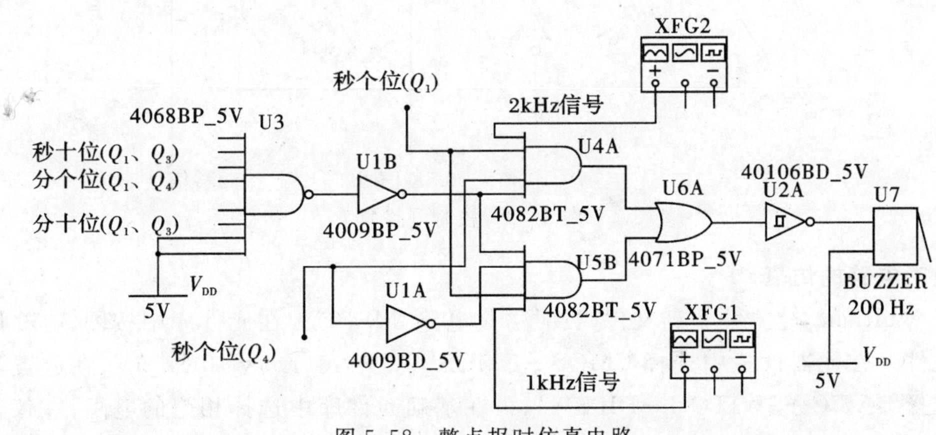

图 5.58 整点报时仿真电路

六、校时电路的设计与仿真

1. 校时电路的设计

数字钟接通电源或走时错误时，必须予以校准。校时电路的基本原理就是将频率较快的秒信号直接引进时计数器，同时将分计数器和秒计数器置 0，让时计数器快速计数，计数到需要的数字后，再切断秒信号，进入正常时计数状态。校分电路原理相同，让秒信号输入分计数器，同时让秒计数器置 0，快速校正分计数器，当计数到需要的数字后，再切断秒信号，进入正常分计数状态。校秒电路略有不同，如果还使用秒信号校时，将永远无法完成，所以选用周期较小的 0.5 秒的脉冲信号。让 0.5 秒的信号进入秒计数器，当计数到需要的数字后，再切断此信号，进入正常计数状态。校时信号的有无是由 K_1、K_2、K_3、K_4 4 个开关控制的，正常工作时，K_1、K_2、K_4 闭合，K_3 断开；校时时，K_2、K_4 闭合，K_1、K_3 断开；校分时，K_1、K_4 闭合，K_2、K_3 断开；校秒时，K_1、K_2、K_3 闭合，K_4 断开。电路如图 5.59 所示。

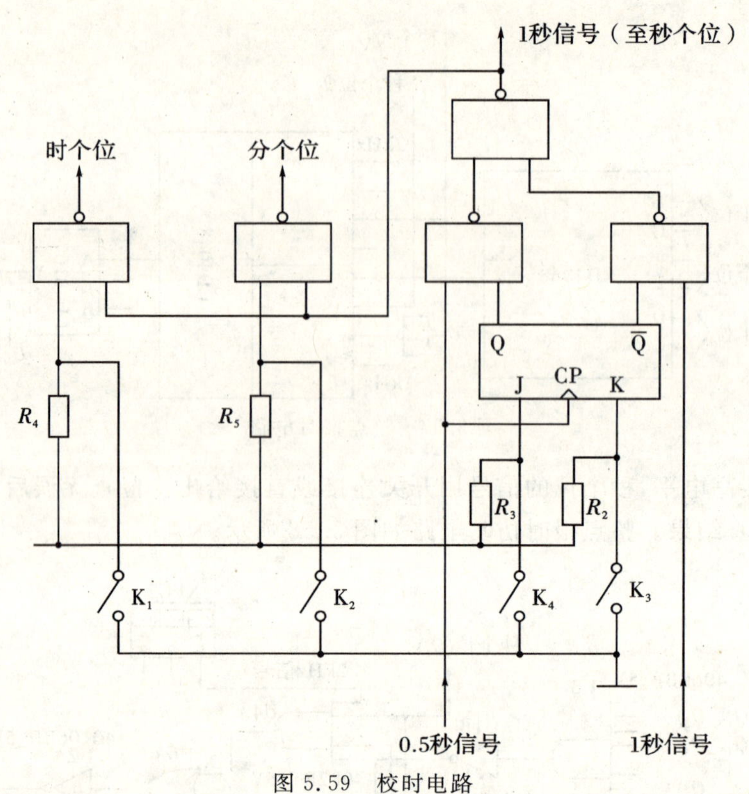

图 5.59 校时电路

2. 校时电路的仿真

打开 Multisim，建立一个新文件(校时仿真电路. MS10)。在元件库中按图 5.59 所示电路选择元件。在元器件栏中选择 CMOS→CMOS_5V →4011_5V、4027_5V；在放置基础元件库中选择 BASIC→SWITCH→DIPSW1；再在基础元件库中选择相应的电阻；在仪器仪表栏中选择函数信号发生器(XFG1)用以产生 1 s 和 0.5 s 的时钟信号。按图 5.59 连接仿真电路，检查无误后，打开仿真开关运行。校时仿真电路如图 5.60 所示。

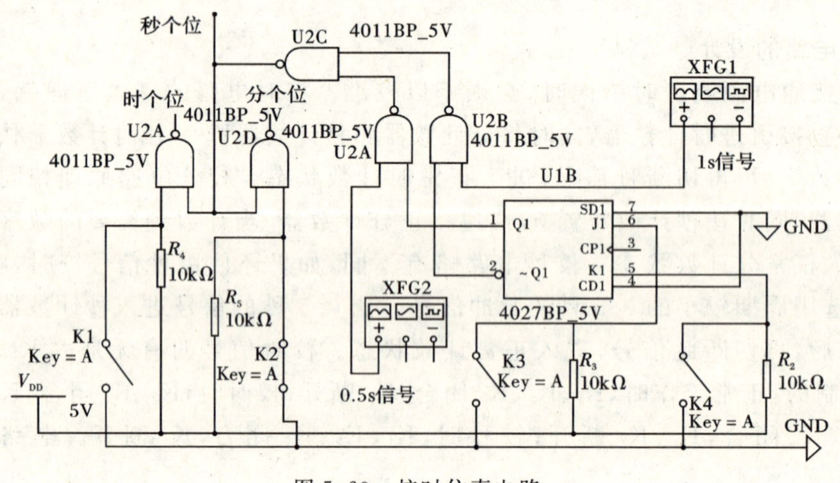

图 5.60 校时仿真电路

七、数字钟整机电路图及安装调试

上述介绍了采用Multisim进行数字电路仿真的过程，有条件的学校还可以安排学生动手组装实际电路。

1.元器件明细单

数字钟整机电路图如图5.61所示。

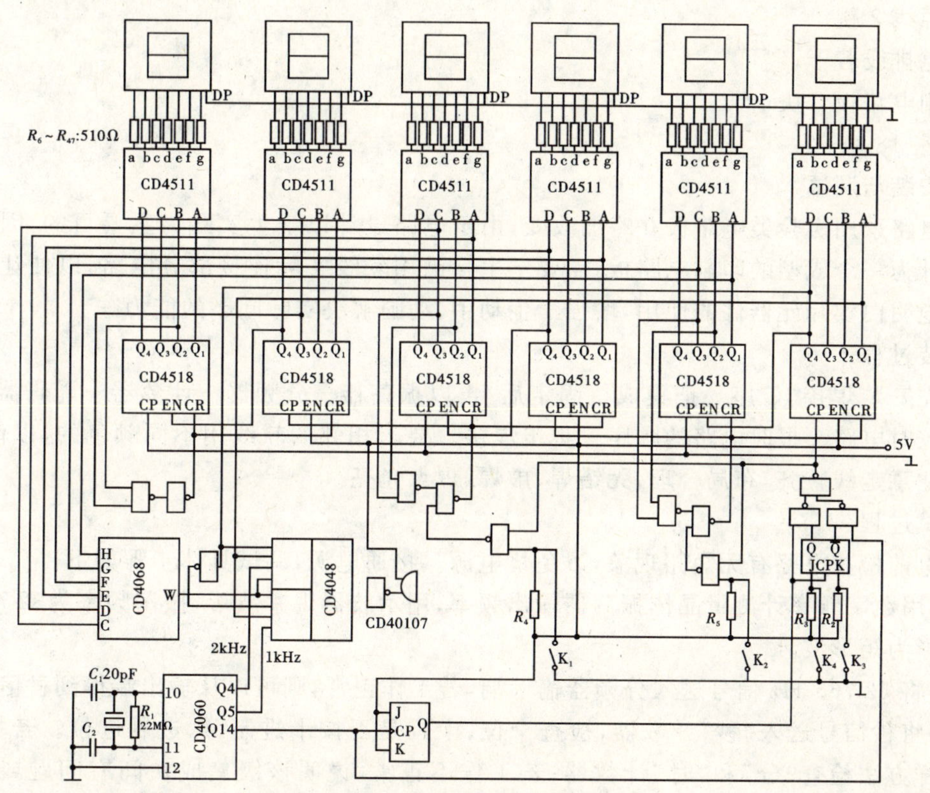

图5.61 数字钟整机电路图

(1)电阻：

R_1:22 MΩ 1只；

$R_{2\sim5}$:10 kΩ 4只；

$R_{6\sim7}$:2 kΩ 2只；

$R_{8\sim49}$:1.6 kΩ 42只。

(2)晶体振荡器:32 768 Hz 1只。

(3)电容:$C_{1\sim2}$:20pF 2只，瓷介电容。

(4)集成块：

CD4060 2^{14}分频器1只；

CD4027双JK触发器1只；

CD4048与或门1只；

CD40107双输入驱动器1只；

CD4068 8 输入端与非门 1 只；

CD4011 四组双输入与非门 3 只；

CD4518 双十进制计数器 3 只；

LT547RF 7 段 BCD 码显示器 6 只；

蜂鸣器 1 只；

4 段拨码 1 只；

电源线 2 跳；

十色排线若干；

印刷电路板 2 块；

IC 座 18 块。

2. 安装与调试

本电路采用实验类电路板并略加改变，由于电路设计以学生实践为主要目的，因此没有将其设计为一个成型的印刷电路板，需要学生自己用软线实际连接部分电路，以便让学生能够更好地明白实际元器件的使用，增强学生动手、动脑解决实际问题的能力。

安装过程：

首先安装焊接 IC 座。把集成块固定后，再以振荡器—分频器—计数器—译码器—显示电路—校时电路—报时电路的顺序一步步焊接。要求相邻的软线用不同颜色的，以便检查。焊接时注意走线整齐，布局合理，无错焊、虚焊，焊点光亮。

调试过程：

通电前检查电路有无短路现象，以免烧电源。接通电源，调试具体步骤如下：

(1)用数字频率计测量晶体振荡器输出频率，用示波器观察波形，振荡频率为32 768 Hz，同时波形为矩形波。

(2)将 32 768 Hz 信号送入分频器输入端，若工作正常，则可以从输出端得到秒信号。

(3)将秒信号送入“秒”计数器，检查个位、十位是否按十进制、六进制进位。若均正常，可按同样方法检查“分”和“时”计数器；若工作不正常，说明该级集成块间有问题或焊接有误，需检查引脚或更换。

(4)打开校分开关，使“分”快速进位至 59 分，关上校分开关，数字钟正常计数，当至 59 分 50 秒时，应产生每隔一秒鸣叫一次的响声，声音四低一高共五响，每次持续时间为一秒。调好“秒”、“分”、“时”计数及译码显示电路后，可通过 K_1、K_2、K_3 校准“时”、“分”、“秒”。数字应正常走时，误差一般为每周±1～2 秒。如校时功能不正常，应及时检查修理。

项目小结

通过本项目的学习，要求掌握的主要内容有以下几点：

1. 计数器

计数器是组成数字系统的重要部件之一，它的功能就是计算输入脉冲的数目。根据计数脉冲输入方式的不同，可将计数器分为同步计数器和异步计数器两类。同步计数器工作速度较高，但控制电路较复杂，CP 脉冲的负载较重。异步计数器电路简单，对 CP 脉冲负载

能力要求低，但工作速度较低。

计数器根据计数进制不同又可以分为二进制计数器和非二进制计数器（如十进制计数器）。二进制计数器和十进制计数器有许多集成电路产品可供选择，而任意进制计数器如果没有现成的产品，则可以将二进制或十进制计数器通过引入适当的反馈控制信号来实现任意进制计数。计数器的功能表较为全面地反映了计数器的功能，看懂功能表是正确使用计数器的第一步，对于初学者来说，这是必须掌握的。

2. 时钟脉冲电路

在数字电路或系统中，常常要用到时钟脉冲信号，例如时钟脉冲、控制过程的定时信号等等，它是具有一定幅度和频率的矩形波。这些脉冲波形的获取通常采用两种方法：一种是利用脉冲信号产生器直接产生；另一种则是通过对已有信号进行变换，将不理想的波形变换成所要求的矩形波，使之满足系统的要求。

矩形波产生电路主要有555 IC定时器组成的多谐振荡器和石英晶体振荡器。多谐振荡器是脉冲产生电路，没有稳态状态，只有两个暂稳态。暂稳态的相互转换完全靠电路本身电容的充电和放电自动完成。在状态的变换时，触发信号不需要由外部输入，而是由其电路中的RC电路提供，状态的持续时间也由RC电路决定。在频率要求高，对频率稳定性要求更高的场合，一般的RC多谐振荡器难以满足要求。目前采用更多的是石英晶体多谐振荡器。

在整形电路中，主要介绍单稳态触发器和施密特触发器。单稳态触发器是一种常用的整形电路，它有一个稳定状态和一个暂稳态，从暂稳态回到稳态时不需要输入触发脉冲。施密特触发器有两个稳定状态，有正向和负向两个不同触发电平，因此具有电压滞回特性，具有较强的抗干扰能力。它可将任意波形变换成矩形脉冲，是常用的整形电路，还常用来进行幅度鉴别、构成单稳态触发器和多谐振荡器等。

555定时器是一个多用途的集成电路，主要由比较器、基本RS触发器、门电路构成。基本应用形式有三种：施密特触发器、单稳态触发器和多谐振荡器。

3. 数字钟整机电路的设计与仿真

通过数字钟整机电路的设计与仿真，使学生学会采用各种中、大规模数字集成电路器件设计一个实际数字电路系统的方法，由此也可以让学生深入了解“数字电子技术”在专业学习中的重要意义及在实际中的具体应用。

数字系统的设计，应采取从整体到局部，再从局部到整体的设计方法。通过对系统的目标、任务、指标要求等的分析，画出系统的整体框图。通过对每个框图作用的进一步分析，对各种数字电路器件的深入认识，合理设计每个框图中的实际电路是系统设计中最重要的内容。通过对电路的进一步分析、仿真、修改以使系统完善与优化，是系统设计的关键所在。

思考与练习5

5.1　异步计数器和同步计数器有何区别？

5.2　某计数器的输出波形如题5.2图所示，试确定该计数器是模几计数器。

5.3　采用直接清零法，将集成计数器74LS90构成三进制计数器和九进制计数器，画出逻辑电路图。

5.4　采用直接清零法，将集成计数器74LS161构成十三进制计数器，画出逻辑电路图。

5.5　采用预置数法，将集成计数器74LS161构成七进制计数器，画出逻辑电路图。

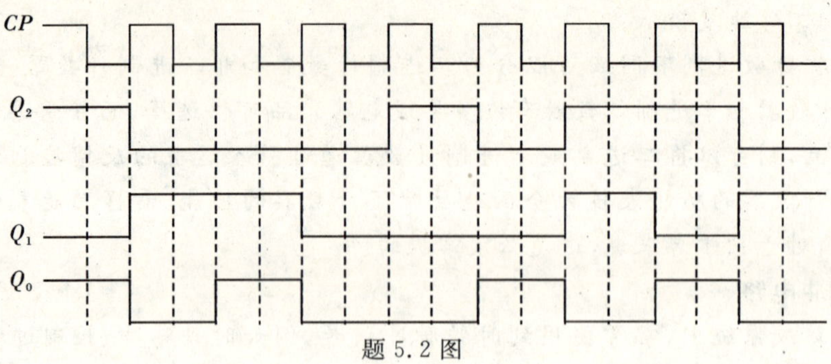

题 5.2 图

5.6　试分析题 5.6 图所示的计数器，画出它的状态图，说明是几进制的计数器。

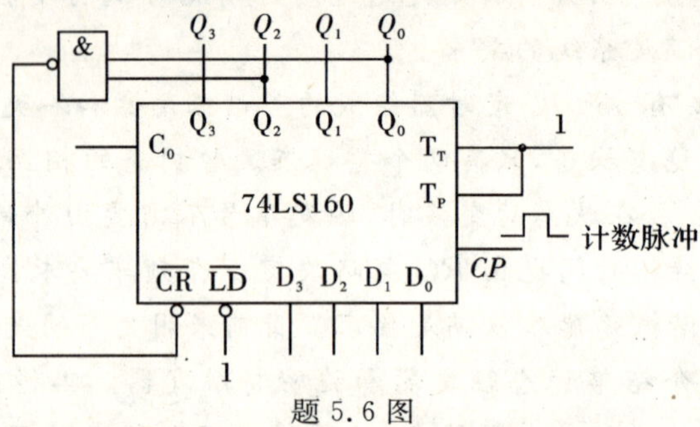

题 5.6 图

5.7　试分析题 5.7 图所示的电路，画出它的状态图，说明是几进制的计数器。

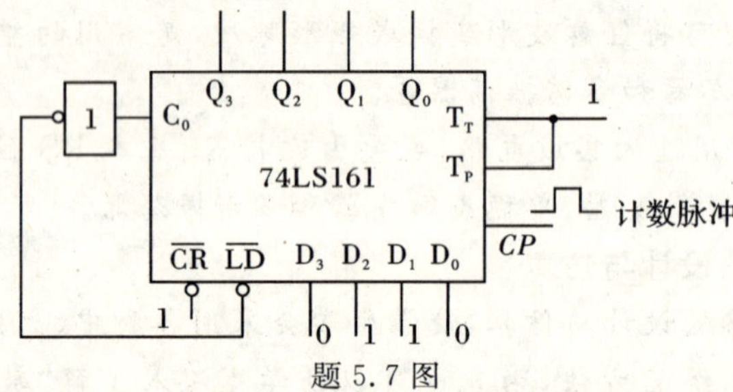

题 5.7 图

5.8　用 74LS161 通过反馈清零法接成十二进制计数器。如果用同步反馈置数法实现又应如何连接？画出电路图。

5.9　将两片 74LS160 用反馈置数法连接成二十四进制同步计数器。画出逻辑电路图，并说明工作原理。

5.10　用 74LS192 组成十一进制计数器，画出逻辑电路图。

5.11　用异步清零法将集成计数器 74LS161 连接成下列计数器：

(1)十进制计数器；

(2)二十进制计数器。

5.12　试分别用下列方法设计一个七进制计数器：

(1)利用 74LS290 的异步清零功能。

(2)利用 74LS163 的同步清零功能。

(3)利用 74LS161 的同步置数功能。

5.13　阐述集成移位寄存器74LS194 是如何实现左、右移位，并行加载数据，清零等控制功能的？

5.14　集成移位寄存器74LS194 与数据选择器电路如题 5.14 图所示，设 74LS194 的输出初态 $Q_3Q_2Q_1Q_0=0000$，要求指出输出 Z 的序列及输出端数码变换过程。

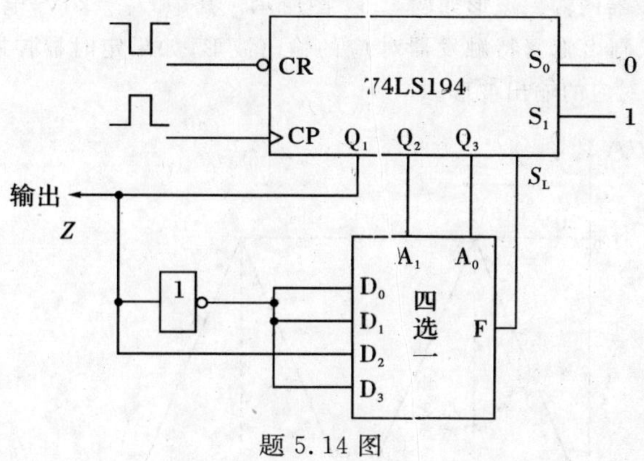

题 5.14 图

5.15　555 定时器按题 5.15 图(a)连接。输入 U_{i1} 和 U_{i2} 波形如题 5.15 图(b)所示。请画出定时器输出 U_{out} 的波形,并说明该电路相当于什么器件?

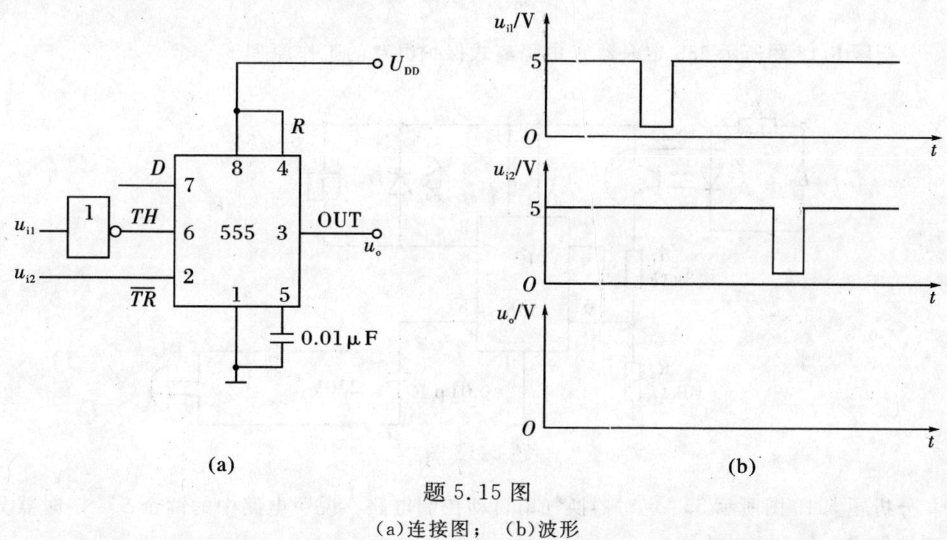

题 5.15 图

(a)连接图；（b)波形

5.16　555 定时器连接图如题 5.16 图(a)所示,图(b)是输入波形,请画出输出 U_{out} 的波形。

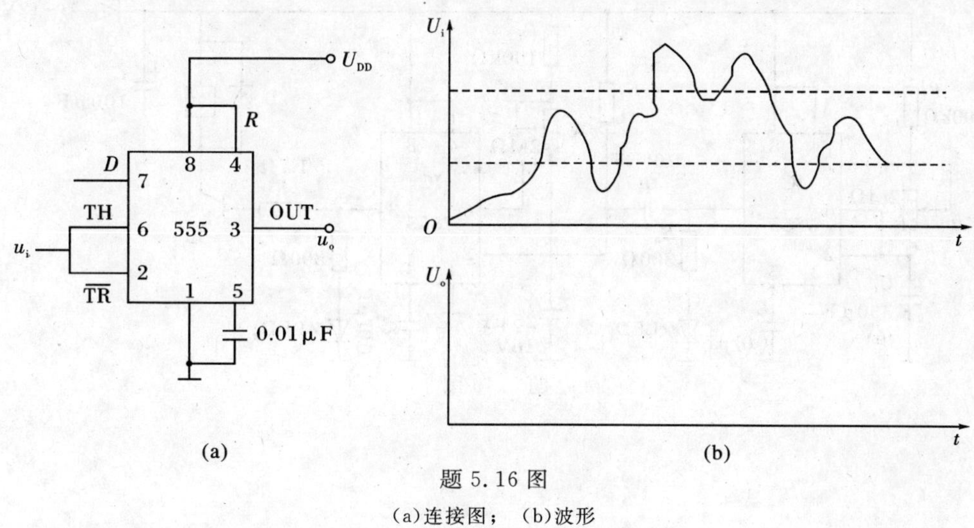

题 5.16 图

(a)连接图；（b)波形

5.17　已知施密特触发器的输入波形如题 5.17 图所示。其中 $U_T=20V$,电源电压 $U_{dd}=18$ V,定时器控制端 S 通过电容接地,试画出施密特触发器对应的输出波形;如果定时器控制端 S 外接控制电压 $U_S=16$ V,试画出施密特触发器对应的输出波形。

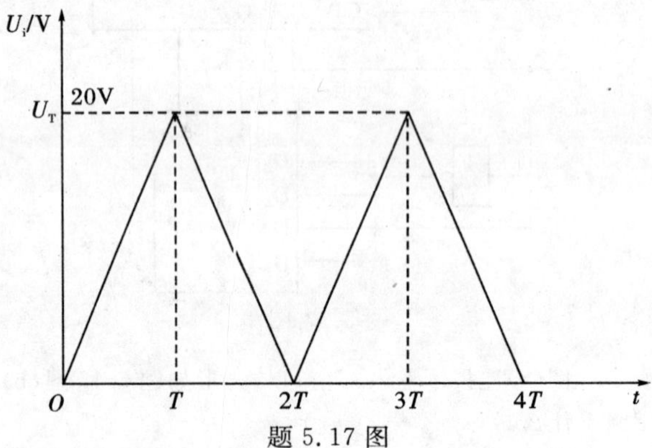

题 5.17 图

5.18　分析题 5.18 图所示 555 定时器光电隔离式保护电路的工作原理。

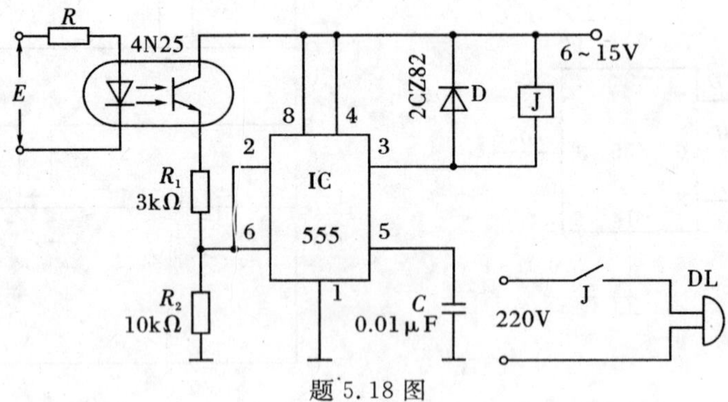

题 5.18 图

5.19　分析题 5.19 图所示 555 定时器换气扇自动控制电路。说明电路中的两个 555 定时器分别是哪一种基本连接形式?各有什么功能?

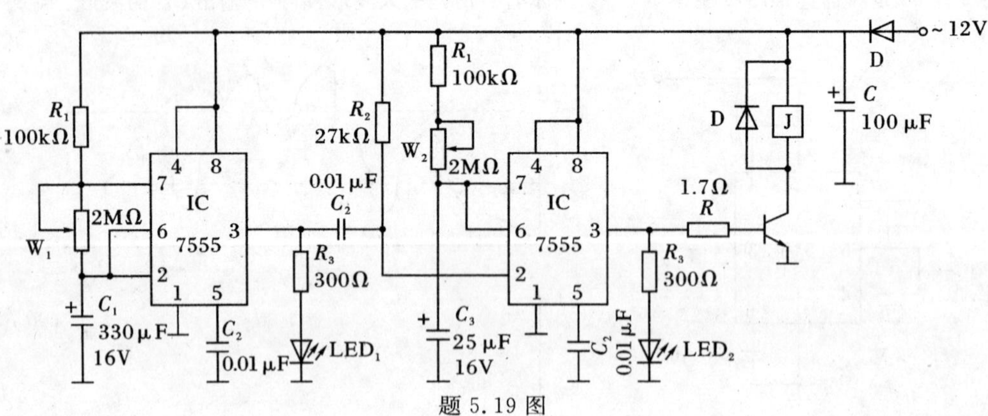

题 5.19 图

项目6 存储器 EPROM

项目剖析

存储器是数字系统中用于存储大量二进制信息的器件，是现代数字系统特别是计算机系统的重要组成部分。它可以用于存放各种程序、数据和资料。本项目通过对存储器电路结构的分析，使初学者理解存储器中数据存储的过程，并掌握各种常用芯片的性能与使用方法，提高广大数字电路初学者对存储器相关知识的了解。

本项目由两个任务构成：

任务1　存储芯片中数据的存储过程

任务2　EPROM2764及应用

项目目标

(1)理解存储芯片中地址与存储单元的关系。

(2)掌握地址线与数据线的关系。

(3)掌握将数据写入单元的方法。

(4)熟练掌握常用器件EPROM2764的应用。

任务1 存储器中数据的存储过程

【任务目标】

(1)掌握存储器的结构与分类。

(2)熟练掌握存储器的工作过程。

(3)熟练掌握存储器容量的扩展。

半导体存储器按照内部信息的存取方式不同分为只读存储器(ROM)和随机存取存储器(RAM)两大类。每个存储器的存储容量为字线×位线。存储器用于存放二进制信息(数据、

程序指令、运算的中间结果等),同时还可以实现代码的转换、函数运算、时序控制以及实现各种波形的信号发生器等。

一、只读存储器地址的产生及地址存储单元的关系

只读存储器 ROM 有掩膜 ROM、可编程 ROM、可改写 ROM。掩膜只读存储器是在制造时把信息存放在此存储器中,使用时不再重新写入,需要时读出即可。它只能读取所存储信息,而不能改变已存内容,并且在断电后不丢失其中存储的内容,故又称固定只读存储器。ROM 主要由地址译码器、存储矩阵和输出缓冲器三部分组成,其基本结构如图 6.1 所示。

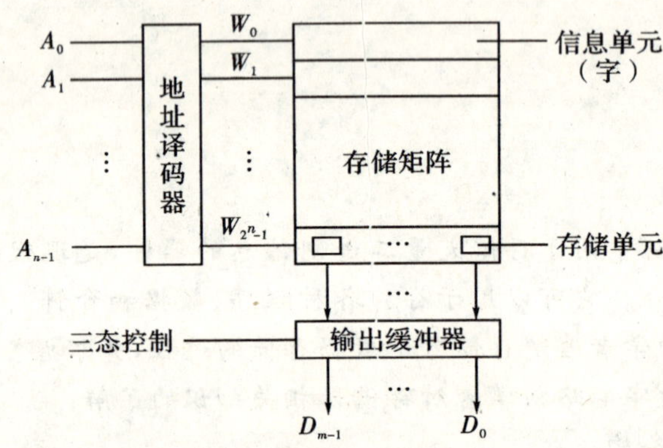

图 6.1 ROM 的基本结构

存储矩阵是存放信息的主体,它由许多存储单元排列组成。每个存储单元存放一位二值代码(0 或 1),若干个存储单元组成一个"字"(也称一个信息单元)。地址译码器有 n 条地址输入线 $A_0 \sim A_{n-1}$,2^n 条译码输出线 $W_0 \sim W_{2^n-1}$,每一条译码输出线 W_i 称为"字线",它与存储矩阵中的一个"字"相对应。因此,每当给定一组输入地址时,译码器只有一条输出字线 W_i 被选中,该字线可以在存储矩阵中找到一个相应的"字",并将字中的 m 位信息 $D_{m-1} \sim D_0$ 送至输出缓冲器。读出 $D_{m-1} \sim D_0$ 的每条数据输出线 D_i 也称为"位线",每个字中信息的位数称为"字长"。

输出缓冲器是 ROM 的数据读出电路,通常用三态门构成,它不仅可以实现对输出数据的三态控制,以便与系统总线连接,还可以提高存储器的带负载能力。

二、只读存储器中地址线与数据线的关系

图 6.2 是具有两位地址输入和四位数据输出的 ROM 结构图,其存储单元用二极管构成。图中,$W_0 \sim W_3$ 四条字线分别选择存储矩阵中的四个字,每个字存放四位信息。制作芯片时,若在某个字中的某一位存入"1",则在该字的字线 W_i 与位线 D_i 之间接入二极管,反之,就不接二极管。

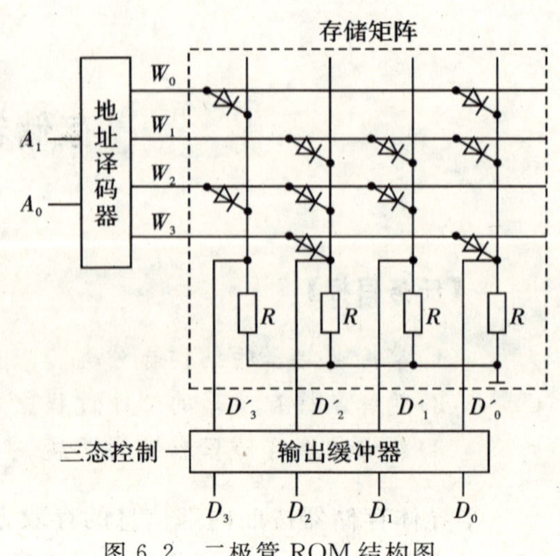

图 6.2 二极管 ROM 结构图

读出数据时，首先输入地址码，并对输出缓冲器实现三态控制，则在数据输出端 $D_3 \sim D_0$ 可以获得该地址对应字中所存储的数据。例如，当 $A_1A_0=00$ 时，$W_0=1$，$W_1=W_2=W_3=0$，即此时 W_0 被选中，读出 W_0 对应字中的数据 $D_3D_2D_1D_0=1001$。同理，当 A_1A_0 分别为 01、10、11 时，依次读出各对应字中的数据分别为 0111、1110、0101。因此，该 ROM 全部地址内所存储的数据可用表 6.1 表示。

表 6.1　ROM 的数据表

地　址		数　　据			
A_1	A_0	D_3	D_2	D_1	D_0
0	0	1	0	0	1
0	1	0	1	1	1
1	0	1	1	1	0
1	1	0	1	0	1

三、只读存储器中地址线的数量与单元个数（即容量）的关系

1. ROM 的容量

ROM 的存储单元可以用二极管构成，也可以用双极型三极管或 MOS 管构成。存储器的容量用存储单元的数目来表示，写成"字数×位数"的形式。对于图 6.1 所示的存储矩阵，有 2^n 个字，每个字的字长为 m，因此整个存储器的存储容量为 $2^n \times m$ 位。存储容量也习惯用 K(1 K＝1024）为单位来表示，例如 1K×4、2K×8 和 64K×1 的存储器，其容量分别是 1024×4 位、2048×8 位和 65536×1 位。

2. ROM 容量的扩展

1)ROM 的信号引线

如图 6.3 所示，除了地址线和数据线（字输出线）外，ROM 还有地线（GND)、电源线（V_{CC}）以及用来控制 ROM 工作的控制线，即芯片使能控制线（$\overline{CS}$）。使能输出控制线又称片选线。当 $\overline{CS}=1$ 时，芯片处于等待状态，ROM 不工作，输出呈高阻态；当 $\overline{CS}=0$ 时，ROM 工作。

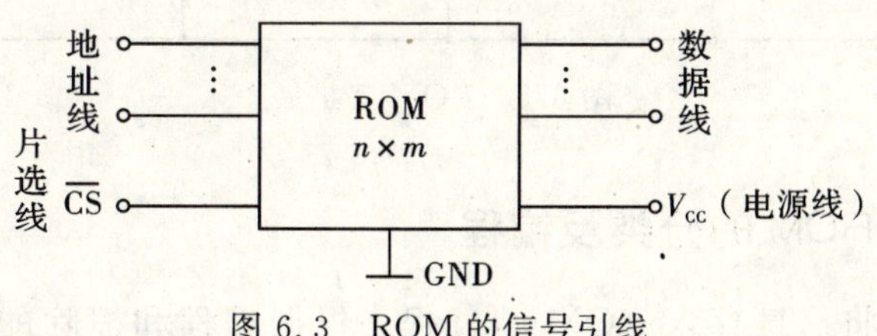

图 6.3　ROM 的信号引线

2)ROM 容量的扩展

一个存储器的容量就是字线与位线（即字长或位数）的乘积。当所采用的 ROM 容量不满足需要时，可将容量进行扩展。扩展又分为字扩展和位扩展。

位扩展（即字长扩展）：位扩展比较简单，只需要用同一地址信号控制 n 个相同字数的 ROM，即可达到扩展的目的。由 256×1 ROM 扩展为 256×8 ROM 的存储器，如图 6.4 所示，即将八块 256×1ROM 的所有地址线、片选线分别对应并接在一起，而每一片的位输出作为整个 ROM 输出的一位。256×8 ROM 需 256×1 ROM 的芯片数为

$$N=\frac{\text{总存储容量}}{\text{一片存储容量片}}=\frac{256\times8}{256\times1}=8$$

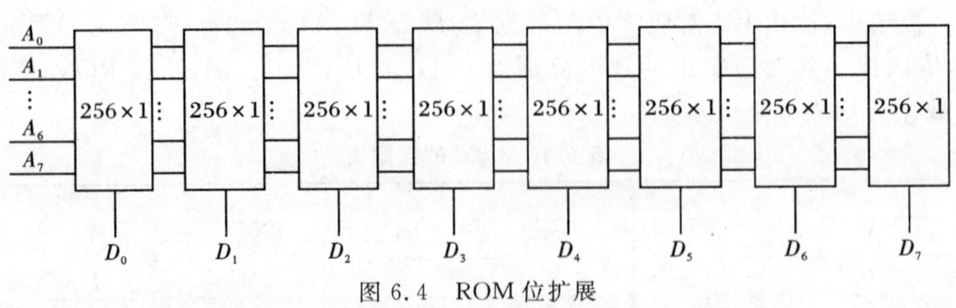

图 6.4 ROM 位扩展

字扩展：图 6.5 所示是由四片 1024×8 ROM 扩展为 4096×8 ROM。图中，每片 ROM 有 10 根地址输入线，其寻址范围为 $2^{10}=1024$ 个信息单元，每一单元为 8 位二进制数。这些 ROM 均有片选端，当其为低电平时，该片被选中才工作；为高电平时，对应 ROM 不工作，各片 ROM 的片选端由 2 线/4 线译码器控制。译码器的输入是系统的高位地址 A_{11}、A_{10}，其输出是各片 ROM 的片选信号，若 $A_{11}A_{10}=10$，则 ROM(3)片的有效为"0"，各片 ROM 的片选信号无效为"1"，故选中第三片，只有该片的信息可以读出，送到位线上。读出的内容则由低位地址 $A_9\sim A_0$ 决定。四片 ROM 轮流工作，完成字扩展。字扩展的方法将地址线、输出线对应连接，片选线分别与译码器的输出连接。

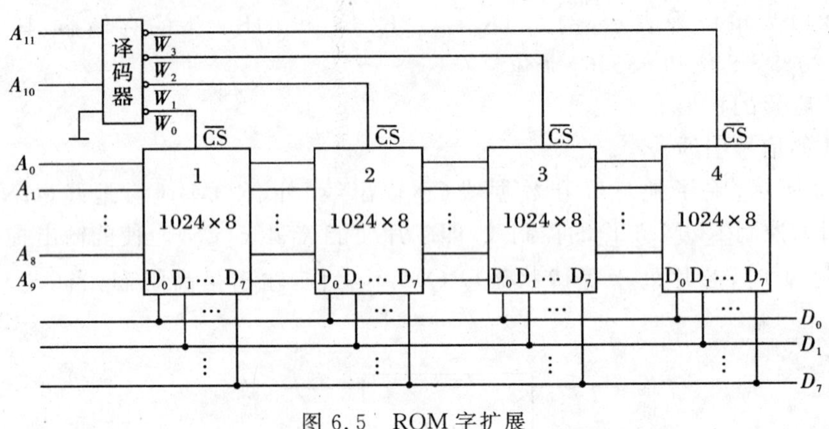

图 6.5 ROM 字扩展

四、只读存储器 ROM 的分类及编程

ROM 的编程是指将信息存入 ROM 的过程。根据编程和擦除的方法不同，ROM 可分为掩膜 ROM、可编程 ROM(PROM)和可擦除的可编程 ROM(EPROM)三种类型。

1. 掩膜 ROM

掩膜 ROM 中存放的信息是由生产厂家采用掩膜工艺专门为用户制作的，这种 ROM 出厂时其内部存储的信息就已经"固化"在里边了，所以也称固定 ROM。它在使用时只能读出，不能写入，因此通常只用来存放固定数据、固定程序和函数表等。

2. 可编程 ROM(PROM)

PROM 在出厂时，存储的内容为全 0(或全 1)，用户根据需要，可将某些单元改写为 1

(或 0)。这种 ROM 采用熔丝或 PN 结击穿的方法编程。由于熔丝烧断或 PN 结击穿后不能再恢复,因此 PROM 只能改写一次。

熔丝型 PROM 的存储矩阵中,每个存储单元都接有一个存储管,但每个存储管的一个电极都通过一根易熔的金属丝接到相应的位线上,如图 6.6 所示。用户对 PROM 编程是逐字逐位进行的。首先通过字线和位线选择需要编程的存储单元,然后以规定宽度和幅度的脉冲电流将该存储管的熔丝熔断,这样就将该单元的内容改写了。

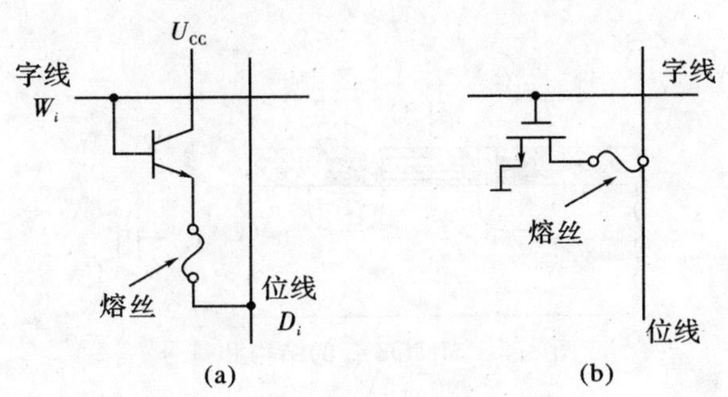

图 6.6　熔丝型 PROM 的存储单元

采用 PN 结击穿法 PROM 的存储单元原理图如图 6.7(a)所示,字线与位线相交处由两个肖特基二极管反向串联而成。正常工作时二极管不导通,字线和位线断开,相当于存储了"0"。若将该单元改写为"1",可使用恒流源产生约 100～150 mA 的电流使 V_2 击穿短路,存储单元只剩下一个正向连接的二极管 V_1(见图 6.7(b)),相当于该单元存储了"1"。未击穿 V_2 的单元仍存储"0"。

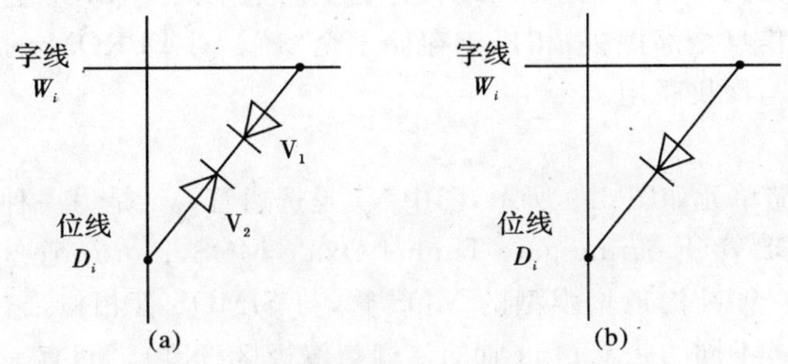

图 6.7　PN 结击穿法 PROM 的存储单元

3. 可擦除的可编程 ROM

这类 ROM 利用特殊结构的浮栅 MOS 管进行编程,ROM 中存储的数据可以进行多次擦除和改写。最早出现的是用紫外线照射擦除的 EPROM(Ultra-Violet Erasable Programmable Read-Only Memory, UVEPROM)。不久又出现了用电信号可擦除的可编程 ROM(Electrically Erasable Programmable Read-Only Memory, E^2PROM)。后来又研制成功的快闪存储器(flash memory)也是一种用电信号擦除的可编程 ROM。

1)EPROM

EPROM 的存储单元采用浮栅雪崩注入 MOS 管(Floating-gate Avalanche-injuction Metal-Oxide-Semiconductor, FAMOS 管)或叠栅注入 MOS 管(Stacked-gate Injuction Metal-Oxide-Semiconductor, SIMOS 管)。图 6.8 是 SIMOS 管的结构示意图和符号,它是

一个 N 沟道增强型的 MOS 管，有 G_f 和 G_c 两个栅极。G_f 栅没有引出线，而是被包围在二氧化硅（SiO_2）中，称之为浮栅。G_c 为控制栅，它有引出线。若在漏极 D 端加上约几十伏的脉冲电压，使得沟道中的电场足够强，则会造成雪崩，产生很多高能量的电子。此时若在 G_c 上加高压正脉冲，形成方向与沟道垂直的电场，便可以使沟道中的电子穿过氧化层面注入到 G_f，于是 G_f 栅上积累了负电荷。由于 G_f 栅周围都是绝缘的二氧化硅，泄漏电流很小，因此一旦电子注入到浮栅之后，就能保存相当长时间（通常浮栅上的电荷 10 年才损失 30%）。

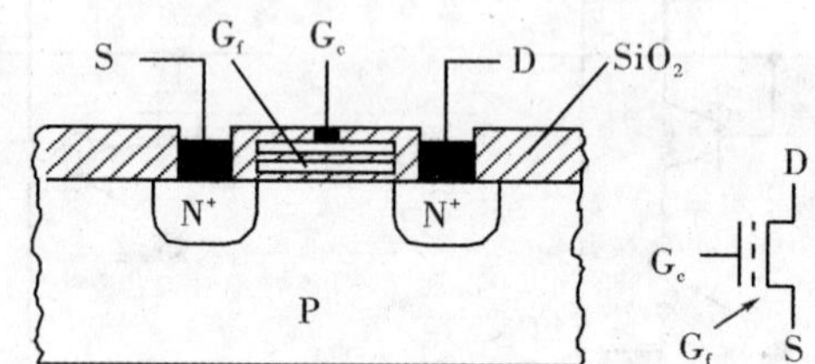

图 6.8　SIMOS 管的结构和符号

如果浮栅 G_f 上积累了电子，则使该 MOS 管的开启电压变得很高。此时给控制栅（接在地址选择线上）加 +5 V 电压时，该 MOS 管仍不能导通，相当于存储了“0”；反之，若浮栅 G_f 上没有积累电子，MOS 管的开启电压较低，因而当该管的控制栅被地址选中后，该管导通，相当于存储了“1”。可见，SIMOS 管是利用浮栅是否积累负电荷来表示信息的。这种 EPROM 出厂时为全“1”，即浮栅上无电子积累，用户可根据需要写“0”。

擦除 EPROM 的方法是将器件放在紫外线下照射约 20 分钟，浮栅中的电子获得足够能量，从而穿过氧化层回到衬底中，这样可以使浮栅上的电子消失，MOS 管便回到了未编程时的状态，从而将编程信息全部擦去，相当于存储了全“1”。对 EPROM 的编程是在编程器上进行的，编程器通常与微机联用。

2）E^2PROM

E^2PROM 的存储单元如图 6.9 所示，图中 V_2 是选通管，V_1 是另一种叠栅 MOS 管，称为浮栅隧道氧化层 MOS 管（Floating-gate Tunnel Oxide MOS，Flotox 管），其结构如图 6.10 所示。Flotox 管也是一个 N 沟道增强型的 MOS 管，与 SIMOS 管相似，它也有两个栅极——控制栅 G_c 和浮栅 G_f，不同的是 Flotox 管的浮栅与漏极区（N^+）之间有一小块面积极薄的二氧化硅绝缘层（厚度在 2×10^{-8} m 以下）的区域，称为隧道区。当隧道区的电场强度大到一定程度（$>10^7$ V/cm）时，漏区和浮栅之间出现导电隧道，电子可以双向通过，形成电流。这种现象称为隧道效应。

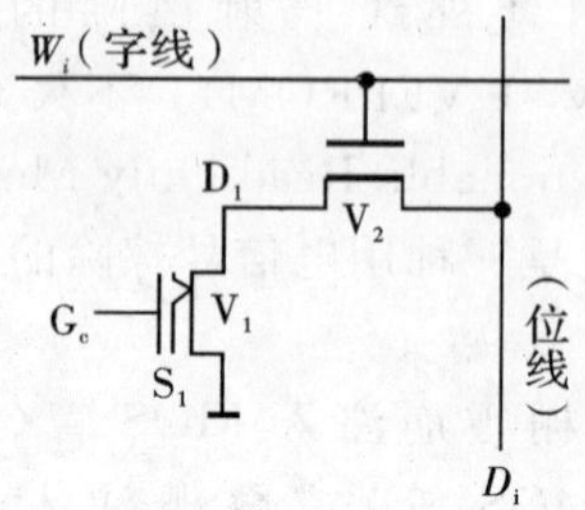

图 6.9　E^2PROM 的存储单元

在图 6.9 电路中，若使 $W_i=1$，D_i 接地，则 V_2 导通，V_1 漏极(D_1)接近地电位。此时若在 V_1 控制栅 G_c 上加 21 V 正脉冲，通过隧道效应，电子由衬底注入到浮栅 G_f，脉冲过后，控制栅加＋3V 电压，由于 V_1 浮栅上积存了负电荷，因此 V_1 截止，在位线 D_i 读出高电平"1"；若 V_1 控制栅接地，$W_i=1$，D_i 上加 21 V 正脉冲，使 V_1 漏极获得约＋20 V 的高电压，则浮栅上的电子通过隧道返回衬底，脉冲过后，正常工作时 V_1 导通，在位线上则读出"0"。可见，Flotox 管是利用隧道效应使浮栅俘获电子的。E^2PROM 的编程和擦除都是通过在漏极和控制栅上加一定幅度和极性的电脉冲实现的，虽然已改用电压信号擦除了，但 E^2PROM 仍然只能工作在它的读出状态，作 ROM 使用。图 6.10 为 Flotox 管的结构和符号。

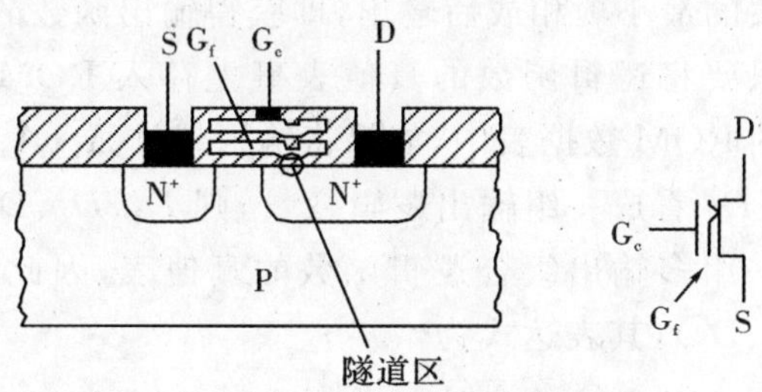

图 6.10　Flotox 管的结构和符号

3)快闪存储器(flash memory)

Flash Memory 是新一代电信号擦除的可编程 ROM。它既吸收了 EPROM 结构简单、编程可靠的优点，又保留了 E^2PROM 用隧道效应擦除快捷的特性，而且集成度可以做得很高。

图 6.11(a)是快闪存储器采用的叠栅 MOS 管示意图。其结构与 EPROM 中的 SIMOS 管相似，两者区别在于浮栅与衬底间氧化层的厚度不同。在 EPROM 中氧化层的厚度一般为 30～40 nm，在快闪存储器中仅为 10～15 nm，而且浮栅和源区重叠的部分是源区的横向扩散形成的，面积极小，因而浮栅—源区之间的电容很小。当 G_c 和 S 之间加电压时，大部分电压将降在浮栅—源区之间的电容上。快闪存储器的存储单元就是用这样一只单管组成的，如图 6.11(b)所示。

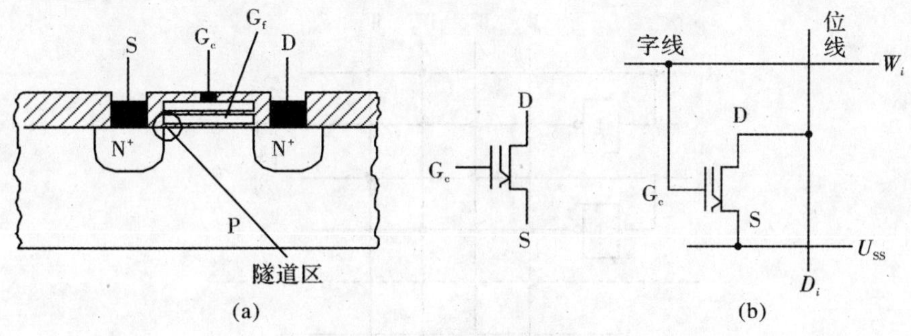

图 6.11　快闪存储器

快闪存储器的写入方法和 EPROM 相同，即利用雪崩注入的方法使浮栅充电。在读出状态下，字线加上＋5 V，若浮栅上没有电荷，则叠栅 MOS 管导通，位线输出低电平；如果浮栅上充有电荷，则叠栅管截止，位线输出高电平。擦除方法是利用隧道效应进行的，类似于

E^2PROM 写 0 时的操作。在擦除状态下，控制栅处于 0 电平，同时在源极加入幅度为 12V 左右、宽度为 100 ms 的正脉冲，在浮栅和源区间极小的重叠部分产生隧道效应，使浮栅上的电荷经隧道释放。但由于片内所有叠栅 MOS 管的源极连在一起，因此擦除时是将全部存储单元同时擦除，这是不同于 E^2PROM 的一个特点。

五、ROM 在组合逻辑设计中的应用

ROM 除用作存储器外，还可以用来实现各种组合逻辑函数。若把 ROM 的 n 位地址端作为逻辑函数的输入变量，则 ROM 的 n 位地址译码器的输出是由输入变量组成的 2^n 个最小项，而存储矩阵是把有关的最小项相或后输出，即获得输出函数的。

从存储器的角度看，只要将逻辑函数的真值表事先存入 ROM，便可用 ROM 实现该函数。例如，在表 6.1 所示的 ROM 数据表中，如果将输入地址 A_1、A_0 看成两个输入逻辑变量，而将数据输出 D_3、D_2、D_1、D_0 看成一组输出逻辑变量，则 D_3、D_2、D_1、D_0 就是 A_1、A_0 的一组逻辑函数，表 6.1 就是这一组多输出组合逻辑函数的真值表，因此该 ROM 可以实现表 6.1 中的 4 个函数（D_3、D_2、D_1、D_0），其表达式为

$$\begin{cases} D_3=\overline{A}_1\overline{A}_0+A_1\overline{A}_0 \\ D_2=\overline{A}_1A_0+A_1\overline{A}_0+A_1A_0 \\ D_1=\overline{A}_1A_0+A_1\overline{A}_0 \\ D_0=\overline{A}_1\overline{A}_0+\overline{A}_1A_0+A_1A_0 \end{cases} \tag{6.1}$$

从组合逻辑结构来看，ROM 中的地址译码器形成了输入变量的所有最小项，即每一条字线对应输入地址变量的一个最小项。在图 6.12 中，

$$W_0=\overline{A}_1\overline{A}_0, W_1=\overline{A}_1A_0, W_2=A_1\overline{A}_0, W_3=A_1A_0$$

因此式(6.1)又可以写为

$$\begin{cases} D_3=W_0+W_2 \\ D_2=W_1+W_2+W_3 \\ D_1=W_1+W_2 \\ D_0=W_0+W_1+W_3 \end{cases}$$

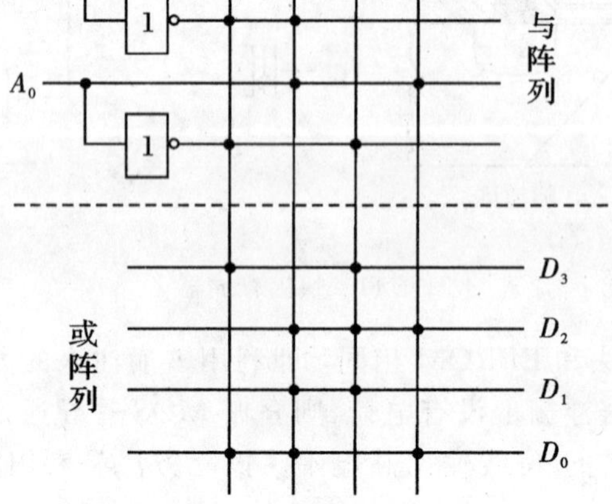

图 6.12　ROM 的阵列图

用 ROM 实现逻辑函数一般按以下步骤进行：

(1)根据逻辑函数的输入、输出变量数目，确定 ROM 的容量，选择合适的 ROM。

(2)写出逻辑函数的最小项表达式，画出 ROM 的阵列图。

(3)根据阵列图对 ROM 进行编程。

【例】 用 ROM 设计一个四位二进制码转换为格雷码的代码转换电路。

【解】 (1)输入是四位自然二进制码 $B_3 \sim B_0$，输出是四位格雷码 $G_3 \sim G_0$，故选 24×4 的 ROM。

(2)四位二进制码转换为格雷码的真值表，即 ROM 的编程数据表如表 6.2 所示。由此可写出输出函数的最小项之和式为

$$G_3 = \sum m(8,9,10,11,12,13,14,15)$$

$$G_2 = \sum m(4,5,6,7,8,9,10,11)$$

$$G_1 = \sum m(2,3,4,5,10,11,12,13)$$

$$G_2 = \sum m(1,2,5,6,9,10,13,14)$$

表 6.2　二进制码转换为格雷码的真值表

字	二进制码				格雷码			
	B_3	B_2	B_1	B_0	G_3	G_2	G_1	G_0
W_0	0	0	0	0	0	0	0	0
W_1	0	0	0	1	0	0	0	1
W_2	0	0	1	0	0	0	1	1
W_3	0	0	1	1	0	0	1	0
W_4	0	1	0	0	0	1	1	0
W_5	0	1	0	1	0	1	1	1
W_6	0	1	1	0	0	1	0	1
W_7	0	1	1	1	0	1	0	0
W_8	1	0	0	0	1	1	0	0
W_9	1	0	0	1	1	1	0	1
W_{10}	1	0	1	0	1	1	1	1
W_{11}	1	0	1	1	1	1	1	0
W_{12}	1	1	0	0	1	0	1	0
W_{13}	1	1	0	1	1	0	1	1
W_{14}	1	1	1	0	1	0	0	1
W_{15}	1	1	1	1	1	0	0	0

(3)用 ROM 实现码组转换的阵列图及逻辑符号图分别如图 6.13(a)、(b)所示。

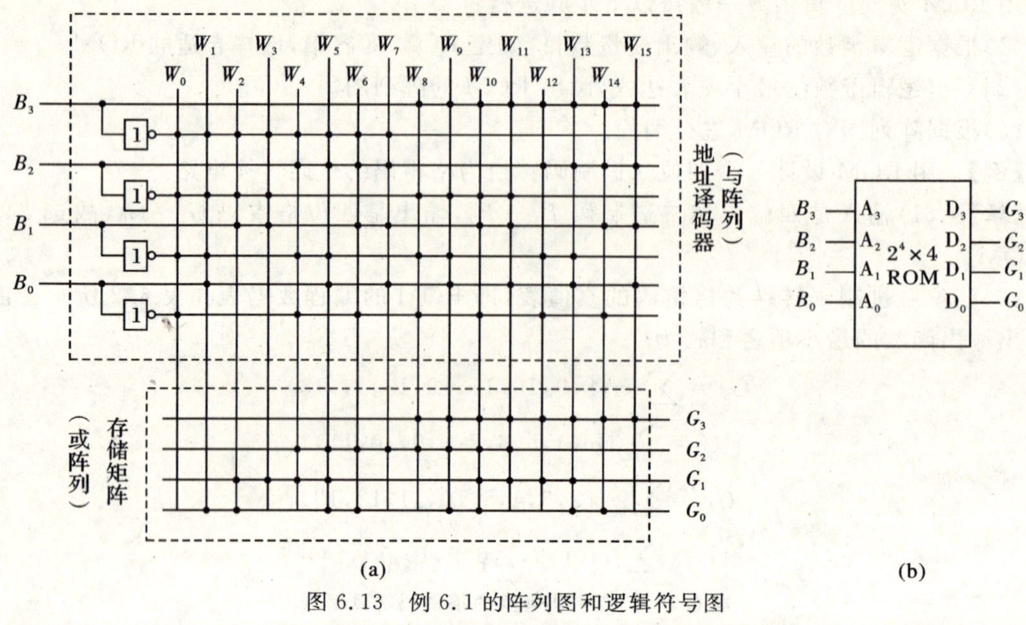

图 6.13　例 6.1 的阵列图和逻辑符号图

(a)二进制码转为格雷码的阵列图；（b)逻辑符号图

从上述例子看出，用 ROM 能够实现任何与或标准式的组合逻辑函数。方法非常简单，只要列出该函数的真值表，使其有关的最小项相或，即可直接画出存储矩阵的编程图。

六、随机存取的存储器 RAM

随机存取存储器也称随机存储器或随机读/写存储器，简称 RAM。RAM 工作时可以随时从任何一个指定的地址写入（存入）或读出（取出）信息。根据存储单元的工作原理不同，RAM 分为静态 RAM 和动态 RAM。

1. 静态随机存储器（SRAM）

1)基本结构

SRAM 主要由存储矩阵、地址译码器和读/写控制电路三部分组成，其框图如图 6.14 所示。

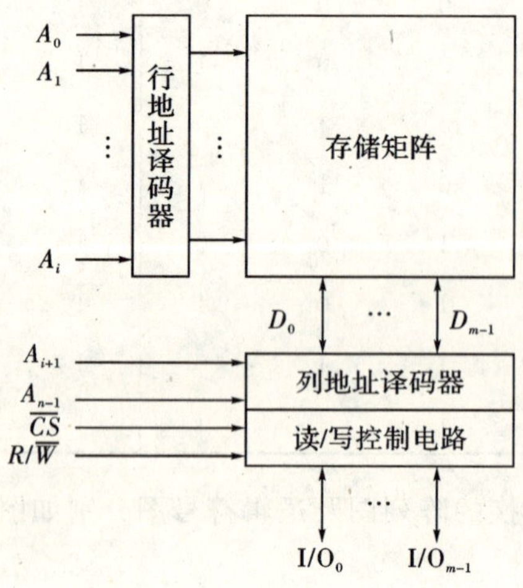

图 6.14　SRAM 的基本结构

存储矩阵由许多存储单元排列组成，每个存储单元能存放一位二值信息(0 或 1)，在译码器和读/写电路的控制下，进行读/写操作。

地址译码器一般都分成行地址译码器和列地址译码器两部分。行地址译码器将输入地址代码的若干位 $A_0 \sim A_i$ 译成某一条字线有效，从存储矩阵中选中一行存储单元；列地址译码器将输入地址代码的其余若干位($A_{i+1} \sim A_{n-1}$)译成某一根输出线有效，从字线选中的一行存储单元中再选一位(或 n 位)，使这些被选中的单元与读/写电路和 I/O(输入/输出端)接通，以便对这些单元进行读/写操作。

读/写控制电路用于对电路的工作状态进行控制。CS 称为片选信号，当 $CS=0$ 时，RAM 工作；$CS=1$ 时，所有 I/O 端均为高阻状态，不能对 RAM 进行读/写操作。R/W 称为读/写控制信号。当 $R/W=1$ 时，执行读操作，将存储单元中的信息送到 I/O 端上；当 $R/W=0$ 时，执行写操作，加到 I/O 端上的数据被写入存储单元中。

2)SRAM 的静态存储单元

静态 RAM 的存储单元如图 6.15 所示。图 6.15(a)是由六个 NMOS 管($V_1 \sim V_6$)组成的存储单元。V_1、V_2 构成的反相器与 V_3、V_4 构成的反相器交叉耦合组成一个 RS 触发器，可存储一位二进制信息。Q 和 $\bar{Q}$ 是 RS 触发器的互补输出。V_5、V_6 是行选通管，受行选线 X(相当于字线)控制，行选线 X 为高电平时 Q 和 $\bar{Q}$ 的存储信息分别送至位线 D 和位线 $\bar{D}$。V_7、V_8 是列选通管，受列选线 Y 控制，列选线 Y 为高电平时，位线 D 和 $\bar{D}$ 上的信息被分别送至输入输出线 I/O 和 $\overline{\text{I/O}}$，从而使位线上的信息同外部数据线相通。

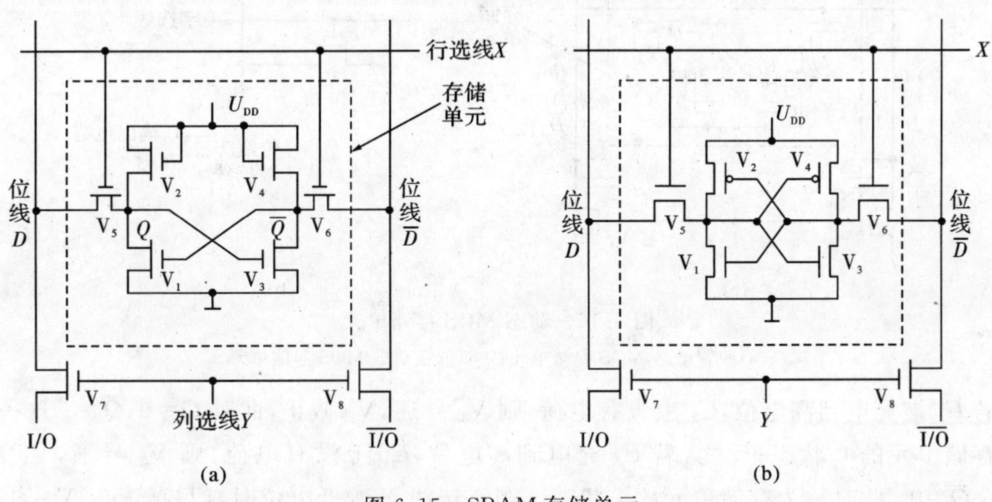

图 6.15　SRAM 存储单元

(a)六管 NMOS 存储单元；　(b)六管 CMOS 存储单元

读出操作时，行选线 X 和列选线 Y 同时为“1”，则存储信息 Q 和 $\bar{Q}$ 被读到 I/O 线和 $\overline{\text{I/O}}$ 线上。写入信息时，X、Y 线也必须都为“1”，同时要将写入的信息加在 I/O 线上，经反相后 $\overline{\text{I/O}}$ 线上有其相反的信息，信息经 V_7、V_8 和 V_5、V_6 加到触发器的 Q 端和 $\bar{Q}$ 端，也就是加在了 V_3 和 V_1 的栅极，从而使触发器触发，即信息被写入。

由于 CMOS 电路具有微功耗的特点，目前大容量的静态 RAM 中几乎都采用 CMOS 存储单元，其电路如图 6.15(b)所示。CMOS 存储单元结构形式和工作原理与图 6.15(a)相似，不同的是图 6.15(b)中，两个负载管 V_2、V_4 改用了 P 沟道增强型 MOS 管，图中用栅极上的

小圆圈表示 V_2、V_4 为 P 沟道 MOS 管，栅极上没有小圆圈的为 N 沟道 MOS 管。

2. 动态随机存储器(DRAM)

动态 RAM 的存储矩阵由动态 MOS 存储单元组成。动态 MOS 存储单元利用 MOS 管的栅极电容来存储信息，但由于栅极电容的容量很小，而漏电流又不可能绝对等于 0，因此电荷保存的时间有限。为了避免存储信息的丢失，必须定时地给电容补充漏掉的电荷。通常把这种操作称为“刷新”或“再生”，因此 DRAM 内部要有刷新控制电路，其操作也比静态 RAM 复杂。尽管如此，由于 DRAM 存储单元的结构能做得非常简单，所用元件少，功耗低，所以目前已成为大容量 RAM 的主流产品。

动态 MOS 存储单元有四管电路、三管电路和单管电路等。四管和三管电路比单管电路复杂，但外围电路简单，一般容量在 4 K 以下的 RAM 多采用四管或三管电路。图 6.16(a) 为四管动态 MOS 存储单元电路。图中，V_1 和 V_2 为两个 N 沟道增强型 MOS 管，它们的栅极和漏极交叉相连，信息以电荷的形式储存在电容 C_1 和 C_2 上，V_5、V_6 是同一列中各单元公用的预充管，φ 是脉冲宽度为 1 μs 而周期一般不大于 2 ms 的预充电脉冲，C_{o1}、C_{o2} 是位线上的分布电容，其容量比 C_1、C_2 大得多。

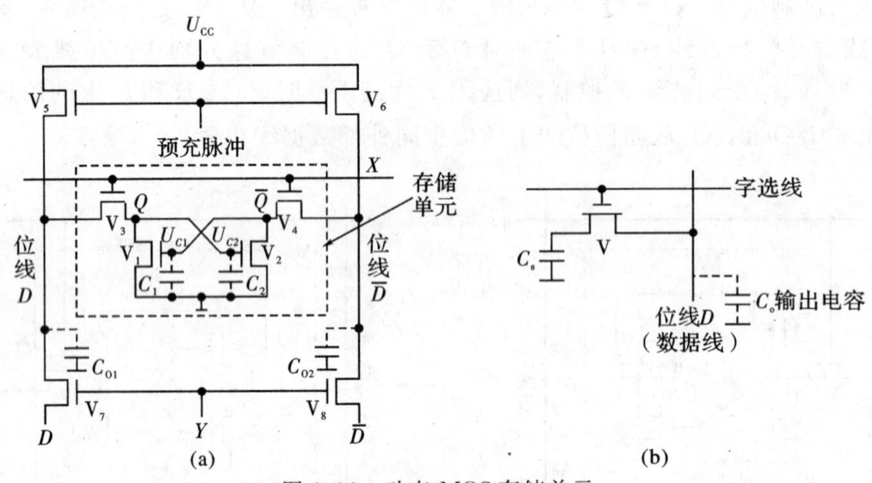

图 6.16 动态 MOS 存储单元

(a)四管动态 MOS 存储单元；(b)单管动态 MOS 存储单元

若 C_1 被充电到高电位，C_2 上没有电荷，则 V_1 导通，V_2 截止，此时 $Q=0$，$\bar{Q}=1$ 这一状态称为存储单元的 0 状态；反之，若 C_2 充电到高电位，C_1 上没有电荷，则 V_2 导通，V_1 截止，$Q=1$，$\bar{Q}=0$，此时称为存储单元的 1 状态。当字选线 X 为低电位时，门控管 V_3、V_4 均截止。在 C_1 和 C_2 上电荷泄漏掉之前，存储单元的状态维持不变，因此存储的信息被记忆。实际上，由于 V_3、V_4 存在着泄漏电流，电容 C_1、C_2 上存储的电荷将慢慢释放，因此每隔一定时间要对电容进行一次充电，即进行刷新。两次刷新之间的时间间隔一般不大于 20ms。

在读出信息之前，首先加预充电脉冲 φ，预充管 V_5、V_6 导通，电源 U_{DD} 向位线上的分布电容 C_{o1}、C_{o2} 充电，使 D 和 $\bar{D}$ 两条位线都充到 U_{DD}。预充电脉冲消失后，V_5、V_6 截止，C_{o1}、C_{o2} 上的信息保持。

要读出信息时，该单元被选中(X、Y 均为高电平)，V_3、V_4 导通，若原来存储单元处于 0 状态($Q=0$，$\bar{Q}=1$)，即 C_1 上有电荷，V_1 导通，C_2 上无电荷，V_2 截止，这样 C_{o1} 经 V_3、V_1 放电

到 0，使位线 D 为低电平，而 C_{o2} 因 V_2 截止无放电回路，所以经 V_4 对 C_1 充电，补充了 C_1 漏掉的电荷，结果读出数据仍为 $\overline{D}=1$，$D=0$；反之，若原存储信息为 1($Q=1$，$\overline{Q}=0$)，C_2 上有电荷，则预充电后 C_{o2} 经 V_4、V_2 放电到 0，而 C_{o1} 经 V_3 对 C_2 补充充电，读出数据为 $\overline{D}=0$，$D=1$，可见位线 $\overline{D}$、D 上读出的电位分别和 C_2、C_1 上的电位相同。同时每进行一次读操作，实际上也进行了一次补充充电(即刷新)。

写入信息时，首先该单元被选中，V_3、V_4 导通，Q 和 $\overline{Q}$ 分别与两条位线连通。若需要写 0，则在位线 $\overline{D}$ 上加高电位，D 上加低电位。这样 $\overline{D}$ 上的高电位经 V_4 向 C_1 充电，使 $\overline{Q}=1$，而 C_2 经 V_3 向 D 放电，使 $Q=0$，于是该单元写入了 0 状态。

图 6.16 (b)是单管动态 MOS 存储单元，它只有一个 NMOS 管和存储电容器 C_s，C_o 是位线上的分布电容($C_o>>C_s$)。显然，采用单管存储单元的 DRAM，其容量可以做得更大。写入信息时，字线为高电平，V 导通，位线上的数据经过 V 存入 C_s。

读出信息时也使字线为高电平，V 管导通，这时 C_s 经 V 向 C_o 充电，使位线获得读出的信息。设位线上原来的电位 $U_o=0$，C_s 原来存有正电荷，电压 U_s 为高电平，因读出前后电荷总量相等，所以有 $U_sC_s=U_o(C_s+C_o)$，因 $C_o>>C_s$，所以 $U_o<<U_s$。例如读出前 $U_s=5$ V，$C_s/C_o=1/50$，则位线上读出的电压将仅有 0.1V，而且读出后 C_s 上的电压也只剩下 0.1V，这是一种破坏性读出。因此每次读出后，要对该单元补充电荷进行刷新，同时还需要高灵敏度读出放大器对读出信号加以放大。

七、存储器容量的扩展

1. 位数的扩展

存储器芯片的字长多数为一位、四位、八位等。当实际的存储系统的字长超过存储器芯片的字长时，需要进行位扩展。

位扩展可以利用芯片的并联方式实现，图 6.17 是用八片 1024×1 位的 RAM 扩展为 1024×8 位 RAM 的存储系统框图。图中八片 RAM 的所有地址线、$R/\overline{W}$、$\overline{CS}$分别对应并接在一起，而每一片的 I/O 端作为整个 RAM 的 I/O 端的一位。

ROM 芯片上没有读/写控制端 $R/\overline{W}$，位扩展时其余引出端的连接方法与 RAM 相同。

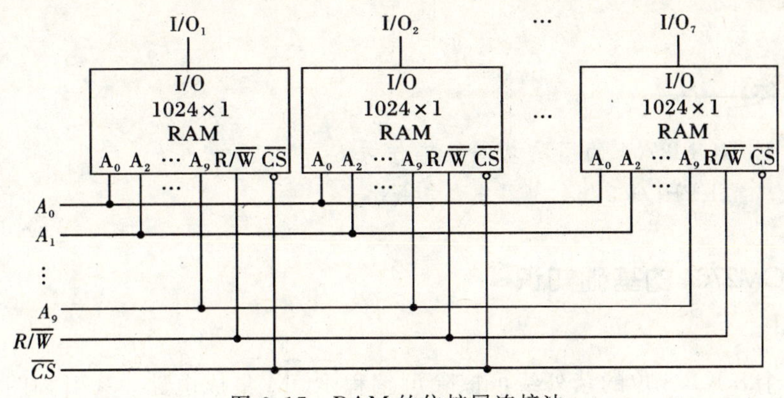

图 6.17　RAM 的位扩展连接法

2. 字数的扩展

字数的扩展可以利用外加译码器控制芯片的片选($\overline{CS}$)输入端来实现。图 6.18 是用

字扩展方式将 4 片 256×8 位的 RAM 扩展为 1024×8 位 RAM 的系统框图。图中，译码器的输入是系统的高位地址 A_9、A_8，其输出是各片 RAM 的片选信号。若 $A_9A_8=01$，则 RAM(2)片的$\overline{CS}=0$，其余各片 RAM 的$\overline{CS}$均为 1，故选中第二片，只有该片的信息可以读出。将该片的信息送到位线上，读出的内容则由低位地址 $A_7\sim A_0$ 决定。显然，4 片 RAM 轮流工作，任何时候，只有一片 RAM 处于工作状态，整个系统字数扩大了 4 倍，而字长仍为 8 位。

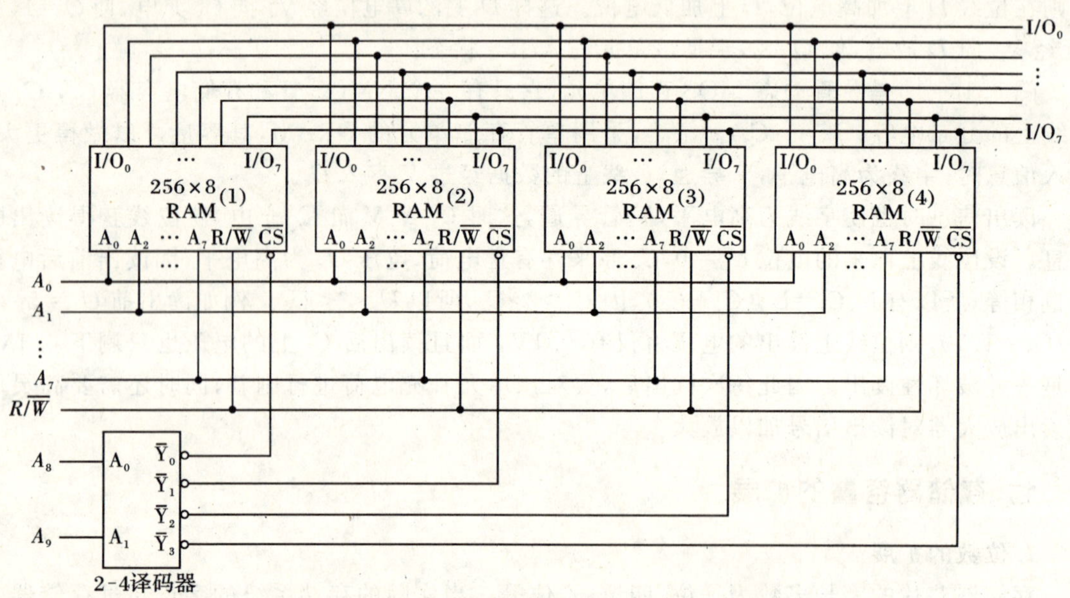

图 6.18　256×8 RAM 扩展成 1024×8 存储器

ROM 的字扩展方法与上述方法相同。

任务 2　EPROM2764 及应用

【任务目标】

(1)掌握 EPROM2764 的引脚功能及工作方式。

(2)熟练掌握 EPROM2764 的固化与擦除。

一、EPROM2764 的基础知识

1. 引脚

2764 是一个 8 K×8 位的紫外线可擦除可编程 ROM 集成电路。其引脚图如图 6.19 所示。2764 共有 213 个存储单元，存储容量为 8 K×8 位。2764 有 13 根地址线 $A_0\sim A_{12}$，8 根数据线 $D_0\sim D_7$，3 条控制线$\overline{CE}$、$\overline{OE}$和$\overline{PGM}$，以及编程电压 V_{PP}、电源 V_{CC}和地 GND 等。

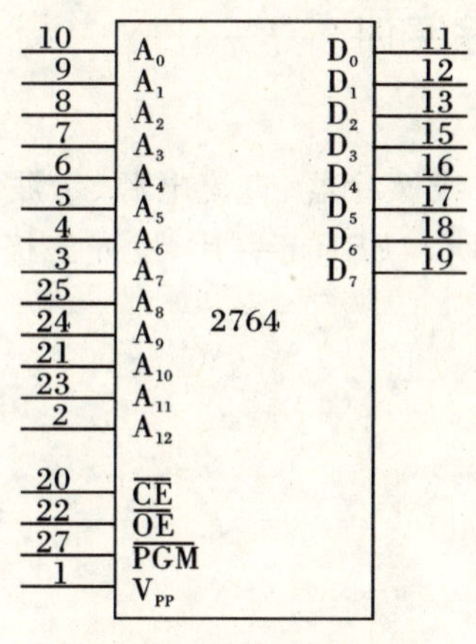

图 6.19　2764 的引脚图

2. 工作方式

2764 有 5 种工作方式，如表 6.3 所示。

(1)在读出方式下,电源电压为 5 V,最大功耗为 500 mW,信号电平与 TTL 电平兼容,最大读出时间为 250 ns。

(2)使用 12 mW/cm² 紫外线灯时,擦除时间约 15～20 min。写好的芯片其窗口上宜贴上一层不透光的胶纸,以防止在强光照射下破坏片内信息。

(3)芯片工作方式见表 6.3,表中 V_{CC} = 5 V, V_{PP} = 12.5 V。

工作方式说明：

读出:当片选信号 $\overline{CE}$ 和输出允许信号 $\overline{OE}$ 都有效(均为低电平),而编程信号 $\overline{PGM}$ 无效(为高电平)时,芯片处于读出数据工作方式。

表 6.3　2764 的工作方式

工作方式	引脚					
	$\overline{CE}$	$\overline{OE}$	$\overline{PGM}$	V_{PP}	V_{CC}	$D_7 \sim D_0$
读　出	V_{IL}	V_{IL}	V_{IH}	V_{CC}	V_{CC}	D_{OUT}
维　持	V_{IH}			V_{CC}	V_{CC}	高阻
编　程	V_{IL}	V_{IH}	编程脉冲	V_{PP}	V_{CC}	D_{IN}
程序校验	V_{IL}	V_{IL}	V_{IH}	V_{PP}	V_{CC}	V_{OUT}
禁止编程	V_{IH}			V_{PP}	V_{PP}	高阻

维持:片选无效,则芯片进入维持方式。此时数据线处于高阻状态,芯片功耗降为 200 mW。

编程:当片选有效,输出允许无效, V_{PP} 端外接 12.5 V 电压,编程信号端加宽为 50 ms 的 TTL 低电平编程脉冲时,芯片处于编程工作方式。必须注意 V_{PP} 不能超过允许值,否则会损坏芯片。

程序校验:此方式工作在编程完成之后,为检验编程结果是否正确。各信号状态似读出方式,但 V_{PP} 为编程电压。

禁止编程: V_{PP} 虽接编程电压,但片选信号无效时,不能进行编程操作。

思考题:由 2764 的引脚判断它的容量是多少。

二、EPROM的固化与擦除实训

1. 实训设备和器件

实训设备：电脑、编程器、紫外线擦除器、直流电源、示波器、单脉冲发生器各一。

实训器件：EPROM 2764 一片，74LS161 一片，发光二极管 8 个，510 Ω 电阻 8 个，导线若干、面包板一块。

2. 实训电路图

实训电路图如图 6.20 所示。

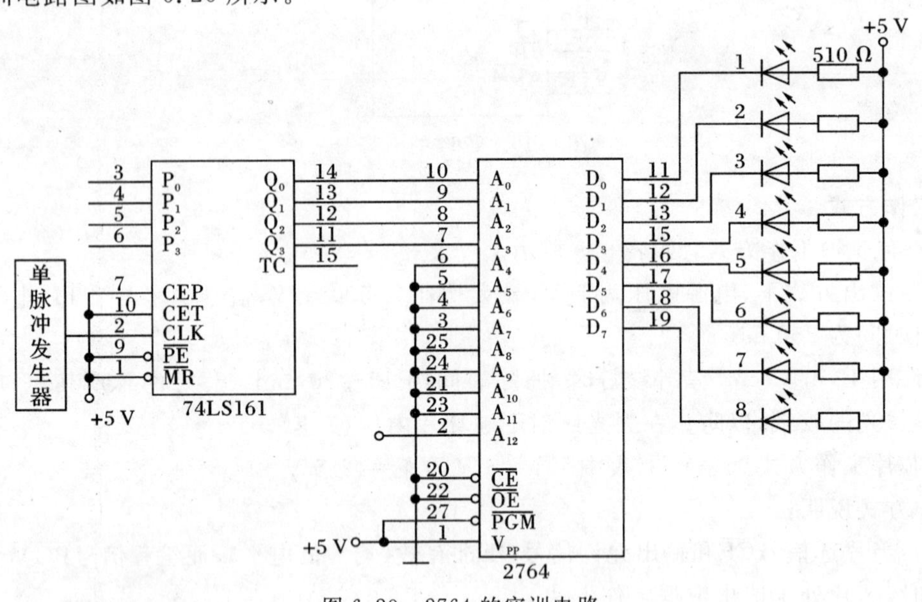

图 6.20 2764 的实训电路

3. 实训步骤与要求

(1)插入芯片：在编程器中插入 2764 并固定，注意芯片一定要按照编程器上的标识插在正确的位置。打开编程器的电源开关。

(2)进入 EPROM 编程软件。

(3)检查 2764 的内容：检查 2764 的内容是否为空，若为空，可以进行步骤(4)；否则，说明 2764 中有信息，不能写入，需要擦除后再进行写入操作。擦除操作见步骤(6)。

(4)向 2764 写入内容：存储单元 0000～1FFF 的内容未写入时全为 1。可以根据自己的需要在相应的单元写入内容。为了测试写入以下内容：

0000～000F 单元　FE FF FC FF F8 FF F0 FF E0 FF C0FF 80FF 00 FF

1000～100F 单元　FE FF FD FF FB FF F7 FF EF FF DF FF BF FF 7F FF

其他单元的内容不变，全为 FF。

这里 0～F 代表十六进制数。

(5)2764 内容测试：按照图 6.20 连接线路，接好电源，注意一定不要接错线。然后按照以下步骤进行测试：

①2764 的 2 脚接地：根据单脉冲发生器产生的脉冲可以看到，电路中的发光二极管的点亮规律为：1＃亮；全灭；1＃、2＃亮；全灭；1＃、2＃、3＃亮；全灭；…，全亮；全灭。16 个脉冲

后又重新按照上述规律循环。

②2764 的 2 脚接+5 V:根据单脉冲发生器产生的脉冲可以看到,电路中的发光二极管的点亮规律为:1#亮;全灭;2#亮;全灭;3#亮;全灭,…,8#亮;全灭。8 个发光二极管依次点亮,16 个脉冲后又重新按照上述规律循环。

(6)擦除 2764 中的内容并测试:取下电路中的 2764,放进紫外线擦除器中,设定 10 min 左右的定时时间,插上电源,开始对 2764 中的内容进行擦除。擦除结束,重复步骤(1)、(2)、(3),可以看到 2764 中的内容为空。再插入实训电路中,所有发光二极管均不会点亮。

项目小结

通过本项目的学习,要求掌握以下知识点:

1. 只读存储器 ROM 有掩膜 ROM、可编程 ROM、可改写 ROM

ROM 主要由地址译码器、存储矩阵和输出缓冲器三部分组成。存储矩阵是存放信息的主体,它由许多存储单元排列组成。地址译码器有 n 条地址输入线 $A_0 \sim A_{n-1}$,2^n 条译码输出线 $W_0 \sim W_{2^n-1}$。输出缓冲器是 ROM 的数据读出电路,通常用三态门构成,它不仅可以实现对输出数据的三态控制,以便与系统总线连接,还可以提高存储器的带负载能力。

2. 存储器的容量用存储单元的数目来表示,写成“字数×位数”的形式

存储矩阵有 2^n 个字,每个字的字长为 m,整个存储器的存储容量为 $2^n \times m$ 位。当所采用的 ROM 容量不满足需要时,可将容量进行扩展。扩展又分为字扩展和位扩展。

3. EPROM2764 是一个 8 K×8 位的紫外线可擦除可编程 ROM 集成电路

2764 共有 213 个存储单元,存储容量为 8 K×8 位。工作方式有读出、维持、编程、程序校验、禁止编程 5 种状态。

思考与练习 6

6.1 只读存储器可以分为哪几类?

6.2 存储器中数据线和地址线的关系如何?

6.3 2764 工作时有几种工作状态,分别是什么?

6.4 简述 2764 固化与擦除的步骤。

项目7 数字电压表的制作与调试

项目剖析

数字电压表(Digital Voltmeter DVM)是采用数字化测量技术,把连续的模拟量(直流输入电压)转换成不连续、离散的数字形式并加以显示的仪表。如果被测量不是直流电压,而是交流电压或是非电信号,则应通过其他电路(如交-直流变换器或传感器等)将它们转换成直流电压再进行测量。

数字电压表是诸多数字化仪表的核心与基础,以数字电压表为核心,可以扩展成多种通用数字仪表、专用数字仪表及各种非电量的数字化仪表(如:温度计、湿度计、酸度计、厚度仪等),几乎覆盖了电子电工测量、工业测量、自动化仪表等各个领域。因此对数字电压表进行全面的了解是很有必要的。

本项目要求用中小规模集成芯片设计并制作一个$3\frac{1}{2}$位(3位半)的数字电压表,测量范围分别为0~±1.999 V,0~±19.99 V,0~±199.9V,0~±1999V,转换误差允许最低位有±1个数字的跳动。用1.999 V和199.9 mV的模拟电压作输入,校准电压表的读数,测试线性误差,并用标准数字电压表监视输入信号由0~±1.999V连续变化,读出相应的显示数据,其最大偏差为线性误差。

下图为该制作的组成框图,组成框图包括模拟和数字两部分。模拟部分包括输入电路、A/D转换器和基准电源;数字部分包括计数器、译码器、逻辑控制电路、时钟发生器和数字显示器。其中:输入电路对输入电压进行衰减/放大、变换等;A/D转换器(Analog to Digital Converter,ADC)是核心部件,它将输入的模拟量转换成数字量;逻辑控制电路产生控制信号,按规定的时序将A/D转换器中各组模拟开关接通或断开,保证A/D转换正常进行,A/D转换结果通过计数译码电路变换成笔段码,最后驱动显示器显示相应的数值;数字显示器用于显示模拟电压的数字量结果。如何实现上述各项功能数字电压表的制作?完成以下各任务内容的学习后,就会找到这些问题的答案。

本项目由以下4个任务组成:

任务1 数字电压表的构成及参数指标

任务2 A/D转换器

任务3 D/A转换器

任务4　数字电压表的安装与调试

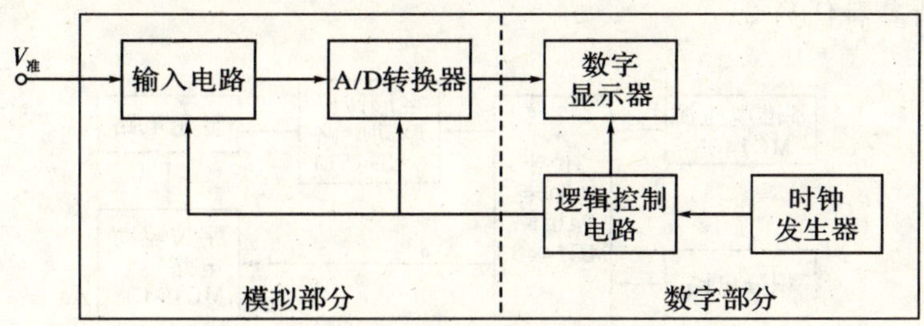

数字电压表的组成框图

项目目标

本项目以3位半直流数字电压表的制作为例，详细讲解了A/D转换器（模/数转换器）的基本原理及其应用电路，同时也详细分析了D/A转换器（数/模转换器）的工作原理及应用电路的功能。围绕“数字电压表的制作与调试”展开学习，要达到的主要目标如下：

(1)掌握数字电压表的工作原理及分析方法。

(2)掌握数字电压表的设计、组装与调试方法。

(3)熟悉几种相关的集成电路的功能和使用方法，并掌握其工作原理。

任务1　数字电压表的构成及参数指标

【任务目标】

(1)掌握数字电压表的组成。

(2)掌握数字电压表各基本单元电路的功能。

(3)掌握数字电压表的主要参数指标。

一、数字电压表的构成

1. 数字电压表的组成

图7.1是3位半直流数字电压表的组成框图。它由基准电压源、双积分型A/D转换器、译码/驱动器及LED阴极数码管等组成。3位半是指十进制数0000～1999。所谓3位，是指个位、十位、百位，其数字范围均为0～9。而半位是指千位，它不能由0变化到9，而只能由0变1，即二值状态，故称为半位。

为了对模拟电压V_x进行测量和显示，在进行A/D转换时，必须设置稳定的参考电压V_{REF}，以便作为比较基准。A/D转换器是本电压表的核心器件，它有两个最主要的参数，即转换速度和转换精度。对于3位半数字电压表，要求精度较高，而对转换速度的要求并不很

高，宜选用双积分型 A/D 转换器。这种转换器在完成一次转换的过程中只要两次积分，时间常数(即时间间隔)不变，转换结果就不会受影响，且抗干扰能力强。有关双积分型 A/D 转换器的转换原理请参看任务 2。

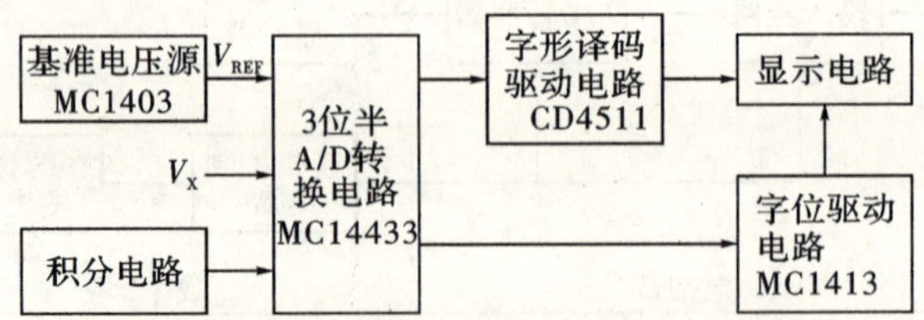

图 7.1　3 位半直流数字电压表的组成框图

2. 各基本单元电路的功能和工作原理

根据设计要求，按照图 7.1 合理选配器件，组成数字电压表的电路图，如图 7.2 所示。电路中各部分的功能如下：

1)基准电压源

基准电压源的功能是提供精密电压，供 A/D 转换器作参考电压。这里采用集成精密稳压源 MC1403，它的输出电压 V_o 值在 2.475～2.525 V 以内，准确度高且温度系数为零，适用于低压电源。MC1403 的稳压精度高于 A/D 转换器的精度，其引脚排列如图 7.3 所示。

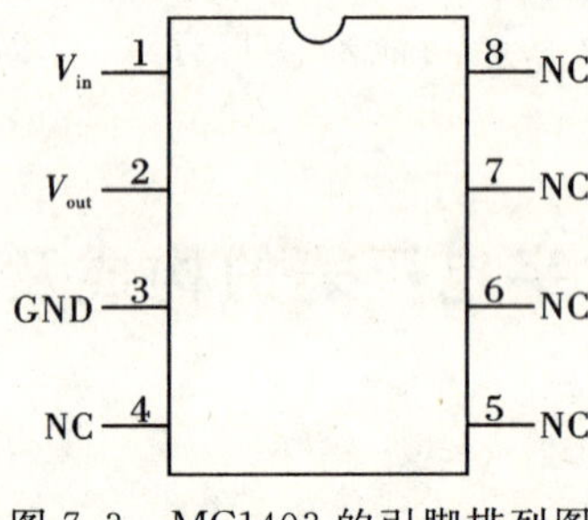

图 7.3　MC1403 的引脚排列图

2)3 $\frac{1}{2}$位 A/D 转换器

3 $\frac{1}{2}$位 A/D 转换器的功能是将输入的模拟信号转换成数字信号。MC14433 是美国 Motorola 公司推出的单片 3 $\frac{1}{2}$位 A/D 转换器，集成了双积分式 A/D 转换器所有的 CMOS 模拟电路和数字电路。它具有外接元件少，输入阻抗高，功耗低，电源电压范围宽，精度高等特点，并且具有自动校零和自动极性转换功能，只要外接少量的阻容器件即可构成一个完整的 A/D 转换器。MC14433 的内部组成如图 7.4 所示。

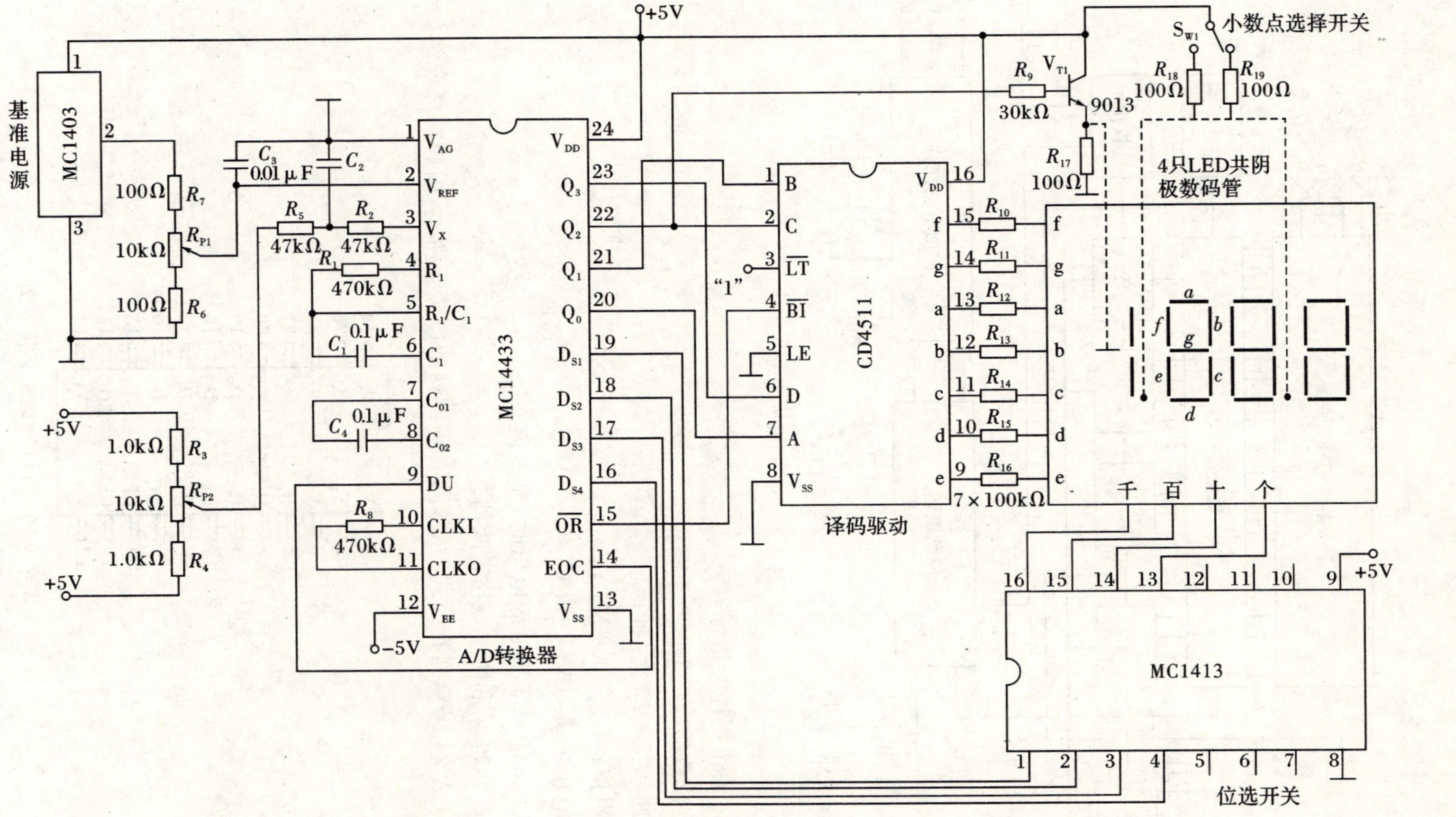

图7.2 数字电压表电路图

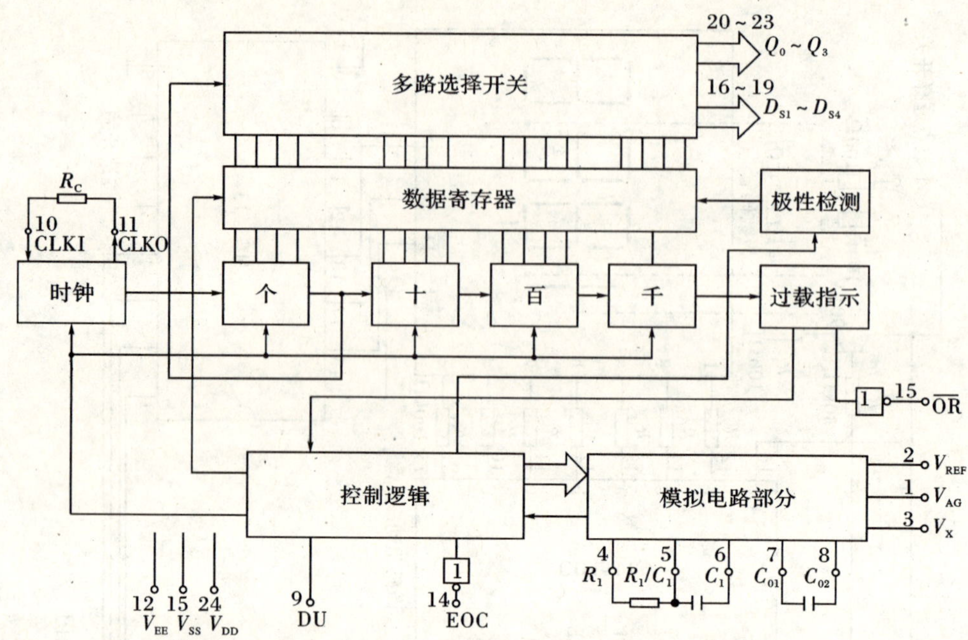

图 7.4　MC14433 的内部组成

MC14433 的主要性能指标有：

(1)精度：读数的±0.05％±1 字；

(2)转换速率：2～25 次/秒；

(3)输入阻抗：大于 1 000 MΩ；

(4)电源电压：±4.5 V～±8 V；

(5)功耗：8 mW(±5 V 电源电压时，典型值)；

(6)量程：1.999 V 和 199.9 mV 两挡。

MC14433 为 24 脚双列直插式封装，其引脚排列如图 7.5 所示，引脚功能介绍如下：

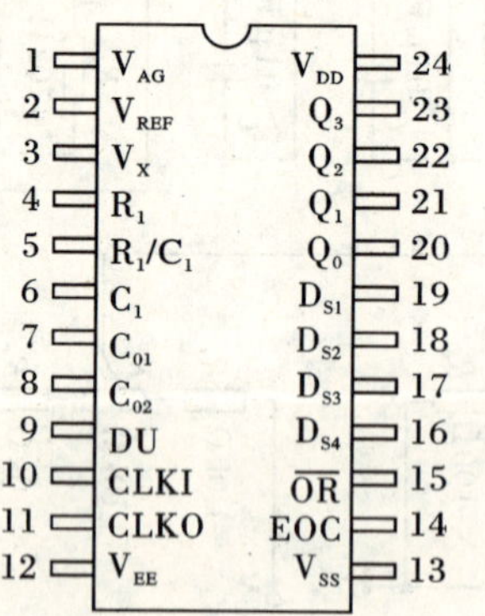

图 7.5　MC14433 的引脚排列图

V_{AG}：模拟地，为被测电压和基准电压的接入地。

V_{REF}：基准电压的输入端。

V_X：被测电压的输入端。

R_1、R_1/C_1 和 C_1：外接积分阻容元件。4 引脚和 6 引脚为输入端，5 引脚为积分波形输出端。当时钟为 66 kHz，R_1 为 470 kΩ（2 V）或 47 kΩ（200 mV）时，一次转换的时间约为 250 ms。

C_{01}、C_{02}：外接失调补偿电容，通常取 0.1μF。

DU：定时输出控制端。若输入一个正脉冲，则使转换结果送至结果寄存器。

CLKI 和 CLKO：时钟信号输入、输出端，通常外接一个 300 kΩ 左右的电阻。

V_{EE}：负电源，为电路最低电平端。

V_{SS}：输出低电平基准，为数字地或称系统地。

EOC：转换周期结束标志位。每个转换周期结束时，EOC 将输出一个正脉冲信号。

$\overline{OR}$：过量程标志位，当 $|V_X|>V_{REF}$ 时，输出为低电平。

D_{S4}、D_{S3}、D_{S2}、D_{S1}：多路选通脉冲输出端，分别对应个位、十位、百位、千位选通信号。

Q_0、Q_1、Q_2、Q_3：经 A/D 转换后的 BCD 码结果输出端。

V_{DD}：正电源电压端。

3)七段锁存—译码—驱动器

七段锁存—译码—驱动器的功能是将二-十进制 BCD 码转换成七段信号，驱动显示器的 a,b,c,d,e,f,g 七段发光段，推动发光管进行显示。CD4511 是专用标准译码器，它由四位闩锁、七段译码电路和驱动器三部分组成，其功能如图 7.6(a)所示。

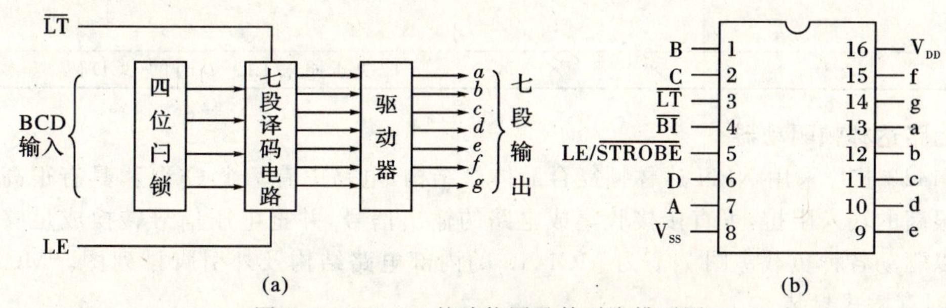

图 7.6　CD4511 的功能图及外引脚排列图

(a)CD4511 的功能图；(b)CD4511 的外引脚排列图

(1)四位闩锁：将输入的 A,B,C,D 代码寄存起来，该电路具有锁存功能，在锁存允许端(LE)的控制下工作。当 LE="1"时，闩锁器处于锁存状态，四位闩锁封锁输入，保持前次 LE="0"时输入的 BCD 码；当 LE="0"时，闩锁器处于选通状态，输出即为输入代码。

(2)七段译码电路：将来自四位闩锁输出的 BCD 代码译成七段显示码输出，它有$\overline{LT}$(灯测试)和$\overline{BI}$(消隐)两个控制端。

当$\overline{LT}$="0"时，七段译码器输出全为"1"，发光数码管各段全亮显示；当$\overline{LT}$="1"时，译码器输出状态由$\overline{BI}$端控制。

当$\overline{BI}$="0"时，控制译码器输出全为"0"，发光数码管各段熄灭；当$\overline{BI}$="1"时，译码器正常输出，发光数码管正常显示。

(3)驱动器：利用内部设置的 NPN 管构成射极输出器，加强驱动能力。CD4511 为 CMOS 型 16 脚双列直插式集成器件，主要用于驱动共阴极 LED 数码管，其引脚排列如图 7.6(b)所示。其真值表如表 7.1 所示。

表 7.1　CD4511 真值表

LE	$\overline{BI}$	$\overline{LT}$	D	C	B	A	a	b	c	d	e	f	g	显示
×	×	0	×	×	×	×	1	1	1	1	1	1	1	8
×	0	1	×	×	×	×	0	0	0	0	0	0	0	暗
0	1	1	0	0	0	0	1	1	1	1	1	1	0	0
0	1	1	0	0	0	1	0	1	1	0	0	0	0	1
0	1	1	0	0	1	0	1	1	0	1	1	0	1	2
0	1	1	0	0	1	1	1	1	1	1	0	0	1	3
0	1	1	0	1	0	0	0	1	1	0	0	1	1	4
0	1	1	0	1	0	1	1	0	1	1	0	1	1	5
0	1	1	0	1	1	0	0	0	1	1	1	1	1	6
0	1	1	0	1	1	1	1	1	1	0	0	0	0	7
0	1	1	1	0	0	0	1	1	1	1	1	1	1	8
0	1	1	1	0	0	1	1	1	1	0	0	1	1	9
0	1	1	1	0	1	0	0	0	0	0	0	0	0	暗
0	1	1	1	0	1	1	0	0	0	0	0	0	0	暗
0	1	1	1	1	0	0	0	0	0	0	0	0	0	暗
0	1	1	1	1	0	1	0	0	0	0	0	0	0	暗
0	1	1	1	1	1	0	0	0	0	0	0	0	0	暗
0	1	1	1	1	1	1	0	0	0	0	0	0	0	暗
1	1	1	×	×	×	×	取决于原来 LE=0 时的 BCD 码							

4)七路达林顿驱动器

MC1413 芯片采用 NPN 达林顿复合晶体管结构,电路中有 7 个 OC 门,具有很高的电流增益和很高的输入阻抗,可直接接收集成电路的输出信号,并把电压信号转换成足够大的电流信号以驱动各种负载。图 7.7 为 MC1413 的内部电路结构及外引脚排列图。MC1413 为 16 脚双列直插式封装。

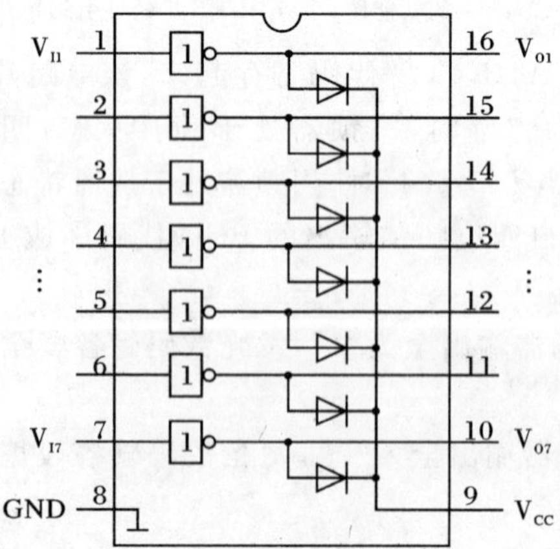

图 7.7　MC1413 的内部电路结构及外引脚排列图

5)LED 显示器

LED 显示器的功能是将译码器输出的七段信号进行数字显示,读出 A/D 转换结果。

二、电路的工作过程

模拟量输入信号 V_X 经 RC 滤波网络后加到MC14433的信号输入端 V_X。由基准电压源MC1403输出的2.0 V电压加到MC14433的参考电压比较端 V_{REF}。输入的 V_X 经MC14433内部A/D转换后以动态扫描形式输出，在MC14433的20～23引脚按时序依次输出 $Q_0Q_1Q_2Q_3$（8421BCD码）数字信号。MC14433输出的 D_{S1}～D_{S4} 选通脉冲通过位选开关MC1413分别控制着千位、百位、十位和个位上的4只LED数码管的公共阴极。若 D_S 选通脉冲为高电平，则表示对应的数字被选通，此时该位资料在 Q_0～Q_3 端输出。每个 D_S 选通脉冲高电平宽度为18个时钟脉冲周期，两个相邻选通脉冲之间间隔2个时钟脉冲周期，D_S 和EOC的时序关系是：在EOC脉冲结束后，紧接着是 D_{S1} 输出正脉冲，以下依次为 D_{S2}、D_{S3} 和 D_{S4}。其中 D_{S1} 对应最高位，D_{S4} 对应最低位。在 D_{S2}、D_{S3} 和 D_{S4} 选通期间，Q_0～Q_3 输出BCD全位资料，即以8421码方式输出对应的数字0～9。在 D_{S1} 选通期间，Q_0～Q_3 输出千位的半位数0或1及过量程、欠量程和极性标志信号。图7.8所示为MC14433的转换输出时序图。

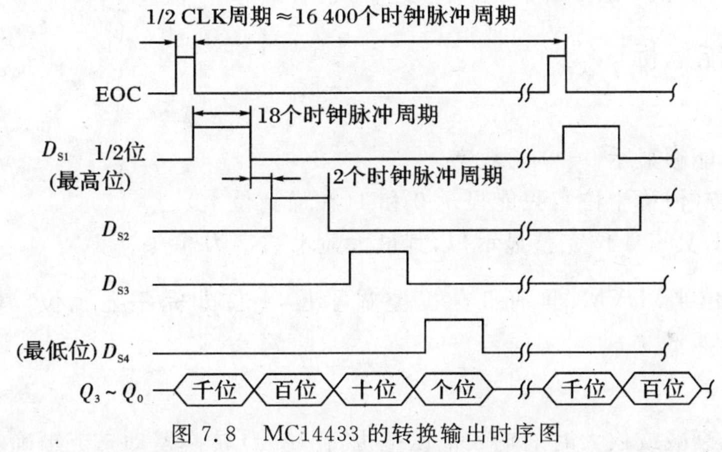

图7.8 MC14433的转换输出时序图

在位选信号 D_{S1} 选通期间即 $D_{S1}=1$ 时，Q_0～Q_3 输出过量程、欠量程、千位和极性标志的编码如表7.2所示。

表7.2 D_{S1} 选通时 Q_0～Q_3 表示的输出结果表

D_{S1}	Q_3	Q_2	Q_1	Q_0	输出结果状态
1	1	×	×	0	千位数为0
1	0	×	×	0	千位数为1
1	×	1	×	0	输出结果为正
1	×	0	×	0	输出结果为负
1	0	×	×	1	输入信号过量程
1	1	×	×	1	输入信号欠量程

由表7.2可知，Q_3 在 $Q_0=0$ 时，表示千位数的内容：$Q_3=0$，千位为1；$Q_3=1$，千位为0。

Q_3 在 $Q_0=1$ 时，表示过、欠量程：$Q_3=0$，表示过量程，输出过量程标志信号 $\overline{OR}=0$；$Q_3=1$ 表示欠量程，输出过量程标志信号 $\overline{OR}=1$，平时 $\overline{OR}$ 为高电平，表示被测量在量程内。当量程选为1.999 V时，过量程表示被测信号大于1.999 V；欠量程表示被测信号小于0.199 V。MC14433的 $\overline{OR}$ 端与MC4511的消隐端 $\overline{\text{BI}}$ 直接相连，当被测信号超出量程时，则 $\overline{OR}$ 输出低电平，

即$\overline{BI}=0$，MC4511译码器输出全为0，使发光数码管显示数字熄灭，而负号和小数点仍然点亮。

Q_2表示被测信号的极性：$Q_2=1$，为正极性；$Q_2=0$，为负极性。

负号的显示由MC14433中的一只晶体管控制，符号位的"一"阴极与千位数的阴极在一起，当输入信号为负电压时，Q_2端输出位置"0"，Q_2负号控制位驱动器不工作，通过限流电阻使"一"点亮；当输入信号为正电压时，Q_2端输出置"1"，负号控制位使达林顿驱动导通，限流电阻接地，使"一"旁路熄灭。

小数点显示是由正电源通过限流电阻供电点亮的，量程不同可选通对应的小数点。

MC14433输出的8421BCD码加到七段译码-驱动器CD4511，CD4511将BCD码译成符合共阴极七段LED显示器要求的段码，并从$a\sim g$端输出，同时加到4个LED数码管的$a\sim g$各引脚上。把A/D转换器输出的数据按时序以动态扫描形式在4只数码管上依次显示出来。动态扫描选用的选通重复频率较高，译码显示从高位到低位是以每位每次300 μs的速率进行循环显示的，由于视觉效应人眼看到的是4位数码管同时显示三位半十进制数字量。在4位显示中，千位显示时，只有b、c两段连接，因此千位只显示1或不显示；用千位的g段来显示模拟量的负值(正值无符号显示)。

三、主要性能指标

1. 显示位数

完整显示位：能够显示0～9的数字。

非完整显示位(俗称半位)：只能显示0和1(在最高位上)。

如4位DVM，具有4位完整显示位，其最大显示数字为9999。

而$3\frac{1}{2}$位(3位半)DVM，具有3位完整显示位，1位非完整显示位，其最大显示数字为1999。

2. 量程

基本量程：无衰减或放大时的输入电压范围，由A/D转换器动态范围确定。通过对输入电压进行(按10倍)放大或衰减，可扩展其他量程。如基本量程为10 V的DVM，可扩展出0.1 V、1 V、10 V、100 V、1000 V等五挡量程；基本量程为2 V或20 V的DVM，可扩展出200 mV、2 V、20 V、200 V、1000 V等五挡量程。

3. 分辨力

分辨力指DVM能够分辨最小电压变化量的能力。它反映了DVM的灵敏度，用每个字对应的电压值来表示，即V/字。不同的量程上能分辨的最小电压变化的能力不同，显然，在最小量程上具有最高分辨力。例如，3位半的DVM，在200 mV最小量程上可以测量的最大输入电压为199.9 mV，其分辨力为0.1 mV/字(即当输入电压变化0.1 mV时，显示的末尾数字将变化"1个字")。

分辨率用百分数表示，与量程无关，比较直观。如上述的DVM在200 mV最小量程上的分辨力为0.1 mV，则分辨率为$\frac{0.1\ \text{mV}}{200\ \text{mV}}\times 100\%=0.05\%$。

分辨率也可直接从显示位数得到(与量程无关)。如3位半的DVM，可显示出1999(共2000个字)，则分辨率为$\frac{1}{2000}\times 100\%=0.05\%$。

4. 测量速度

测量速度即每秒钟完成的测量次数。它主要取决于 A/D 转换器的转换速度。一般低速高精度的 DVM 的测量速度为几次/秒至几十次/秒。

5. 测量精度

测量精度取决于 DVM 的固有误差和使用时的附加误差(温度等)。固有误差表达式为

$$\Delta V=\pm(\alpha\% V_x+\beta\% V_{\mathrm{m}})$$

示值(读数)相对误差为

$$\gamma=\frac{\Delta V}{V_x}=\pm(\alpha\%+\beta\%\frac{V_{\mathrm{m}}}{V_x})$$

式中:V_x——被测电压的读数;

V_{m}——该量程的满度值;

α——误差的相对项系数;

β——误差的固定项系数。

固有误差由两部分构成:读数误差和满度误差。

(1)读数误差:$\pm\alpha\% V_x$,与当前读数有关,主要包括 DVM 的刻度系数误差和非线性误差。

(2)满度误差:$\pm\beta\% V_{\mathrm{m}}$,与当前读数无关,只与选用的量程有关。有时将$\pm\beta\% V_{\mathrm{m}}$ 等效为“$\pm n$ 字”的电压量表示,即 $\Delta V=\pm(\alpha\% V_x+n$ 字)。

例如,某台 3 位半 DVM,说明书给出的基本量程为 2 V,$\Delta V=\pm$(0.01 %读数+1 字)。则在 2 V 量程上,1 字=0.1 mV,由 $\beta\% V_{\mathrm{m}}=\beta\%\times 2\mathrm{V}=0.1\ \mathrm{mV}$ 可知,$\beta\%=0.005\ \%$,即表达式中“1 字”的满度误差项与“0.005 %”的表示是完全等价的,即

$$\gamma=\pm(0.01\%+0.005\%\frac{V_{\mathrm{m}}}{V_x})$$

当被测量(读数值)很小时,满度误差起主要作用;当被测量较大时,读数误差起主要作用。为减小满度误差的影响,应合理选择量程,以使被测量大于满量程的 2/3 以上。

6. 输入阻抗

输入阻抗取决于输入电路(并与量程有关)。输入阻抗越大越好,否则将影响测量精度。对于直流 DVM,输入阻抗用输入电阻表示,一般在 10~1 000 MΩ 之间;对于交流 DVM,输入阻抗用输入电阻和并联电容表示,电容值一般在几十至几百 pF 之间。

任务2 A/D 转换器

【任务目标】

(1)掌握 A/D 转换器的基本概念、功能和工作原理。

(2)掌握逐次逼近式 A/D 转换器的工作原理和方框图。

(3)掌握双积分式 A/D 转换器的工作原理和方框图。

(4)了解 A/D 转换器的主要参数和 ADC0809 的内部结构与引脚功能。

现实生活中的各种物理量如温度、压力、湿度、流量、速度等均为模拟量，只有将这些模拟量转换成数字量才能经数字电路(或计算机系统)处理，处理后的数字信号有时还需再转换成模拟信号进行显示及执行各种控制动作等。将模拟量转换成数字量的过程称为 A/D 转换，将数字量转换成模拟量的过程称为 D/A 转换。上面叙述的过程可通过图 7.9 的形式表示。

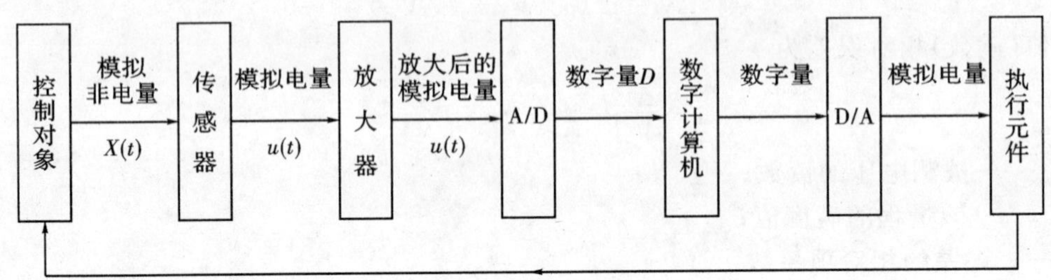

图 7.9　A/D、D/A 转换器在数字系统中的应用

一、A/D 转换器的基本原理

A/D 转换器是将时间连续、幅值也连续的模拟信号转换为时间离散、幅值也离散的数字信号。转换过程通过采样、保持、量化和编码四个步骤完成，这个工作过程如图 7.10 所示。

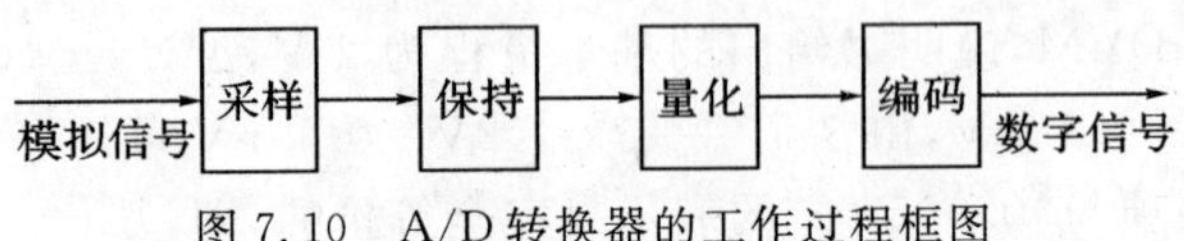

图 7.10　A/D 转换器的工作过程框图

1. 采样和保持

采样(也称取样)是将时间上连续变化的信号转换为时间上离散的信号，即将时间上连续变化的模拟量转换为一系列等间隔的脉冲，脉冲的幅度取决于输入模拟量。其过程如图 7.11 所示。图中 $U_i(t)$ 为输入模拟信号，$S(t)$ 为采样脉冲，$U'_o(t)$ 为采样后的输出信号。

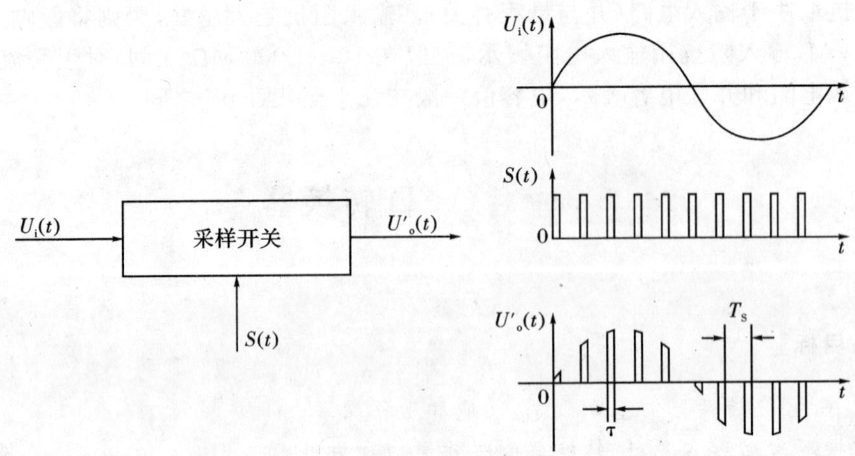

图 7.11　采样过程

在采样脉冲作用期 τ 内，采样开关接通，使 $U'_o(t)=U_i(t)$，在其他时间 $(T_S-\tau)$ 内，输出

为 0。因此，每经过一个采样周期，对输入信号采样一次，在输出端便得到输入信号的一个采样值。为了不失真地恢复原来的输入信号，根据采样定理，一个频率有限的模拟信号，其采样频率 f_S 必须大于或等于输入模拟信号包含的最高频率 f_{max} 的两倍，即采样频率必须满足：

$$f_S \geqslant 2f_{max}$$

模拟信号经采样后，得到一系列样值脉冲。采样脉冲宽度 τ 一般是很短暂的，在下一个采样脉冲到来之前，应暂时保持所取得的样值脉冲幅度，以便进行转换。因此，在采样电路之后须加保持电路。图 7.12(a)是一种常见的采样保持电路，场效应管为采样门，电容 C 为保持电容，运算放大器为跟随器，起缓冲隔离作用。在采样脉冲 $S(t)$ 到来的时间 τ 内，场效应管导通，输入模拟量 $U_i(t)$ 向电容充电；假定充电时间常数远小于 τ，那么 C 上的充电电压能及时跟上 $U_i(t)$ 的采样值。采样结束，场效应管迅速截止，电容 C 上的充电电压就保持了前一采样时间 τ 的输入 $U_i(t)$ 的值，一直保持到下一个采样脉冲到来为止。当下一个采样脉冲到来时，电容 C 上的电压再按输入 $U_i(t)$ 变化。在输入一连串采样脉冲序列后，采样保持电路的缓冲放大器输出电压 $U'_o(t)$ 便得到如图 7.12(b)所示的波形。

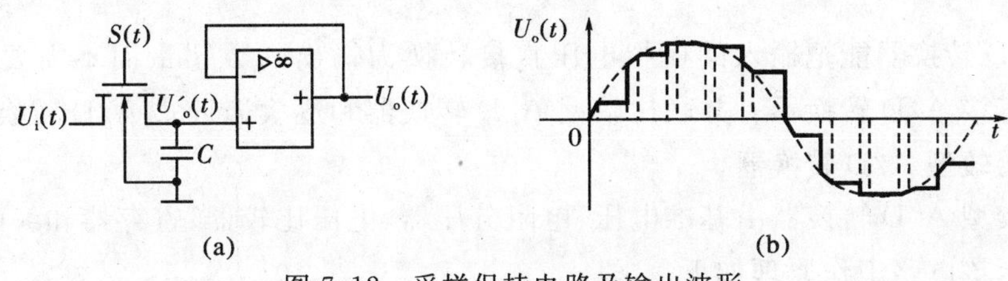

图 7.12　采样保持电路及输出波形

(a)采样保持电路；(b)输出波形图

2. 量化和编码

输入的模拟电压经过采样保持后，得到的是阶梯波。由于阶梯的幅度是任意的，将会有无限个数值，因此该阶梯波仍是一个可以连续取值的模拟量。另一方面，由于数字量的位数有限，只能表示有限个数值(n 位数字量只能表示 2^n 个数值)，因此用数字量来表示连续变化的模拟量时就有一个类似于四舍五入的近似问题。必须将采样后的样值电平归化到与之接近的离散电平上，这个过程称为量化。指定的离散电平称为量化电平。用二进制数码来表示各个量化电平的过程称为编码。两个量化电平之间的差值称为量化间隔 S。位数越多，量化等级越细，S 就越小。采样保持后未量化的 U_o 值与量化电平 U_q 值通常是不相等的，其差值称为量化误差 δ，即 $\delta=U_o-U_q$。量化的方法一般有两种：只舍不入法和有舍有入法。

(1)只舍不入法：它是将采样保持信号 U_o 不足一个 S 的尾数舍去，取其原整数。如图 7.13(a)所示是采用了只舍不入法，区域(3)中 $U_o=3.6$ V 时将它归并到 $U_q=3$ V 的量化电平，因此，编码后的输出为 011。这种方法 δ 总为正值，$\delta_{max}\approx S$。

(2)有舍有入法：当 U_o 的尾数 $<S/2$ 时，用舍尾取整法得其量化值；当 U_o 的尾数 $\geqslant S/2$ 时，用舍尾入整法得其量化值。如图 7.13(b)所示采用了有舍有入法，区域(3)中 $U_o=3.6$ V，尾数 0.6 V $\geqslant S/2=0.5$ V，因此，归化到 $U_q=4$ V，编码后为 100；区域(5)中 $U_o=4.1$ V，尾数小于 0.5 V，归化到 4 V，编码后为 100。这种方法的 δ 可为正，也可为负，但是 $|\delta_{max}|=S/2$。可见，它比只舍不入法的误差要小。

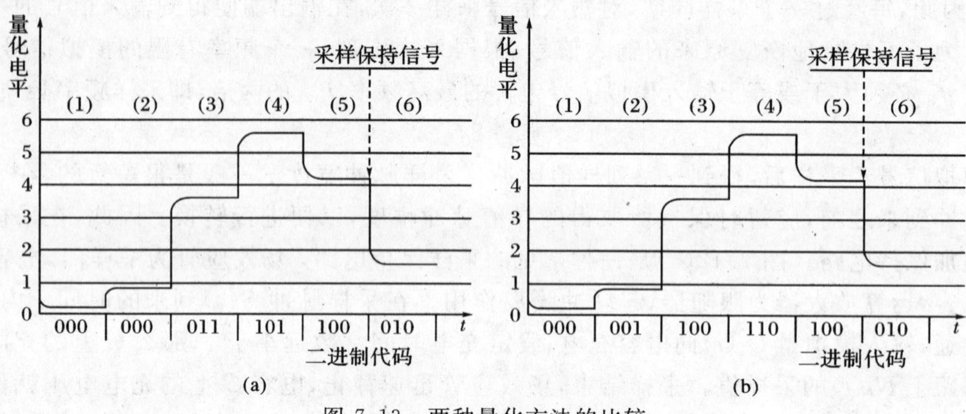

图 7.13　两种量化方法的比较

(a)只舍不入法；(b)有舍有入法

二、直接 A/D 转换器

直接 A/D 转换器能把输入的模拟电压直接转换为输出的数字量而不需要经过中间变量。常用的直接 A/D 转换器有并联比较型 A/D 转换器和逐次逼近式 A/D 转换器。

1. 并联比较型 A/D 转换器

并联比较型 A/D 转换器由基准电压、电阻分压器、电压比较器、寄存器和编码器组成，如图 7.14 所示，该电路工作原理如下：

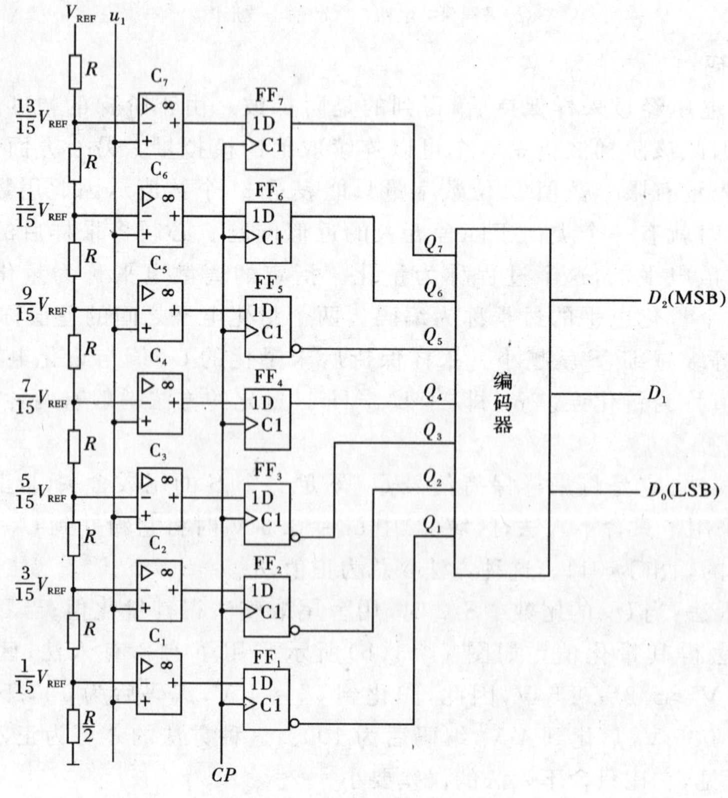

图 7.14　并联比较型电路图

电阻分压器将输入的参考电压量化为 $1/15\ V_{REF}$，$3/15\ V_{REF}$，…，$13/15\ V_{REF}$ 共 7 个比较电平，各个不同等级的量化电平分别加在相应比较器的反相端，作为比较器 $C_1 \sim C_7$ 的参考电压，7 个比较器的另一端连在一起，作为模拟电压的输入端。输入电压 u_i 与参考电压的比较结果由比较器输出，送到寄存器保存，以消除各比较器由于速度不同而产生的逻辑错误输出。编码器把寄存器送出的信号进行二进制编码，以输出 3 位二进制数字信号，从而实现模拟量到数字量的转换。表 7.3 是 3 位并联比较型 A/D 转换器的输入与输出关系对照表。

表 7.3　3 位并联比较型 A/D 转换器的输入与输出关系对照表

输入模拟电压	寄存器状态（代码转换器输入）							数字量输出（代码转换器输出）		
u_i	Q_7	Q_6	Q_5	Q_4	Q_3	Q_2	Q_1	D_2	D_1	D_0
$(0 \sim \frac{1}{15})V_{REF}$	0	0	0	0	0	0	0	0	0	0
$(\frac{1}{15} \sim \frac{3}{15})V_{REF}$	0	0	0	0	0	0	1	0	0	1
$(\frac{3}{15} \sim \frac{5}{15})V_{REF}$	0	0	0	0	0	1	1	0	1	0
$(\frac{5}{15} \sim \frac{7}{15})V_{REF}$	0	0	0	0	1	1	1	0	1	1
$(\frac{7}{15} \sim \frac{9}{15})V_{REF}$	0	0	0	1	1	1	1	1	0	0
$(\frac{9}{15} \sim \frac{11}{15})V_{REF}$	0	0	1	1	1	1	1	1	0	1
$(\frac{11}{15} \sim \frac{13}{15})V_{REF}$	0	1	1	1	1	1	1	1	1	0
$(\frac{13}{15} \sim 1)V_{REF}$	1	1	1	1	1	1	1	1	1	1

并联比较型 A/D 转换器的特点是：转换速度极快，是各种 A/D 转换器中速度最快的一种。但它的缺点是需要用很多的电压比较器和触发器，并且电路的规模随着输出位数的增加而急剧膨胀，所以这种 A/D 转换器的成本高、价格贵，一般适用于高转换速度、低分辨率的场合。

2. 逐次逼近式 A/D 转换器

逐次逼近式 A/D 转换器的转换精度较高，速度较快，价格适中，是目前种类最多、应用最广的 A/D 转换器，其原理框图如图 7.15 所示。典型的 8 位逐次逼近式 A/D 芯片有 ADC0809。

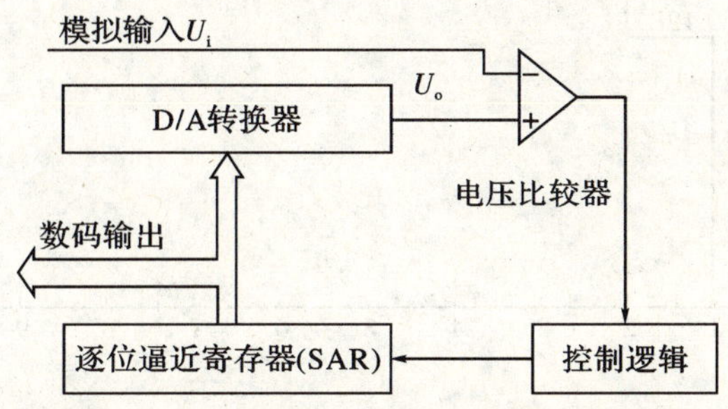

图 7.15　逐次逼近式 A/D 转换器的原理框图

逐次逼近式 A/D 转换器是将转换的模拟电压 U_i 与一系列的基准电压比较。比较是从高位到低位逐位进行的，并依次确定各位数码是 1 还是 0。转换开始前，先将逐位逼近寄存器（SAR）清 0，开始转换后，控制逻辑将逐位逼近寄存器（SAR）的最高位置 1，使其输出为 100…000，这个数码被 D/A 转换器转换成相应的模拟电压 U_o，送至比较器与输入电压 U_i 进行比较。若 $U_o>U_i$，则说明寄存器输出的数码大了，应将最高位改为 0（去码），同时设次高位为 1；若 $U_o\leqslant U_i$，则说明寄存器输出的数码还不够大，因此，需将最高位设置的 1 保留（加码），同时也设次高位为 1。然后，再按同样的方法进行比较，确定次高位的 1 是去掉还是保留（即去码还是加码）。这样逐位比较下去，一直到最低位为止，比较完毕后，寄存器中的状态就是转化后的数字输出。

上述的比较过程正如同天平称量一个未知重量的物体所进行的操作一样，而所使用的砝码一个比一个重量少一半。

例如，一个待转换的模拟电压 $U_i=163$ mV，若逐位逼近寄存器（SAR）的数字量为 8 位，比较过程如表 7.4 和图 7.16 所示。

表 7.4　$U_i=163$ mV 的逐次比较过程

步骤	SAR 设定的数码								十进制读数	比较判别	结果
	128	64	32	16	8	4	2	1			
初始	0	0	0	0	0	0	0	0	0		
1	1	0	0	0	0	0	0	0	128	$U_i\geqslant U_o$	留
2	1	1	0	0	0	0	0	0	192	$U_i<U_o$	去
3	1	0	1	0	0	0	0	0	160	$U_i\geqslant U_o$	留
4	1	0	1	1	0	0	0	0	176	$U_i<U_o$	去
5	1	0	1	0	1	0	0	0	168	$U_i<U_o$	去
6	1	0	1	0	0	1	0	0	164	$U_i<U_o$	去
7	1	0	1	0	0	0	1	0	162	$U_i\geqslant U_o$	留
8	1	0	1	0	0	0	1	1	163	$U_i=U_o$	留
结果	1	0	1	0	0	0	1	1	163		

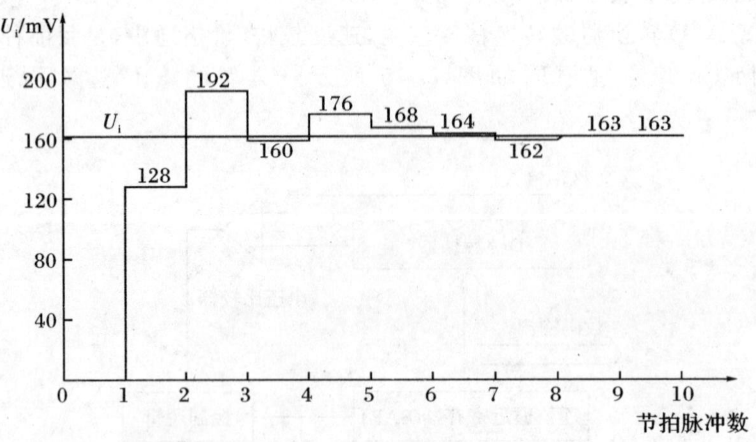

图 7.16　$U_i=163$ mV 时的逐次比较过程

表中的每一个步骤，实际上对应一个 CP 时钟信号周期时间，可见 8 位输出的 A/D 转换器完成一次转换需要 10 个时钟信号周期的时间。如果是 n 位输出的 A/D 转换器，则完成一次转换所需的时间是 $n+2$ 个时钟信号周期的时间。

【例 7.1】 如图 7.17 所示，若图示为一个 4 位逐次逼近型 ADC 电路，输入基准电压 $V_{REF}=5$ V，现加入的模拟电压 $u_i=4.58$ V。求：(1)A/D 转换器输出的数字量为多少？(2)误差是多少？

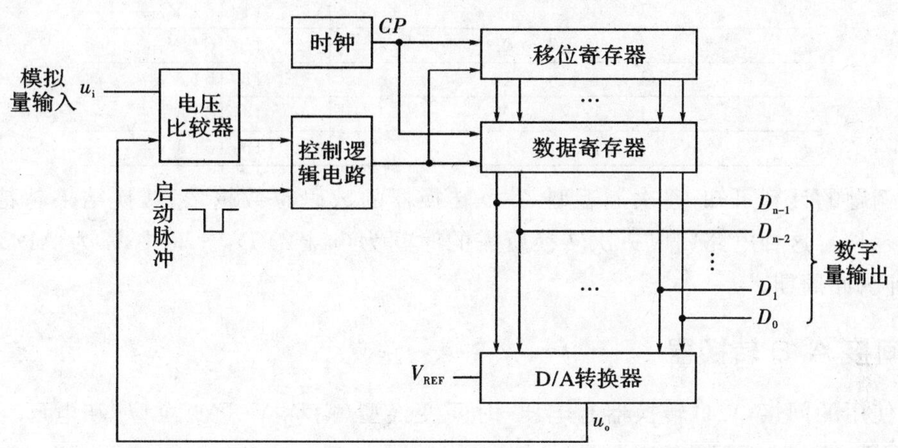

图 7.17　例 7.1 的 4 位逐次比较型 A/D 转换器的框图

【解】 (1)第一步：使寄存器的状态为 1000，送入 D/A 转换器，由表 7.5 可知，经 D/A 转换器输出的电压 $u_o=\frac{8V_{REF}}{16}=\frac{5}{2}=2.5\text{V}$，因为 $u_o<u_i$，所以寄存器最高位的 1 保留。

第二步：寄存器的状态为 1100，经 D/A 转换器输出的电压 $u_o=\frac{12V_{REF}}{16}=3.75\text{V}$，因为 $u_o<u_i$，所以寄存器次高位的 1 也保留。

第三步：寄存器的状态为 1110，经 D/A 转换器输出的电压 $u_o=\frac{14V_{REF}}{16}=4.38\text{V}$，因为 $u_o<u_i$，所以寄存器第三位的 1 也保留。

第四步：寄存器的状态为 1111，经 D/A 转换器输出的电压 $u_o=\frac{15V_{REF}}{16}=4.69\text{V}$，因为 $u_o>u_i$，所以寄存器最低位的 1 去掉，只能为 0。

所以，ADC 输出的数字量为 1110。

(2)转换误差为 4.58－4.38＝0.2 V。

表 7.5　输出与输入的数码关系表

D_3 D_2 D_1 D_0	u_o
0　0　0　0	0
0　0　0　1	(1/16) V_{REF}
0　0　1　0	(2/16) V_{REF}
0　0　1　1	(3/16) V_{REF}
0　1　0　0	(4/16) V_{REF}
0　1　0　1	(5/16) V_{REF}
0　1　1　0	(6/16) V_{REF}

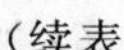

（续表）

D_3 D_2 D_1 D_0	u_o
0 1 1 1	$(7/16)\ V_{REF}$
1 0 0 0	$(8/16)\ V_{REF}$
1 0 0 1	$(9/16)\ V_{REF}$
1 0 1 0	$(10/16)\ V_{REF}$
1 0 1 1	$(11/16)\ V_{REF}$
1 1 0 0	$(12/16)\ V_{REF}$
1 1 0 1	$(13/16)\ V_{REF}$
1 1 1 0	$(14/16)\ V_{REF}$
1 1 1 1	$(15/16)\ V_{REF}$

由此例题的计算可知，逐次逼近型 A/D 转换器的数码位数越多，转换结果越精确，但转换时间也越长。这种电路完成一次转换所需的时间为$(n+2)T_{CP}$。其中，n 为 ADC 的位数，T_{CP}为时钟脉冲周期。

三、间接 A/D 转换器

目前使用的间接 A/D 转换器有电压-时间变换型（简称 V-T 变换型）和电压-频率变换型（简称 V-F 变换型）两类。

V-T 变换型是先将模拟电压 u_i 转换成与之大小对应的时间 T，再在时间间隔 T 内用计数器对固定频率计数，计数器所计的数字量就正比于输入模拟电压。

V-F 变换型是先将模拟电压 u_i 转换成与之大小对应的频率 f，再在一个固定的时间间隔里对得到的频率信号计数，计数器所计的数字量就正比于输入模拟电压。

1. V-T 变换型双积分 A/D 变换器

1）电路组成

V-T 变换型双积分 A/D 转换器的电路组成如图 7.18 所示。由图可知，该电路由积分器、检零比较器、n 位计数器和时钟脉冲控制门等组成，各部分电路功能如下：

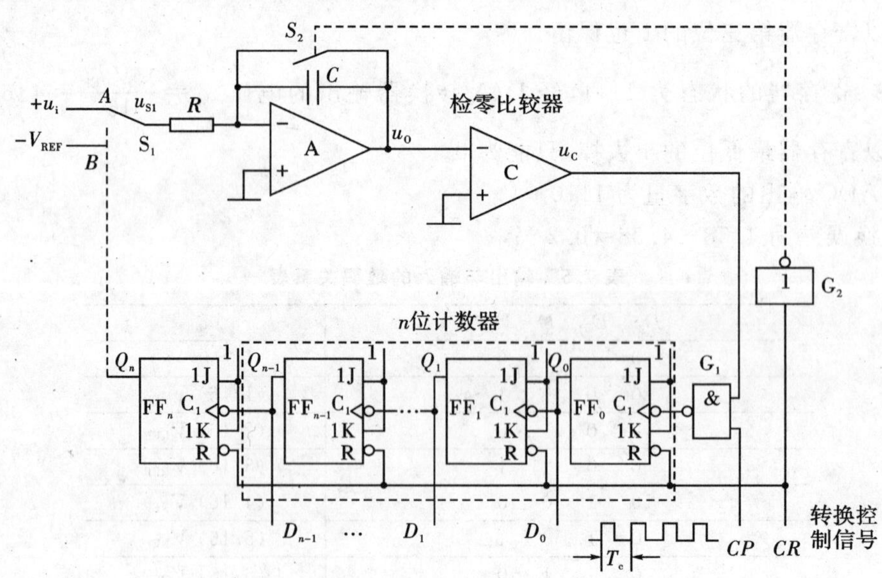

图 7.18 V-T 变换型双积分 A/D 转换器的电路组成

(1)积分器:$Q_n=0$,对被测电压 u_i 进行积分;$Q_n=1$,对基准电压 $-V_{REF}$ 进行积分。

(2)检零比较器 C:当 $u_o \geqslant 0$ 时,$u_C=0$;当 $u_o<0$ 时,$u_C=1$。

(3)计数器:为 $n+1$ 位异步二进制计数器。第一次计数,是从 0 开始直到 2^n 对 CP 脉冲计数,形成固定时间 $T_1=2^nT_c$(T_c 为 CP 脉冲的周期),T_1 时间到时 $Q_n=1$,使 S_1 从 A 点转接到 B 点。第二次计数,是将时间间隔 T_2 变成脉冲个数 n 保存下来。

(4)时钟脉冲控制门 G_1:当 $u_C=1$ 时,门 G_1 打开,CP 脉冲通过门 G_1 加到计数器输入端。

2)工作原理

(1)先定时(T_1)对 u_i 正向积分,得到 U_P,$U_P \propto u_i$。

(2)再对 $-V_{REF}$ 积分,积分器的输出将从 U_P 线性上升到零。这段积分时间是 T_2,$T_2 \propto U_P \propto u_i$;

(3)在 T_2 期间内计数器对时钟脉冲 CP 计得的个数为 n,$n \propto T_2 \propto U_P \propto u_i$。

3)工作过程

(1)准备阶段:转换控制信号 $CR=0$,将计数器清 0,并通过 G_2 接通开关 S_2,使电容 C 放电;同时,$Q_n=0$ 使 S_1 接通 A 点。

(2)采样阶段:当 $t=0$ 时,CR 变为高电平,开关 S_2 断开,积分器从 0 开始对 u_i 积分,积分器的输出电压从 0V 开始下降,即 $u_o=-\frac{1}{RC}\int_0^t u_i\mathrm{d}t$,与此同时,由于 $u_o<0$,故 $u_C=1$,G_1 被打开,CP 脉冲通过 G_1 加到 FF_0 上,计数器从 0 开始计数。直到当 $t=t_1$ 时,$FF_0 \sim FF_{n-1}$ 都翻转为 0 态,而 Q_n 翻转为 1 态,将 S_1 由 A 点转接到 B 点,采样阶段到此结束。若 CP 脉冲的周期为 T_c,则 $T_1=2^nT_c$。

设 U_i 为输入电压在 T_1 时间间隔内的平均值,则第一次积分结束时积分器的输出电压

$$U_P=-\frac{1}{RC}\int_0^{T_1} u_i\mathrm{d}t=-\frac{T_1}{RC}U_i=-\frac{2^nT_C}{RC}U_i$$

(3) 比较阶段:在 $t=t_1$ 时刻,S_1 接通 B 点,$-V_{REF}$ 加到积分器的输入端,积分器开始反向积分,u_o 开始从 U_P 点以固定的斜率回升,若以 t_1 算作 0 时刻,则有

$$u_o=U_P-\frac{1}{RC}\int_0^t(-V_{REF})\mathrm{d}t=-\frac{2^nT_C}{RC}U_i+\frac{V_{REF}}{RC}t$$

当 $t=t_2$ 时,u_o 正好过零,u_C 翻转为 0,G_1 关闭,计数器停止计数。在 T_2 期间计数器所累计的 CP 脉冲的个数为 n,且有 $T_2=nT_c$。

若以 t_1 算作 0 时刻,当 $t=T_2$ 时,积分器的输出 $u_o=0$,此时则有 $\frac{V_{REF}}{RC}T_2=\frac{2^nT_C}{RC}U_i$,即 $T_2=\frac{2^nT_c}{V_{REF}}U_i$。由于 $T_1=2^nT_c$,因此有 $T_2=\frac{T_1}{V_{REF}}U_i$,可见,$T_2 \propto U_i$。

4)结论

(1)如果减小 u_i(见图 7.19 中的 u'_i),则当 $t=T_1$ 时,$u_o=U'_P$,显然 $U'_P<U_P$,从而有 $T'_2<T_2$。

(2)T_1 的时间长度与 u_i 的大小无关,均为 2^nT_c。

(3)第二次积分的斜率是固定的,与 U_P 的大小无关。

由于 $T_2=nT_c$,因此 $n=\frac{T_2}{T_c}=\frac{2^n}{V_{REF}}U_i$,可见,$n \propto U_i \propto u_i$,实现了 A/D 转换,$n$ 为转换结果。

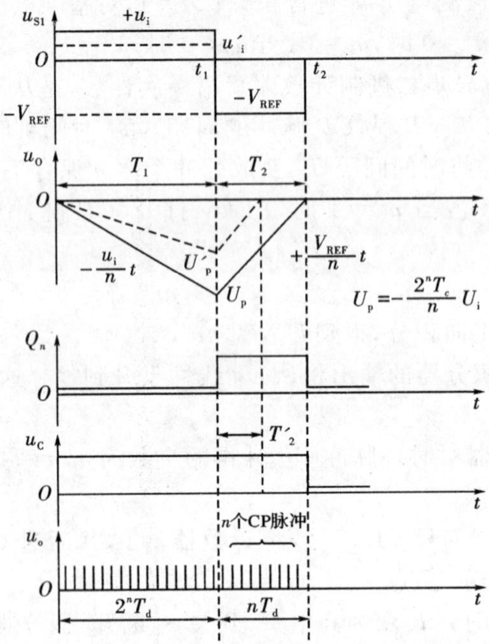

图 7.19　双积分型 A/D 转换器的工作波形

5)**优点与缺点**

优点 1:抗干扰能力强。积分采样对交流噪声有很强的抑制能力;如果选择采样时间 T_1 为 20 ms 的整数倍,则可有效地抑制工频干扰。

优点 2:具有良好的稳定性,可实现高精度。由于在转换过程中通过两次积分把 u_i 和 V_{REF}之比变成了两次计数值之比,故转换结果和精度与 R、C 无关。

缺点:转换速度较慢。完成一次 A/D 转换至少需要(T_1+T_2)时间,每秒钟一般只能转换几次到十几次。因此它多用于精度要求高、抗干扰能力强而转换速度要求不高的场合(例如数字式电压表等)。

现在已有多种单片集成的双积分型 A/D 转换器定型产品,只需外接少量的电阻和电容元件,用这些芯片就能很方便地接成 A/D 转换器,并且可以直接驱动 LCD 或 LED 数码管。

2. V-F 变换型双积分 A/D 转换器

1)V-F 变换型双积分 A/D 转换器的组成

V-F 变换型双积分 A/D 转换器的电路结构框图如图 7.20 所示,它由压控振荡器(VCO)、计数器、寄存器和时钟控制闸门 G 组成。

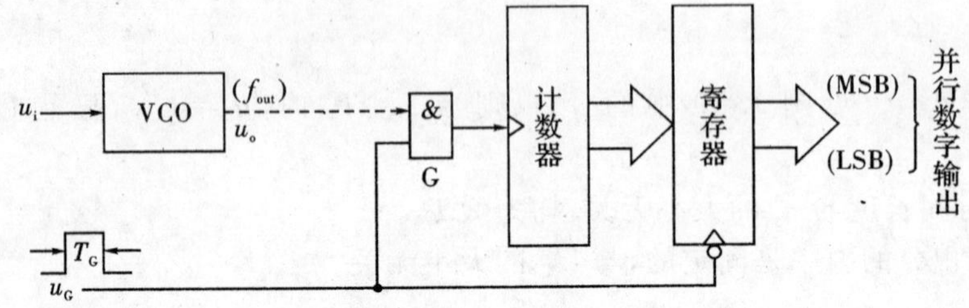

图 7.20　V-F 变换型双积分 A/D 转换器的电路结构框图

其中的压控振荡器是一种频率可控的振荡器，它的振荡频率随输入控制电压的变化而变化，而且在一定的变化范围内 f_{out} 与 u_i 之间可以保持较好的线性关系。

闸门信号 u_G 控制转换过程，在 u_G 由低电平变成高电平后，VCO 的输出脉冲通过闸门 G 给计数器计数，在 T_G 时间里通过闸门的脉冲数与 f_{out} 成正比，同时也就与 u_i 成正比。这样在每个周期结束后，计数器里的数字就是所需要得到的转换结果。

输出寄存器在每个 u_G 的下降沿把计数器的状态置入其中，这样可以有效地避免在转换过程中输出数字的跳动。

2)V-F 变换型双积分 A/D 转换器的特点

优点：抗干扰能力强。因为 VCO 的输出信号是一种调频信号，而这种信号不仅易于传输和检出，还具有很强的抗干扰能力。因而 V-F 变换型双积分 A/D 转换器非常适合在遥测、遥控系统中应用。

缺点：精度差，转换速度较低。每次转换需要在 T_G 时间内令计数器计数，而计数脉冲的频率一般不可能很高，计数器的容量又要求足够大，因而计数时间 T_G 势必较长，转换速度必然比较慢。

讲到这，A/D 转换器的常见分类都已介绍了，下面通过表 7.6 加以小结。

表 7.6 A/D 转换器的分类、特点及应用

分 类	特 点	应 用
并联比较型	速度最快，但设备成本较高，精度也不易做高	数字通信技术和高速数据采集技术
逐次逼近型	工作速度中等，精度也较高，成本较低	中高速数据采集系统、在线自动检测系统、动态测控系统
积分型	精度可以做得很高，抗干扰性能很强，速度很慢	数字仪表(数字万用表、高精度电压表)和低速数据采集系统

四、A/D 转换器的主要性能指标

1. 转换精度

在单片集成的 A/D 转换器中采用分辨率和转换误差来描述转换精度。

分辨率表示输出数据量变化一个相邻数码所需输入模拟电压的变化量，它定义为转换器的满刻度电压与 2^n 之比值，其中 n 为 A/D 转换器的位数，n 越大，分辨率越高。例如一个 8 位 A/D 转换器的分辨率为满刻度电压的 $1/2^8=1/256$。若满刻度电压(基准电压)为 5V，则该 A/D 转换器能分辨 5/256＝20 mV 的电压变化。习惯上分辨率常以 A/D 转换位数表示。

转换误差表示 A/D 转换器实际输出的数字量与理论上的输出数字量之间的差别，通常以输出误差的最大值形式给出。

转换误差也叫相对精度或相对误差，常用最低有效位的倍数表示。例如某 ADC 的相对精度为±(1/2) LSB，则说明实际输出的数字量与理论上应得到的数字量之间的误差小于最低有效位的半个字。

有时也用满量程输出的百分数给出转换误差。例如 A/D 转换器的输出为十进制的 $3\frac{1}{2}$

位(即三位半),转换误差为±0.005 % FSR,则满量程输出为 1999,最大输出误差小于最低位的 1。

通常单片集成 A/D 转换器的转换误差已经综合地反映了电路内部各个元器件及单元电路偏差对转换精度的影响,所以无需再分别讨论这些因素各自对转换精度的影响了。

2. 转换时间

转换时间是指 A/D 转换器完成一次 A/D 转换所需的时间。转换时间越短,适应输入信号快速变化能力越强。当需要 A/D 转换的模拟量变化较快时,就需选择转换时间短的 A/D 转换器,否则会引起较大的误差。

A/D 转换器的转换速度主要取决于转换电路,不同类型的 A/D 转换器的转换速度相差甚为悬殊。逐次比较型 A/D 转换器的转换时间大都在 10~50 μs 之间;双积分型 A/D 转换器的转换时间在几十毫秒至几百毫秒之间;并联比较型 A/D 转换器的转换时间可达 10 ns。

五、集成 A/D 转换器及其应用

目前,常见的 A/D 转换器的有效位数有 4、6、8、10、12、14、16 位以及 BCD 码输出的 3 位半、4 位半和 5 位半多种。就组成而言,有些芯片不但有基本的 A/D 转换电路,还包含时钟电路、多路转换开关、基准电压源等,功能更加齐全,常见的有 ADC0804、ADC0809、MC14433 等。

1. ADC0804

ADC0804 是一种逐次比较型 A/D 转换器。

1)ADC0804 的外引脚排列及功能

ADC0804 的外引脚排列如图 7.21 所示。

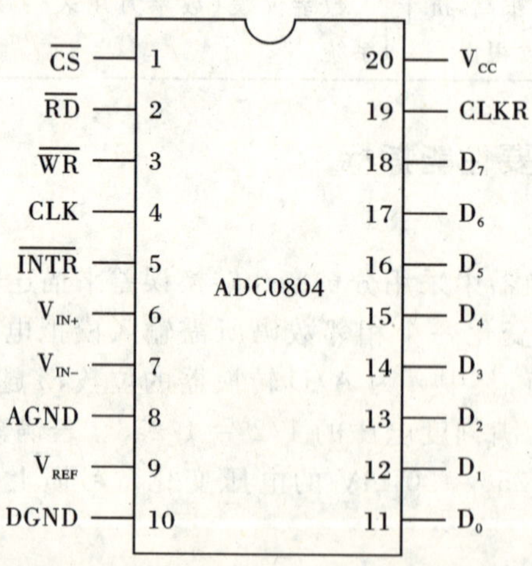

图 7.21 ADC0804 的外引脚排列图

其引脚说明如下:

V_{IN+}、V_{IN-}:模拟信号输入端,可接收单极性、双极性和差模输入信号。

V_{REF}:基准电压输入端。

CLK:时钟信号输入端。

CLKR:内部时钟发生器外接电阻端,与 CLK 端配合可由芯片产生时钟脉冲。

$D_0 \sim D_7$:数据输出端,有三态功能,能与微机总线相接。

AGND:模拟信号地。

DGND:数字信号地。

$\overline{CS}$:片选信号输入端,低电平有效。

$\overline{RD}$:读信号输入端,低电平有效。当$\overline{CS}$和$\overline{RD}$均有效时,可读取转换后的输出数据。

$\overline{WR}$:写信号输入端,低电平有效。当$\overline{CS}$和$\overline{WR}$同时有效时,启动 A/D 转换。

$\overline{INTR}$:转换结束信号输出端,低电平有效。转换开始后,$\overline{INTR}$为高电平;转换结束时,该信号变为低电平。因此该信号可作为转换器的状态查询信号,也可作为中断请求信号,以通知 CPU 取走转换后的数据。

2)ADC0804 的主要功能及参数

ADC0804 的主要功能及参数如下:

(1)分辨率为 8 位。

(2)线性误差为±1/2 LSB。

(3)三态锁存输出,输出电平与 TTL 兼容。

(4)+5V 单电源供电,模拟电压输入范围为 0~5V。

(5)功耗小于 20 mW。

(6)不必进行零点和满度调整。

(7)转换速度较高,可达 100 μs。

3)应用举例(组成微机数据采集系统)

在工业测控及仪器仪表应用中,经常需要由计算机对模拟信号进行分析、判断以及加工和处理,从而达到对被控对象进行实时检测、控制等目的。图 7.22 所示为 ADC0804 组成微机数据采集系统的原理框图。

当需要采集数据时,微处理器首先选中 ADC0804,并执行一条写指令操作,此时 ADC0804 的$\overline{CS}$和$\overline{WR}$同时被置为低电平,启动 A/D 转换,此后,微处理器可以去做其他工作。

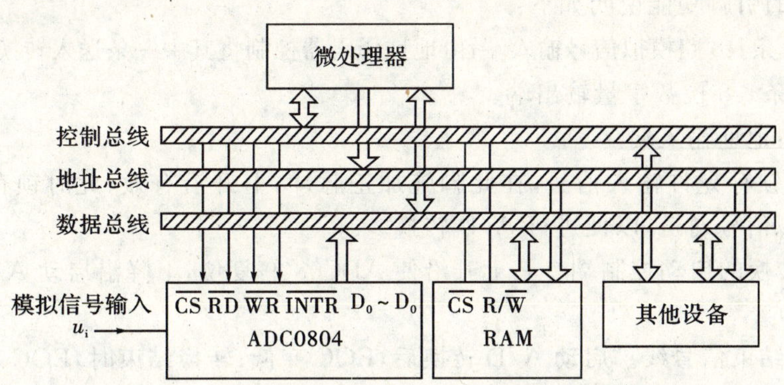

图 7.22 ADC0804 组成微机数据采集系统的原理框图

100μs 后,ADC0804 的$\overline{INTR}$端由高变低,向微处理器提出中断申请,微处理器在响应中断后,再次选中 ADC0804,并执行一条读指令操作,此时 ADC0804 的$\overline{CS}$和$\overline{RD}$同时被置为低电平,即可取走 A/D 转换后的数据,进行分析或将其存入存储器中。此时系统便完成了一次

数据采集。

2. ADC0809

ADC0809 采用 CMOS 工艺，为 28 脚双列直插式封装，是 8 位逐次比较型 A/D 转换器。它的姐妹芯片是 ADC0808，可以相互代换。

1）ADC0809 的结构和引脚

ADC0809 的逻辑框图及引脚排列如图 7.23 所示。它由 8 通道多路模拟开关、地址锁存器与译码器、8 位 A/D 转换器及三态输出锁存缓冲器构成。器件的核心部分是 8 位 A/D 转换器，它由比较器、逐次逼近寄存器、D/A 转换器及控制和定时 5 部分组成。

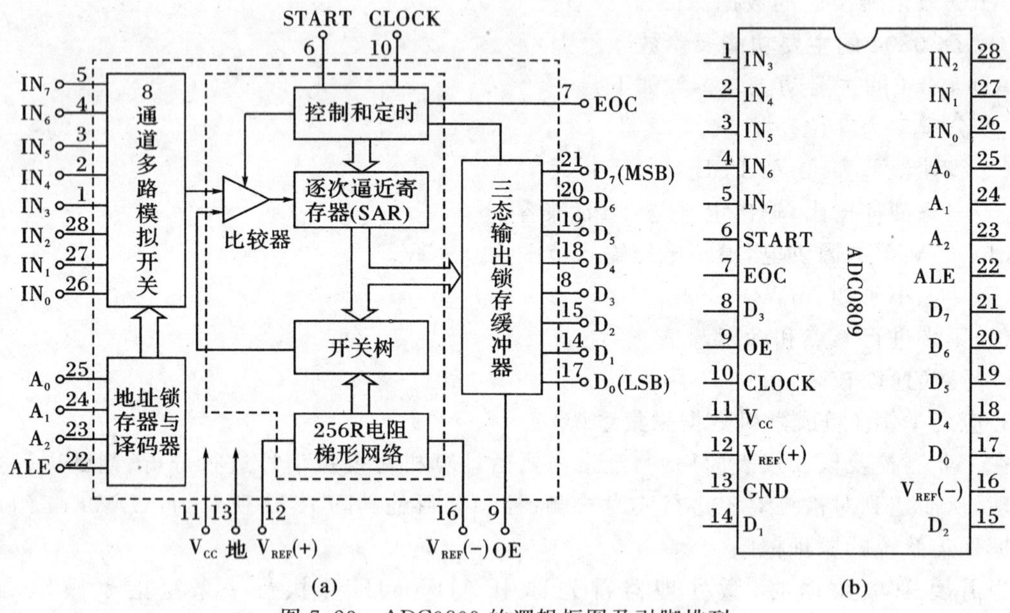

图 7.23　ADC0809 的逻辑框图及引脚排列

(a) ADC0809 的逻辑框图；(b) ADC0809 的引脚排列图

ADC0809 的引脚功能说明如下：

IN_7～IN_0（8 条）：8 路模拟信号输入端，由地址译码器控制将其中一条送入转换器进行转换。

D_7～D_0（8 条）：8 位数字量输出端。

A_2、A_1、A_0：地址输入端。

ALE：地址锁存允许输入信号，在此脚施加正脉冲，上升沿有效，此时锁存地址码，从而选通相应的模拟信号通道，以便进行 A/D 转换。

START：转换的启动控制端。其上升沿使 ADC0809 复位，下降沿启动 A/D 转换器开始转换。

EOC：转换结束信号线。启动 A/D 转换后，EOC 变低；转换结束时，EOC 变高。

OE：数据输出允许控制线。OE=1 时，转换结果经输出锁存器送至输出端；OE=0 时，输出端为高阻。

V_{CC}：工作电源，范围为+5～+15V。

GND：接地端。

$V_{REF(+)}$、$V_{REF(-)}$：正、负基准电压输入端。

CLOCK:时钟脉冲输入端,用于为 ADC0809 提供逐次比较所需 640 kHz 时钟脉冲序列。

(1)模拟量输入通道选择:8 路模拟开关由 A_2、A_1、A_0 三地址输入端选通 8 路模拟信号中的任何一路进行 A/D 转换,其地址译码与模拟输入通道的选通关系如表 7.7 所示。

表 7.7　地址译码与 8 路通道的选通关系

A_2	A_1	A_0	被选模拟电压通道数
0	0	0	IN_0
0	0	1	IN_1
0	1	0	IN_2
0	1	1	IN_3
1	0	0	IN_4
1	0	1	IN_5
1	1	0	IN_6
1	1	1	IN_7

(2)D/A 转换过程:在启动端(START)加启动脉冲(正脉冲),D/A 转换即开始。如将启动端(START)与转换结束端(EOC)直接相连,转换将是连续的,在用这种转换方式时,开始应在外部加启动脉冲。

2)ADC0809 的主要技术指标

ADC0809 的主要技术指标如下:

(1)工作电压为+5~+15V。

(2)分辨率为 8 位。

(3)时钟频率为 640 kHz。

(4)转换时间为 100 ms。

(5)未经调整误差为 1/2 LSB 和 1 LSB。

(6)模拟量输入范围为 0~5 V。

(7)功耗为 15 mW。

3)ADC0809 的应用

ADC0809 可以和微处理器直接接口,也可以单独使用。图 7.24 所示为 ADC0809 的测量电路。

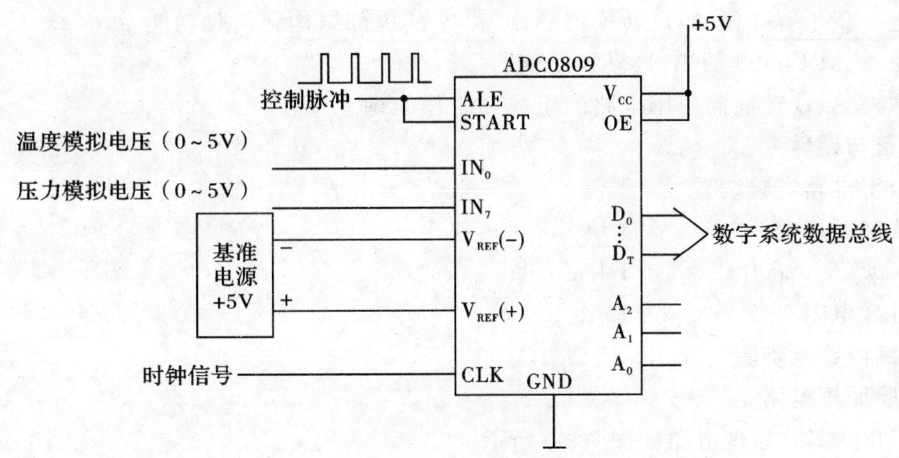

图 7.24　ADC0809 的测量电路图

电路中，根据 A_2、A_1、A_0 的地址译码信号来选通一路模拟量进行检测。测量结束后，将结果送到数字系统数据总线上，实现对温度和压力的分时检测。

控制脉冲接 ALE 和 START，每来一个脉冲，上升沿复位 ADC0809，对输入电压采样；下降沿启动 A/D 转换。

【例 7.2】 ADC0809 的输入模拟电压满量程为 5 V，当输入电压为 1.96 V 时，求对应的输出数字量。

【解】 输入模拟电压与输出数字量对应的十进制数成正比，即 $U_i=KD_{10}$，则有

$$\frac{5}{(11111111)_2}=\frac{1.96}{D_{10}}$$

可求得

$$D_{10}\approx 100$$

输出数字量为

$$D_2=01100100$$

3. 常用 ADC

实际应用中的 ADC 还有很多种，可根据需要选择模拟输入量程、数字量输出位数均合适的 A/D 转换器。现将常见集成 ADC 列于表 7.8 中。

表 7.8 常用 ADC 功能表

类 型	功能说明
ADC0801、ADC0802、ADC0803、ADC0831、ADC0832、ADC0834	8 位 A/D 转换器
ADC10061、ADC10062	10 位 A/D 转换器
ADC10731、ADC10734	11 位 A/D 转换器
AD7880、AD7883	12 位 A/D 转换器
AD7884、AD7885	16 位 A/D 转换器

实训

集成 A/D 转换电路的研究

1. 训练目的

(1)进一步了解 8 位 A/D 转换器 ADC0809 的内部结构和引脚功能。

(2)熟悉 ADC0809 的 A/D 转换功能。

(3)掌握 A/D 转换器应用电路的组成和工作原理。

2. 设备与器件

(1)数字电路实验装置　1 台。

(2)数字万用表　1 块。

(3)ADC0809 芯片　1 片。

(4)1kΩ 电阻　10 个。

3. 训练内容及步骤

1)实验原理电路

ADC0809 实验原理电路如图 7.25 所示。

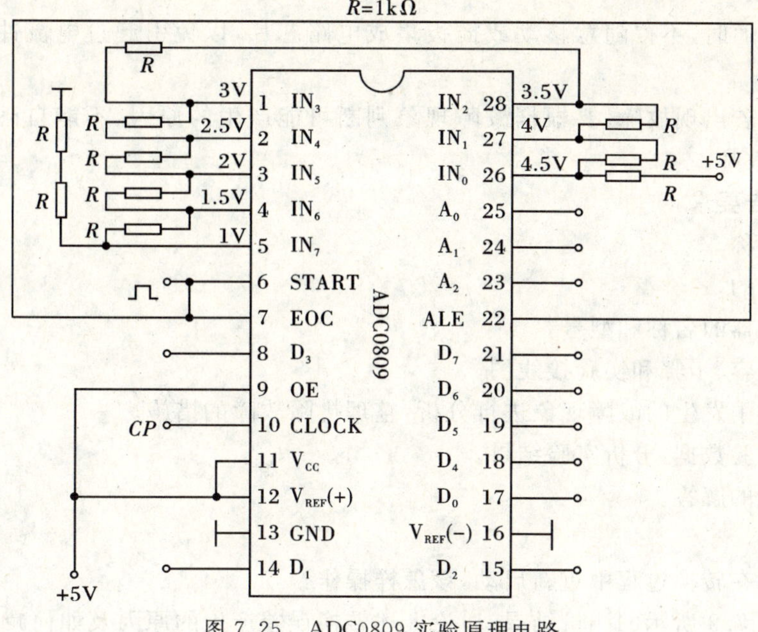

图 7.25　ADC0809 实验原理电路

2)实验步骤

(1)按图 7.25 所示接线,8 路输入模拟信号 1.0～4.5 V 由＋5 V 电源经 10 个 1 kΩ 电阻组成的分压网络分压组成;变换结果由 D_0～D_7 端并行输出,接逻辑电平显示器的输入插口,CP 时钟脉冲由计数器脉冲源提供,取 f=100 kHz;A_0～A_2 地址端接逻辑电平输出插口。

(2)接通电源后,在启动端(START)加一正单次脉冲,下降沿一到即开始 A/D 转换。由于电路的启动端(START)与转换结束端(EOC)相接,因此 A/D 转换器是连续进行的。

(3)按表 7.9 的要求观察,记录 IN_0～IN_7 8 路模拟信号的转换结果,将转换结果换算成十进制数表示的电压值,并与数字电压表实测的各路输入电压值进行比较,分析误差原因。

表 7.9　A/D 转换实验结果记录表

模拟通道	输入模拟量	地址			输出数字量									
IN	V_i/ V	A_2	A_1	A_0	D_7	D_6	D_5	D_4	D_3	D_2	D_1	D_0	十进制电压值/V	电压表实测值/V
IN_0	4.5	0	0	0										
IN_1	4.0	0	0	1										
IN_2	3.5	0	1	0										
IN_3	3.0	0	1	1										
IN_4	2.5	1	0	0										
IN_5	2.0	1	0	1										
IN_6	1.5	1	1	0										
IN_7	1.0	1	1	1										

4. 注意事项

(1)电源接通时,不得随意移动或插拔集成电路芯片,以免引起过电流冲击而造成电路损坏。

(2)实验中若出现故障,要根据故障现象判断可能产生的原因,不能自己解决的问题要及时报告指导教师。

5. 实训报告要求

(1)实验名称。

(2)实验目的。

(3)实验仪器的名称和型号。

(4)实验内容、步骤和实验接线图。

(5)对实验中发生的故障现象进行分析,整理排除故障的措施。

(6)整理实验数据,分析实验结果。

(7)思考题的解答。

6. 思考题

(1)如果想在转换过程中重新启动,该怎样操作?

(2)根据表 7.9 所示的测量结果,讨论上述转换误差产生的原因及如何减少该误差。

(3)在实验过程中你碰到了哪些问题? 是如何解决的?

任务3 D/A 转换器

【任务目标】

(1)掌握 D/A 转换的基本原理。

(2)掌握权电阻网络 DAC 和 T 型、倒 T 型电阻网络 DAC 的电路组成及工作原理。

(3)了解 DAC 的主要技术参数。

(4)了解集成 D/A 转换器及其应用。

从数字信号到模拟信号的转换称为数/模转换(简称 D/A 转换)。实现数/模转换的电路称为 D/A 转换器,其中数字量用 D 表示,模拟量用 A 表示,用 C 代表转换器,因此数/模转换器简称为 DAC。

一、D/A 转换器的基本概念及结构组成

1. D/A 转换器的转换特性

D/A 转换器的输出模拟量和输入数字量之间的转换关系称为转换特性。

对于有权码,先将每位代码按其权的大小转换成相应的模拟量(电压或电流量),然后将这些模拟量相加,即可得到与数字量成正比的总模拟量,从而实现数/模转换,这是构成 D/A 转换器的基本指导思想。当输入为 n 位二进制代码 $d_{n-1}d_{n-2}\cdots d_1 d_0$ 时,输出对应的模拟电压(或电流)

$$u_o(\text{或 } i_o)=K_u(\text{或 } K_i)(d_{n-1}\times 2^{n-1}+d_{n-2}\times 2^{n-2}+\cdots+d_1\times 2^1+d_0\times 2^0)$$

式中：K_u 为电压转换比例系数；K_i 为电流转换比例系数；$2^{n-1},2^{n-2},\cdots,2^1,2^0$ 是由 n 位二进制代码 D 从最高位到最低位的权。

当转换系数 $K_u=1,n=3$ 时，根据上式可得 3 位 D/A 转换器的转换特性曲线，如图 7.26(b)所示。

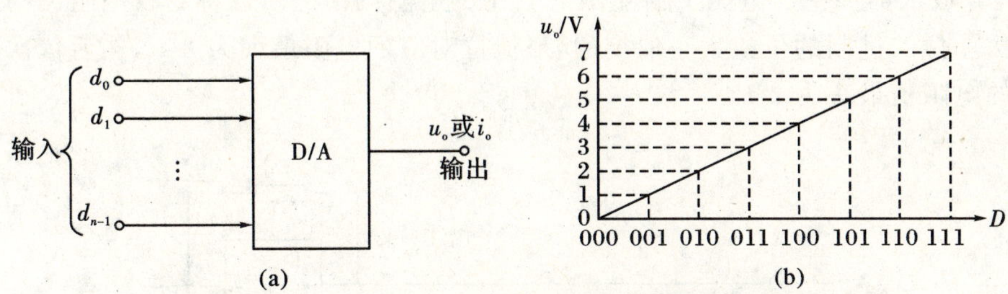

图 7.26　n 位 D/A 转换器的功能图及转换特性曲线

(a)n 位 D/A 转换器的功能图；(b)3 位 D/A 转换器的转换特性曲线

由图 7.26 可知，D/A 转换器电路的功能就是将输入的数字量转化成与其成正比的输出模拟量。转换过程中，将输入的二进制数字信号转化成模拟信号，以电压(或电流)的形式输出。

2. D/A 转换器的基本结构组成和分类

1)D/A 转换器的基本组成

D/A 转换器的基本组成如图 7.27 所示。

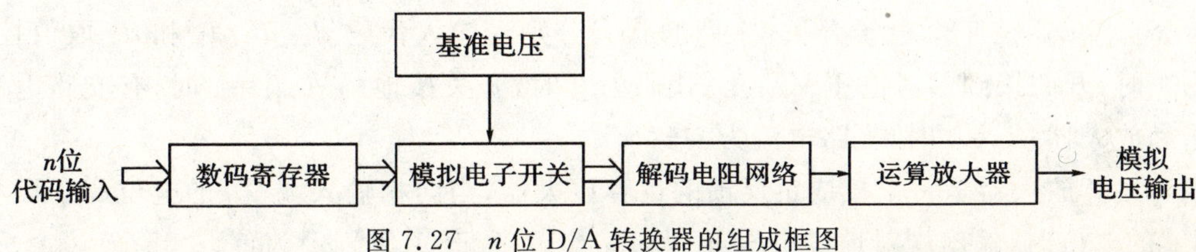

图 7.27　n 位 D/A 转换器的组成框图

由结构框图可知，D/A 转换器是由数码寄存器、基准电压、模拟电子开关、解码电阻网络四个基本部分组成的。为了将模拟电流转换成模拟电压，通常还要在输出端外加运算放大器。

2)D/A 转换器的分类

按解码网络的不同，D/A 转换器可分为权电阻网络 DAC、T 型电阻网络 DAC、倒 T 型电阻网络 DAC、权电流 DAC 等。按模拟开关电路的不同，D/A 转换器又可分为 CMOS 开关型 DAC 和双极型开关型 DAC。其中双极型开关型 DAC 又可分为电流开关型 DAC 和 ECL 电流开关型 DAC 两种。在速度要求不高的情况下，一般可选用 CMOS 开关型 DAC。当转换速度要求较高时，应选用双极型电流开关 DAC 或转换速度更高的 ECL 电流开关型 DAC。

二、D/A 转换器的转换原理

1. 二进制权电阻网络 D/A 转换器

1)电路结构

图 7.28 所示为 4 位权电阻网络 D/A 转换器的原理图，它由权电阻网络、4 个模拟开关、1 个求和运算放大器和基准电压 V_{REF} 组成。其中的电阻网络之所以称为权电阻网络，是因为电阻值是按 4 位二进制的位权大小取定的，最低位对应的电阻最大为 2^3R，然后依次减半，最高位对应的电阻值最小为 2^0R。

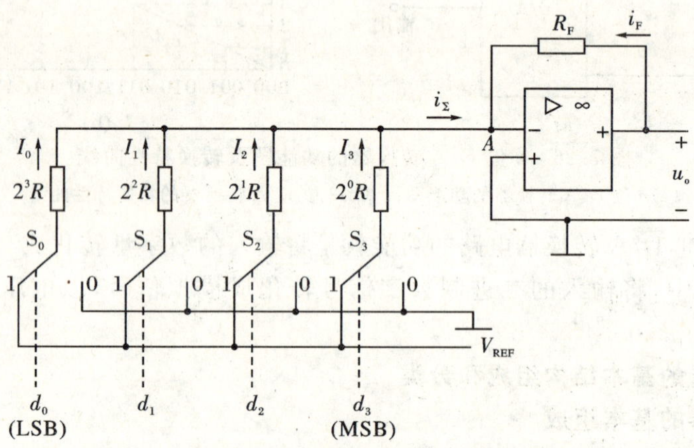

图 7.28　4 位权电阻网络 D/A 转换器的原理图

S_3、S_2、S_1、S_0 是 4 个电子开关，它们的状态分别受输入代码 d_3、d_2、d_1 和 d_0 取值控制。代码为 1 时，开关接到参考电压 V_{REF} 上；代码为 0 时，开关接地。故 $d_i=1$ 时，有支路电流 I_i 流向求和放大器；$d_i=0$ 时，支路电流为零。

求和运算放大器是一个接成负反馈的运算放大器，当同相输入端 V_+ 的电位高于反相输入端 V_- 的电位时，输出端对地的电压 u_o 为正；当 V_- 高于 V_+ 时，u_o 为负。

当参考电压经电阻网络加到 V_- 时，只要 V_- 稍高于 V_+，便在 u_o 产生很负的输出电压。经 R_F 反馈到 V_- 端使 V_- 降低，其结果必然使 $V_-\approx V_+=0$。

由图 7.28 可知，若开关 $S_0\sim S_3$ 都接在参考电源端，则有

$$
\begin{aligned}
i_\Sigma &= I_3+I_2+I_1+I_0 \\
&= \frac{V_{REF}}{2^0R}d_3+\frac{V_{REF}}{2^1R}d_2+\frac{V_{REF}}{2^2R}d_1+\frac{V_{REF}}{2^3R}d_0 \\
&= \frac{V_{REF}}{2^3R}(d_3\cdot 2^3+d_2\cdot 2^2+d_1\cdot 2^1+d_0\cdot 2^0)
\end{aligned}
$$

令 $R_F=R/2$，可以得到

$$u_o=R_Fi_F=-R_Fi_\Sigma=-\frac{V_{REF}}{2^4}(d_3\cdot 2^3+d_2\cdot 2^2+d_1\cdot 2^1+d_0\cdot 2^0)$$

于是对于 n 位权电阻网络 D/A 转换器，当反馈电阻 $R_F=R/2$ 时，输出电压可由下式计算：

$$u_o=-\frac{V_{REF}}{2^n}(d_{n-1}\cdot 2^{n-1}+d_{n-2}\cdot 2^{n-2}+\cdots+d_1\cdot 2^1+d_0\cdot 2^0)=-\frac{V_{REF}}{2^n}D_n$$

上式表明，输出的模拟量电压正比于输入的数字量 D_n，从而实现了从数字量到模拟量的转换。并且在 V_{REF} 为正电压时，输出电压 u_o 始终为负值，要想得到正的输出电压，可以将 V_{REF} 取为负值。

2）电路的优缺点

这个电路的优点是结构比较简单，所用的电阻元件数很少。它的缺点是各个电阻的阻值相差较大，尤其是在输入信号的位数较多时，这个问题更加突出。例如，当输入信号增加到 8 位时，如果取权电阻网络中最小的电阻为 $R=10\text{k}\Omega$，那么最大的电阻阻值将达到 $2^7R=1.28\ \text{M}\Omega$，两者相差 128 倍。要想在这么广的阻值范围内保证每个电阻都有很高的精度是十分困难的，尤其对制作集成电路更加不利。

2. T 型电阻网络 D/A 转换器

为了克服权电阻网络 D/A 转换器中电阻值相差太大的缺点，又研制出了如图 7.29 所示的 T 型电阻网络 D/A 转换器。由图可见，电阻网络中只有 R、$2R$ 两种阻值的电阻，这就给集成电路的设计和制作带来了很大的方便。

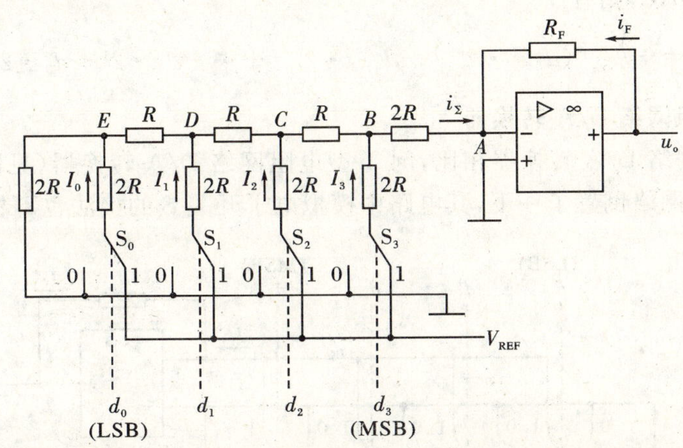

图 7.29　4 位 T 型电阻网络 D/A 转换器的原理图

图 7.29 是一个 4 位 T 型电阻网络 D/A 转换器的原理图（按同样结构可将它扩展到任意位），它由数据锁存器（图中未画出）、模拟电子开关（S_3～S_0）、R-$2R$ T 型电阻网络、求和运算放大器和基准电压 V_{REF} 组成。

模拟电子开关 S_3，S_2，S_1，S_0 分别受数据锁存器输出的数字信号 d_3，d_2，d_1，d_0 控制。当某位数字信号为 1 时，相应的模拟电子开关接到参考电压 V_{REF} 上；当数字信号为 0 时，开关接地。

由于用作分流的电阻网络中的各电阻值为 R 或 $2R$，而 i_Σ 是流向求和运算放大器的反相输入端，其虚地可以看做为 0 V，由图 7.29 可知，当只有一个模拟电子开关 S 接 1，其余电子开关 S 均接 0 时，从该支路的 $2R$ 电阻向左向右看的等效电阻都是 $2R$，则此时流过 $2R$ 电阻的电流为 $V_{REF}/3R$，并且每经过一节 R-$2R$ 电路，电流就减少一半。例如，只有开关 S_0 接 1，则电流 I_0 在流向 A 点的过程中，每经过一个节点 E，D，C，B 时，都被分流一半，最后流到 A 点的电流变为 $I'_0=\dfrac{V_{REF}}{3R\cdot 2^4}d_0$。按照此规律可知，若 S_1，S_2，S_3 分别接 1 时，对应支路电流 I_1，I_2，I_3 流到 A 点时的电流 I'_1，I'_2，I'_3 分别为

$$I'_1=\frac{V_{REF}}{3R\cdot 2^3}d_1,I'_2=\frac{V_{REF}}{3R\cdot 2^2}d_2,I'_3=\frac{V_{REF}}{3R\cdot 2^1}d_3$$

则流到 A 点的总电流

$$\begin{aligned}i_\Sigma&=I'_3+I'_2+I'_1+I'_0\\&=\frac{V_{REF}}{3R\cdot 2^1}d_3+\frac{V_{REF}}{3R\cdot 2^2}d_2+\frac{V_{REF}}{3R\cdot 2^3}d_1+\frac{V_{REF}}{3R\cdot 2^4}d_0\\&=\frac{V_{REF}}{3R\cdot 2^4}(d_3\cdot 2^3+d_2\cdot 2^2+d_1\cdot 2^1+d_0\cdot 2^0)\end{aligned}$$

所以求和运算放大器的输出电压

$$u_o=R_Fi_F=-R_Fi_\Sigma=-\frac{V_{REF}R_F}{3R\cdot 2^4}(d_3\cdot 2^3+d_2\cdot 2^2+d_1\cdot 2^1+d_0\cdot 2^0)$$

令 $R_F=3R$,则有

$$u_o=-\frac{V_{REF}}{2^4}(d_3\cdot 2^3+d_2\cdot 2^2+d_1\cdot 2^1+d_0\cdot 2^0)$$

推广到 n 位 DAC,则有

$$u_o=-\frac{V_{REF}}{2^n}(d_{n-1}\cdot 2^{n-1}+d_{n-2}\cdot 2^{n-2}+\cdots+d_1\cdot 2^1+d_0\cdot 2^0)$$

3. 倒 T 型电阻网络 D/A 转换器

与 T 型电阻网络 D/A 转换器相比,倒 T 型电阻网络 D/A 转换器(见图 7.30)不仅仅是把 R-$2R$ T 型电阻网络倒置了一下,其电路中模拟电子开关 S 的接法也不相同。

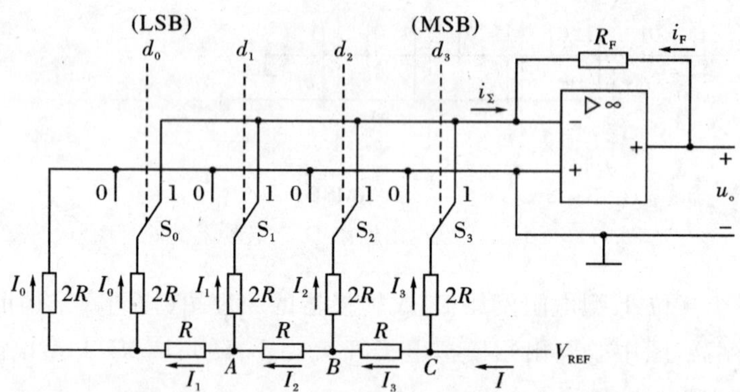

图 7.30　倒 T 型电阻网络 D/A 转换器的原理图

由图可知,因为求和运算放大器反相输入端的电位始终接近于零,因此无论开关接在 1 还是 0,都相当于接到地电位上,流过每个支路的电流始终不变,开关的状态仅仅决定电流是流向求和运算放大器的虚地端还是接地端。

由图 7.31 可以看出,从电路的 A,B,C 节点向左看去,各节点的等效电阻均为 $2R$,因此可得由基准电压 V_{REF} 输出的电流恒定为 $I=V_{REF}/R$,并且每经过一个 $2R$ 电阻,电流就被分流一半,于是可得 $I_3=I/2,I_2=I/4,I_1=I/8,I_0=I/16$,则流入求和运算放大器的电流

$$\begin{aligned}i_\Sigma&=I_3+I_2+I_1+I_0=\frac{I}{2}d_3+\frac{I}{4}d_2+\frac{I}{8}d_1+\frac{I}{16}d_0\\&=\frac{V_{REF}}{R\cdot 2^4}(d_3\cdot 2^3+d_2\cdot 2^2+d_1\cdot 2^1+d_0\cdot 2^0)\end{aligned}$$

故求和运算放大器的输出电压为

$$u_o = R_F i_F = -R_F i_\Sigma = -\frac{V_{REF} R_F}{R \cdot 2^4}(d_3 \cdot 2^3 + d_2 \cdot 2^2 + d_1 \cdot 2^1 + d_0 \cdot 2^0)$$

令 $R_F = R$，则有

$$u_o = -\frac{V_{REF}}{2^4}(d_3 \cdot 2^3 + d_2 \cdot 2^2 + d_1 \cdot 2^1 + d_0 \cdot 2^0)$$

推广到 n 位 D/A 转换器，则有

$$u_o = -\frac{V_{REF}}{2^n}(d_{n-1} \cdot 2^{n-1} + d_{n-2} \cdot 2^{n-2} + \cdots + d_1 \cdot 2^1 + d_0 \cdot 2^0)$$

这种电路的特点是：

(1)解码网络仅有 R 和 $2R$ 两种规格的电阻，对于集成工艺相当有利。

(2)该电路具有较高的工作速度，因为倒 T 型电阻网络流过各支路的电流恒定不变，所以在开关状态变化时，不需电流建立时间。正因为该电路转换速度高，所以这种形式的 DAC 目前被广泛采用。

【例 7.3】 权电阻网络 D/A 转换器电路中，设基准电压 $V_{REF} = -10\text{V}$，反馈电阻 $R_F = R/2$，输入二进制数 D 的位数 $n = 6$。

(1)当最低位输入数码(LSB)由 0 变为 1 时，输出电压 u_o 的变化量是多少？

(2)当 $D = 110101$ 时，输出电压值 u_o 是多少？

(3)当 $D = 111111$ 时，输出电压值(最大满刻度电压) u_o 是多少？

【解】 (1)当 LSB 由 0 变为 1 时，输出电压的变化量就是输入 $D = 000001$ 所对应的输出电压，则输出电压的数值为

$$u_o = -\frac{V_{REF}}{2^n} \times 2^0 \times 1 = -\frac{-10}{2^6} \approx 0.156\ \text{V}$$

(2)当 $D = 110101$ 时，有

$$u_o = -\frac{V_{REF}}{2^6}(1 \times 2^5 + 1 \times 2^4 + 0 \times 2^3 + 1 \times 2^2 + 0 \times 2^1 + 1 \times 2^0) = -\frac{-10}{2^6} \times 53 \approx 8.28\ \text{V}$$

(3)当 $D = 111111$ 时，有

$$u_o = -\frac{V_{REF}}{2^6}(2^6 - 1) = -\frac{-10}{64} \times 63 \approx 9.84\ \text{V}$$

【例 7.4】 在图 7.30 所示的 T 型电阻网络 D/A 转换器中，已知 $V_{REF} = -8\ \text{V}$，$R_F = 3R$，试计算当 d_3，d_2，d_1，d_0 每一位输入代码分别为 1 时在输出端所产生的模拟电压值。

【解】 由输出模拟电压的表达式

$$u_o = -\frac{V_{REF}}{2^4}(d_3 \cdot 2^3 + d_2 \cdot 2^2 + d_1 \cdot 2^1 + d_0 \cdot 2^0)$$

可得：

当 $D = 1000$ 时，$u_o = -\frac{-8}{2^4} \times 2^3 = 4\ \text{V}$；

当 $D = 0100$ 时，$u_o = -\frac{-8}{2^4} \times 2^2 = 2\ \text{V}$；

当 $D = 0010$ 时，$u_o = -\frac{-8}{2^4} \times 2^1 = 1\ \text{V}$；

当 $D=0001$ 时，$u_o=-\frac{-8}{2^4}\times 2^0=0.5$ V。

三、D/A 转换器的主要性能指标

1. 分辨率

分辨率是指 D/A 转换器对最小输出电压的分辨能力，可定义为输入数码只有最低有效位为 1 时的输出电压与输入数码所有有效位全为 1 时的满度输出电压之比。对于 n 位 D/A 转换器，其分辨率为 $\frac{1}{2^n-1}$。可以看出，分辨率的数值与转换器输入数字量的有效位数成反比，即数字量的有效位数越多，分辨率越高。例如，$n=8$ 的 D/A 转换器，其分辨率为 $\frac{1}{2^8-1}\approx 0.0039$；$n=12$ 的 D/A 转换器，其分辨率为 $\frac{1}{2^{12}-1}\approx 0.0002$。

2. 转换精度

转换精度是指 D/A 转换器实际输出模拟电压与理论输出模拟电压间的最大误差。它是一个综合指标，包括零点误差、增益误差等。显然这个差值越小，电路的转换精度越高。

3. 转换时间

转换时间也称为输出建立时间，是从输入数字信号时开始，到输出电压或电流达到稳态值时所需要的时间。由于数字量的变化越大，建立时间就越长，因此一般产品说明中给出的都是输入从全 0 跳变为全 1(或从全 1 跳变到全 0)时的建立时间。显然建立时间反映了 DAC 电路转换的速度。目前在不包含运算放大器的单片集成 DAC 中，建立时间最短可达 0.1μs 以内；在包含运算放大器的集成 DAC 中，建立时间最短的也可达1.5μs 以内。

四、集成 D/A 转换器及其应用

常用的集成 D/A 转换器有 AD7520、DAC0832、DAC0808、DAC1230、MC1408、AD7524 等，这里仅对 AD7520 和 DAC0832 作简要介绍。

1. D/A 转换器 AD7520

AD7520 是 10 位 D/A 转换集成芯片，与微处理器完全兼容。该芯片以接口简单、转换控制容易、通用性好、性能价格比高等特点得到广泛应用，它的电路原理图如图 7.31 所示。

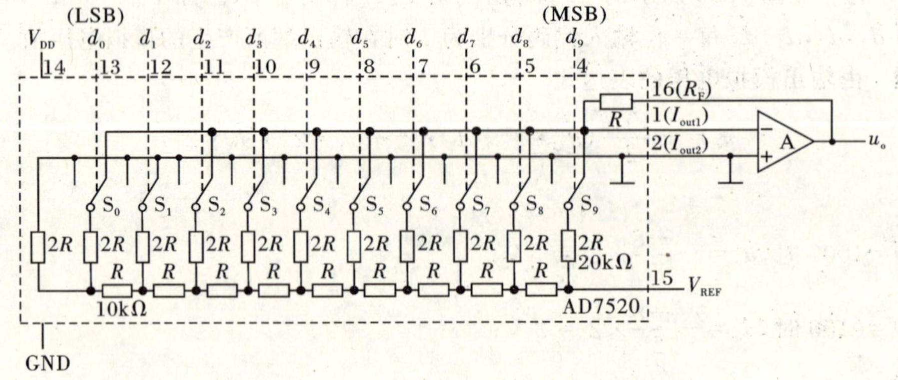

图 7.31　AD7520 的电路原理图

该芯片只包含倒 T 型电阻网络、电流开关和反馈电阻，不包含运算放大器，输出端为电流输出，具体使用时，需要外接集成运算放大器和基准电压源。AD7520 的引脚排列如图7.32 所示。

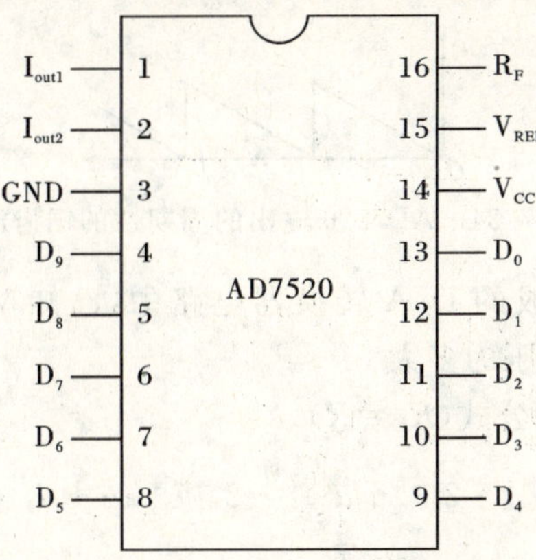

图 7.32　AD7520 的引脚排列图

1）AD7520 的引脚功能

AD7520 各引脚功能如下：

D_0～D_9：数据输入端。

I_{out1}：电流输出端 1。

I_{out2}：电流输出端 2。

R_F：10kΩ 反馈电阻引出端。

V_{CC}：电源输入端。

V_{REF}：基准电压输入端。

GND：地。

2）AD7520 的主要性能参数

AD7520 的主要性能参数如下：

(1)分辨率：10 位。

(2)线性误差：±(1/2) LSB(LSB 表示输入数字量最低位)，若用输出电压满刻度范围 FSR 的百分数表示，则为 0.05% FSR。

(3)转换速度：500 ns。

(4)温度系数：0.001%/℃。

3)应用举例(组成锯齿波发生器)

AD7520 组成的锯齿波发生器电路图如图 7.33 所示。

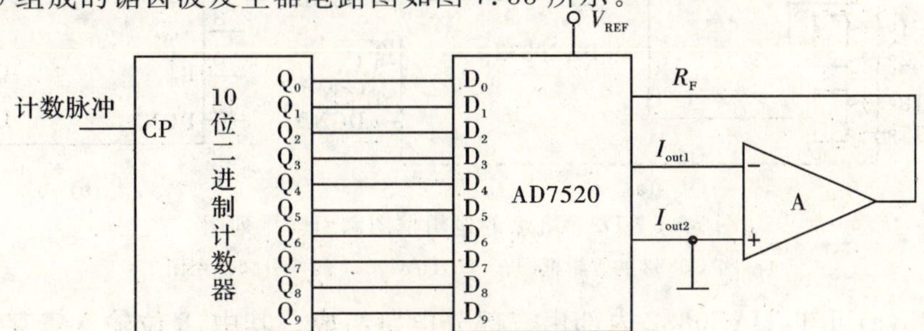

图 7.33　AD7520 组成的锯齿波发生器电路

10 位二进制加法计数器从全 0 加到全 1，电路的模拟输出电压 u_o 由 0 V 增加到最大值。如果计数脉冲不断，则可在电路的输出端得到周期性的锯齿波，如图 7.34 所示。

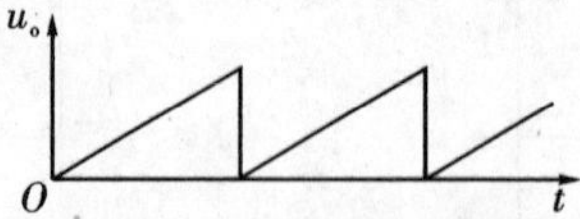

图 7.34　AD7520 输出的周期性的锯齿波

【例 7.5】 在 AD7520 组成的 D/A 转换器电路中，已知 $V_{REF}=10$ V，则当输入数码为 37C(H)时，转换成单极输出电压为多大？

【解】 由倒 T 型输出电压公式($R_F=R$)

$$u_o=-\frac{V_{REF}}{2^n}(d_{n-1}\cdot 2^{n-1}+d_{n-2}\cdot 2^{n-2}+\cdots+d_1\cdot 2^1+d_0\cdot 2^0)$$

可得

$$u_o=-\frac{V_{REF}}{2^n}N_{10}$$

因为 37C(H)对应的十进制数为

$$37C(H)=(0011\ \ 0111\ \ 1100)_2=(892)_{10}=N_{10}$$

所以

$$u_o=-\frac{V_{REF}}{2^{10}}N_{10}=-\frac{10}{2^{10}}\times 892=-8.71\ \text{V}$$

2. 8 位集成 DAC 芯片 DAC0832

DAC0832 是采用 CMOS 工艺制成的单片电流输出型 8 位 D/A 转换器。图 7.35 所示为 DAC0832 的逻辑框图及引脚排列图，其姐妹芯片还有 DAC0830 和 DAC0831，都是 8 位芯片，可以相互代换。

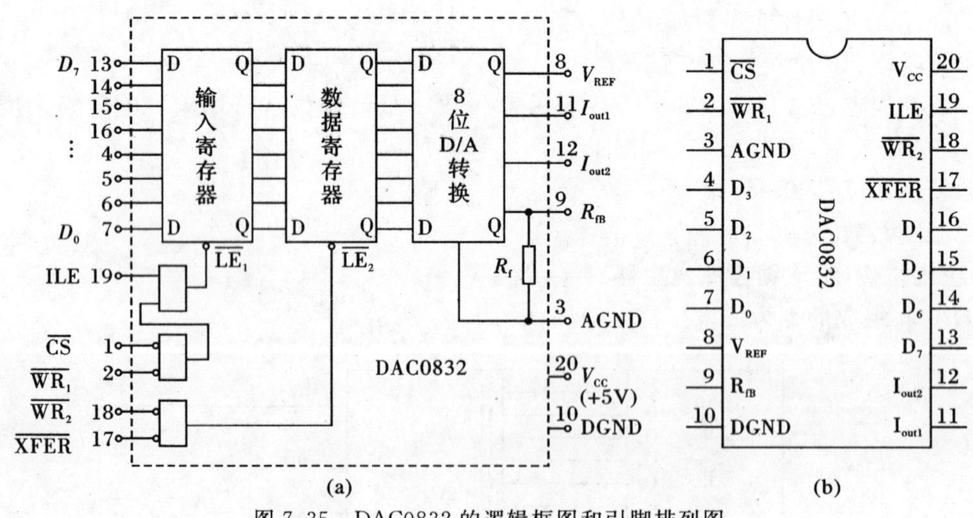

图 7.35　DAC0832 的逻辑框图和引脚排列图

(a)DAC0832 的逻辑框图；　(b)DAC0832 的外引脚排列图

由图 7.35(a)可知，DAC0832 内部由三部分电路组成。其中：8 位输入寄存器用于存放

输入的数字量，使输入数字量得到缓冲和锁存，由$\overline{LE_1}$加以控制；8 位数据寄存器用于存放待转换的数字量，由$\overline{LE_2}$控制；8 位 D/A 转换电路由 8 位倒 T 型电阻网络和模拟开关组成，模拟开关受 8 位数据寄存器输出控制，倒 T 型电阻网络能输出和数字量成正比的模拟电流。

1)DAC0832 的引脚功能

DAC0832 共有 20 条引脚，采用双列直插式封装。引脚排列和命名如图 7.35(b)所示。

$D_7 \sim D_0$：数字量输入线，用于输入待转换的数字量，D_7 为最高位。

$\overline{CS}$：片选线。当$\overline{CS}$为低电平时，本片 DAC0832 被选中工作；当$\overline{CS}$为高电平时，本片不被选中工作。

ILE：允许数字量输入线。当 ILE 为高电平时，8 位输入寄存器允许数字量输入。

$\overline{XFER}$：数据传送控制输入线，低电平有效。

$\overline{WR_1}$、$\overline{WR_2}$：写命令输入线。$\overline{WR_1}$为输入寄存器写命令输入线，低电平有效。当$\overline{WR_1}=0$、$\overline{CS}=0$ 且 ILE=1 时，$\overline{LE_1}=1$，8 位输入寄存器接收输入数据，输出随输入变化；当$\overline{WR_1}=1$时，$\overline{LE_1}=0$，8 位输入寄存器锁存数据。$\overline{WR_2}$、$\overline{LE_1}$为 D/A 寄存器写命令输入线，低电平有效。若$\overline{WR_2}$和$\overline{XFER}$同时为低电平，则$\overline{LE_2}=1$，D/A 寄存器输出跟随输入；若$\overline{WR_2}=1$，则$\overline{LE_2}=0$，数据锁存在 D/A 寄存器中。

R_{fb}：运算放大器反馈线。当需要输出电压时，R_{fb}接到外接运算放大器的输出端，作为运放的反馈电阻，以保证输出电压在合适范围内。

I_{out1} 和 I_{out2}：模拟电流输出线。I_{out1} 和 I_{out2} 之和为常数，I_{out1} 随输入数字量线性变化。

V_{CC}：电源输入线，允许范围为+5～+15 V。

V_{REF}：基准电压，一般在−10～+10V 范围内。

DGND：数字地。

AGND：模拟地。

2)DAC0832 的主要特性参数

DAC0832 的主要特性参数如下：

(1)分辨率为 8 位。

(2)只需在满量程下调整其线性度。

(3)可与单片机或微处理器直接接口，也可单独使用。

(4)电流稳定时间为 1μs。

(5)可在直通、单缓冲、双缓冲方式下工作。

(6)低功耗。

(7)逻辑电平输入与 TTL 兼容。

(8)单电源供电。

3)DAC0832 的工作方式

如图 7.36 所示，DAC0832 有三种工作方式：直通方式、单缓冲方式和双缓冲方式。

(1)直通方式。在直通方式下，$\overline{XFER}$、$\overline{WR_1}$、$\overline{WR_2}$和$\overline{CS}$接地，ILE 接高电平，即输入寄存器和 DAC 寄存器处于不锁存(直通)状态。此时，输入数字量可直接送入 D/A 转换器转换并输出，如图 7.36(a)所示。该方式适用于输入数字量变化缓慢的场合。

当输入数据变化速度较快，或系统中有多个设备共用数据线时，为保证 D/A 转换器工作正常，需要对输入数据进行锁存。

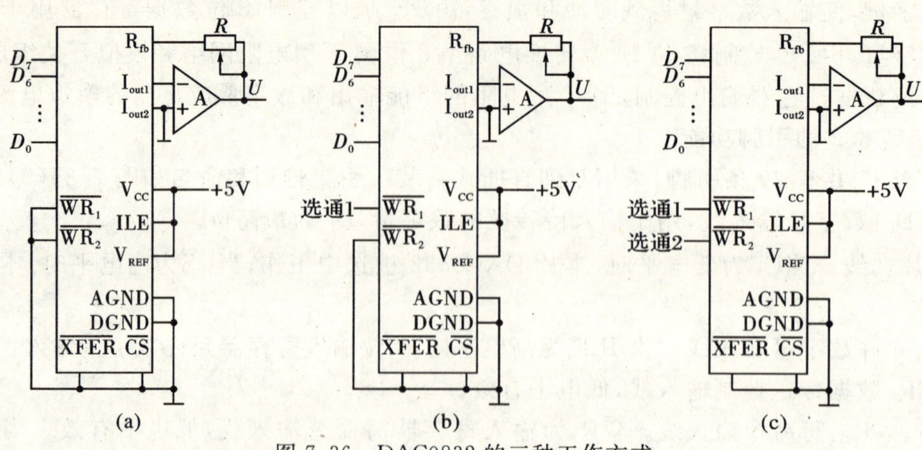

图 7.36 DAC0832 的三种工作方式

(a)直通方式； (b)单缓冲方式； (c)双缓冲方式

(2)单缓冲方式。在单缓冲方式下，当输入数字量送入 D/A 转换器进行转换时，将该数字量锁存在 8 位输入寄存器中，以保证 D/A 转换器输入稳定，转换正常，如图 7.36(b)所示。这种方式只需执行一次写操作，即可完成 D/A 转换。该方式适用于不需要多个模拟量同时输出的场合。

(3)双缓冲方式。在双缓冲方式下，输入的数字量需经输入寄存器和数据寄存器两级分别缓冲、锁存后才送入 D/A 转换器，如图 7.36(c)所示。这种方式可以同时采集和输出数据，即当转换输出某一数字信息所对应的模拟量时，还可以利用输入寄存器采集下一个数据，从而提高转换速度。更重要的是，双缓冲方式特别适用于多路同时输出模拟电压的场合，可以分别将各路的数字量锁入相应各片 DAC0832 的输入寄存器，然后在统一的$\overline{WR_2}$信号控制下，将每片 DAC 中输入寄存器的数据同时锁入数据寄存器。这样多个转换器能够分别接收数据，同时输出电流或电压，实现多通道 D/A 的同步输出。由于采用了两级缓冲控制，DAC0832 可方便、灵活地适用于任何工作场合，应用十分广泛。

4)DAC0832 的应用

(1)它可与微处理器完全兼容，因此可利用微处理器实现对数/模转换的控制。

(2)DAC0832 内部无参考电压，须外接高精度的基准电源。

(3)DAC0832 是电流输出型 D/A 转换器，要获得模拟电压输出时，还需外加一个由运算放大器构成的电流－电压转换器。输出的电压信号有单极性和双极性两种。图 7.37 和表 7.10 分别为单极性输出方式的电路连接图和输入/输出关系表。图 7.38 在单极性输出方式的基础上增加了一只运放，成为了双极性输出方式。表 7.11 为双极性输出方式的输入/输出关系表。

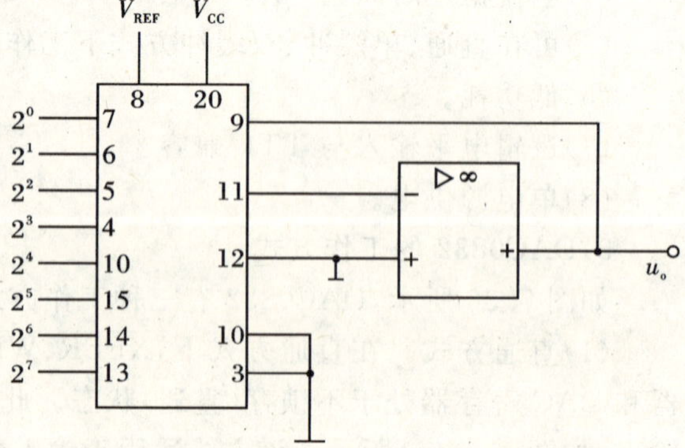

图 7.37 DAC0832 的单极性输出方式

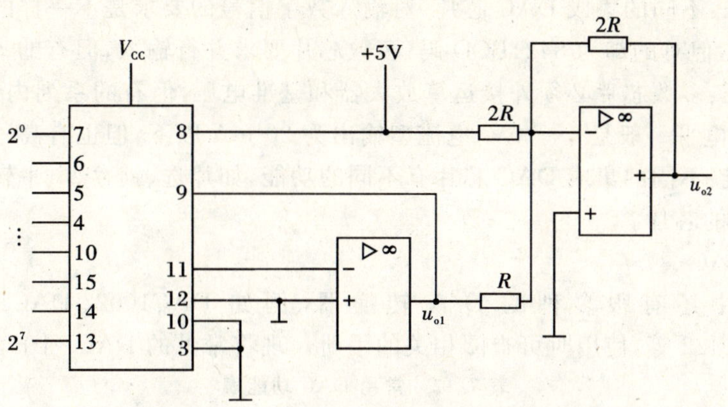

图 7.38　DAC0832 的双极性输出方式

表 7.10　DAC0832 的单极性输出方式的输入/输出关系表

数字量								模拟量
1	1	1	1	1	1	1	1	$\pm V_{REF}(\frac{255}{256})$
1	0	0	0	0	0	0	1	$\pm V_{REF}(\frac{129}{256})$
1	0	0	0	0	0	0	0	$\pm V_{REF}(\frac{128}{256})$
0	1	1	1	1	1	1	1	$\pm V_{REF}(\frac{1}{256})$
0	0	0	0	0	0	0	0	$\pm V_{REF}(\frac{0}{256})$

表 7.11　DAC0832 的双极性输出方式的输入/输出关系表

数字量								模拟量
1	1	1	1	1	1	1	1	$+(\frac{254}{256})V_{REF}$
1	0	0	0	0	0	0	1	$+(\frac{2}{256})V_{REF}$
1	0	0	0	0	0	0	0	0
0	1	1	1	1	1	1	1	$-(\frac{2}{256})V_{REF}$
0	0	0	0	0	0	0	1	$-(\frac{254}{256})V_{REF}$
0	0	0	0	0	0	0	0	$-V_{REF}$

3. 选用集成 DAC 芯片时的注意事项

(1)要选择分辨率、精度、速度足够的 DAC 芯片。

(2)要选择功能特征符合要求的 DAC 芯片。

① 输入特征：不同的集成 DAC 芯片，对输入数字信号的要求是不一样的。例如：多数输入为纯二进制码，但有的却为 8421BCD 码；多数芯片要求并行输入，但有的却要求串行输入。

② 输出特征：多数芯片必须外接运算放大器和基准电压，但有的系列内含运算放大器和基准电压。输出电平一般是 5～10V，电流型输出为 20 mA 以下，但也有高压和大电流产品。

③ 控制功能：不同的集成 DAC 芯片有不同的功能，如片选、锁存、电平转换等功能，应根据需要选用合适的芯片。

4. 常用的 DAC

实际应用中还有很多种的 D/A 转换器，例如 DAC1002、DAC1022、DAC1136、DAC1222、DAC1422 等，使用时可查阅相关的手册。现将常见的 DAC 列于表 7.12 中。

表 7.12 常用 DAC 功能表

类 型	功能说明
DAC0830、DAC0831、DAC0832	8 位 D/A 转换器
DAC1000、DAC1001、DAC1002、DAC1006、DAC1007、DAC1008	10 位 D/A 转换器
DAC1230、DAC1231、DAC1232	12 位 D/A 转换器
DAC700、DAC701、DAC702、DAC703、DAC712	16 位 D/A 转换器
DAC811、DAC813	12 位 D/A 转换器

实训

集成 D/A 转换电路的研究

1. 训练目的

(1)进一步了解 8 位 D/A 转换器 DAC0832 的内部结构和引脚功能；

(2)熟悉 DAC0832 的 D/A 转换功能；

(3)掌握 D/A 转换器应用电路的组成和工作原理。

2. 设备与器件

(1)数字电路实验装置　1 台。

(2)数字万用表　1 块。

(3)双踪示波器　1 台。

(4)DAC0832 芯片　1 片。

(5)集成运放 μA741　1 个。

(6)电阻、电位器　若干。

3. 训练内容及步骤

1)实验原理电路

DAC0832 的实验原理电路图如图 7.39 所示。

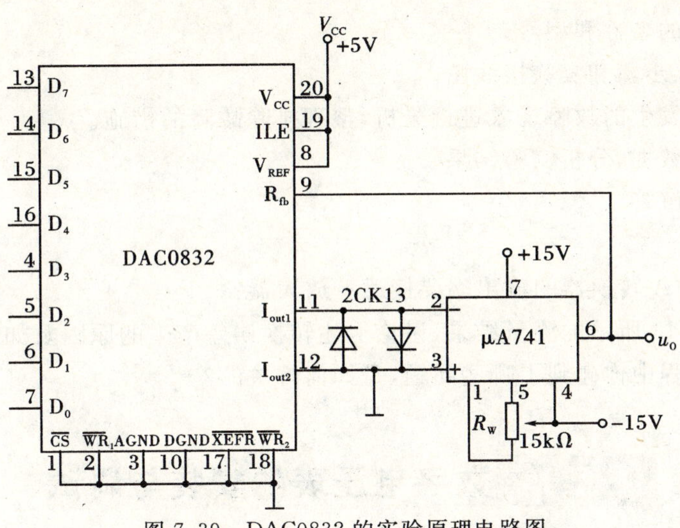

图 7.39 DAC0832 的实验原理电路图

2)实验步骤

(1)按图 7.39 所示接线，电路接成直通方式，即$\overline{CS}$、$\overline{WR_1}$、$\overline{WR_2}$、$\overline{XFER}$接地；ILE、V_{CC}、V_{REF}接+5 V电源；运放电源接 ±15 V；D_0～D_7接逻辑开关的输出插口，输出端 u_o 接直流数字电压表。

(2)调零，令 D_0～D_7 全置零，调节运放的电位器 R_W 使 μA741 输出为零。

(3)按表 7.13 所列的输入数字信号，用数字电压表测量运放的输出电压 u_o，将测量结果填入表中，并与理论值进行比较。

表 7.13 D/A 转换实验结果记录表

输入数字量								输出模拟量 u_o/V	
D_7	D_6	D_5	D_4	D_3	D_2	D_1	D_0	V_{CC}=+5 V	理论值/V
0	0	0	0	0	0	0	0		
0	0	0	0	0	0	0	1		
0	0	0	0	0	0	1	0		
0	0	0	0	0	1	0	0		
0	0	0	0	1	0	0	0		
0	0	0	1	0	0	0	0		
0	0	1	0	0	0	0	0		
0	1	0	0	0	0	0	0		
1	0	0	0	0	0	0	0		
1	1	1	1	1	1	1	1		

4. 注意事项

(1)电源接通时，不得随意移动或插拔集成电路芯片，以免引起过电流冲击而造成电路损坏。

(2)实验中若出现故障，要根据故障现象判断可能产生的原因，不能自己解决的问题要及时报告指导教师。

5. 实训报告要求

(1)实验名称。

(2)实验目的。

(3)实验仪器的名称和型号。

(4)实验内容、步骤和实验接线图。

(5)对实验中发生的故障现象进行分析,整理排除故障的措施。

(6)整理实验数据,分析实验结果。

(7)思考题的解答。

6. 思考题

(1)为什么 D/A 转换器的输出端要接运算放大器?

(2)根据表 7.13 所示的测量结果,讨论上述转换误差产生的原因及如何减少该误差。

(3)在实验过程中你碰到了哪些问题,是如何解决的?

任务4 数字电压表的安装与调试

【任务目标】

(1)掌握 3 位半直流数字电压表的电路组成和工作原理。

(2)掌握由 MC14433 构成的 3 位半直流数字电压表的制作调试方法。

(3)了解用其他芯片实现 3 位半直流数字电压表的原理与方法。

(4)掌握安装、布线、调试等基本技能,正确使用常用仪器。

一、数字电压表的安装与调试

1. 数字电压表的元器件配置

如图 7.3 所示,以集成电路 MC14433 为主体的数字电压表的元器件配置如表 7.14 所示。

表 7.14 数字电压表的元器件配置表

序号	名称	型号规格	元件标号	数量
1	集成电路	MC14433		1
2	集成电路	CD4511		1
3	集成电路	MC1413		1
4	集成电路	MC1403		1
5	七段显示器	BC201		4
6	电阻器	100 Ω	R_6、R_7、R_{10}～R_{19}	12
7	电阻器	1 kΩ	R_3、R_4	2
8	电阻器	47 kΩ	R_2、R_5	2
9	电阻器	470 kΩ	R_1、R_8	2
10	电阻器	3 kΩ	R_9	1
11	可调电位器	10 kΩ	R_{P_1}、R_{P_2}	2
12	电容器	0.01 μF	C_2、C_3	2
13	电容器	0.1 μF	C_1、C_4	2
14	波动开关	SS－12D00	S_{W1}	1
15	三极管	9013	V_{T1}	1

2. 数字电压表的安装与调试

1)安装过程

(1)按原理图自行设计制作PCB板,合理布置各元器件的安装位置和方向。

(2)按表7.14准备好所需的元器件并进行检测,保证质量完好后,在PCB板上安装元器件。

2)调试过程

所有元器件装配、焊接好后,仔细对照原理图检查,确定无误后可以进行调试。

(1)插好基准电压源MC1403,在外加电源电压为5 V时,看其输出是否为2.5 V,然后调整R_{P_1}电位器,使其输出为2.0V,以此作为MC14433的基准电压V_{REF}。同时将小数点选择开关S_{W1}左拨,点亮千位数码管的h段及其小数点。

(2)插好芯片CD4511与MC1413,接上5 V电源,检测位选开关MC1413的位选情况。

(3)插好A/D变换器MC14433芯片,接好地线,并把输入端V_x端接地,看看此时LED显示是否为0000值。

(4)将+5 V、-5 V电源与R_3、R_{P_2}和R_4一起构成可调电压源,调节R_{P_2},若用数字电压表测得V_x=1.000V时,LED数码管应显示1.000 ± 0.005 V。若误差的个位数超过5,就应调节基准电源,使个位数在5之内。

(5)调节V_x值,当$V_x > V_{REF}$时,观察LED发光数码管是否闪烁显示告警作用。

(6)改变输入电压V_x的极性,检查LED数码管的显示情况。

(7)在-1.999~1.999 V范围内检查全部量程内的误差,其个位数均不超过5。若误差较大,可通过微调基准比较电压,使之满足精度要求。

3. 结果分析

在自制的数字电压表调试成功后,用标准数字万用表监测MC14433的V_x端电压,调节R_{P_2},使输入电压分别为±1.999 V、±1.500 V、±1.000 V、±0.500 V、±0.000 V,将自制数字电压表的显示值记录下来(见表7.15),分析测量误差产生的原因。

表7.15 数字电压表的测量数据记录表

输入电压值/V	-1.999	-1.500	-1.000	-0.500	0.000	0.500	1.000	1.500	1.999
电压表显示值/V									

4. 操作注意事项

(1)布板时,要充分考虑元器件间的间距,并尽量避免焊点连线间出现相互交叉现象。元器件排布时,要考虑电路调试检测的安全性和方便性。

(2)焊接时,应选用合适的电烙铁(功率小于35W),掌握好焊接时间,还应避免发生假焊、错焊的现象。

(3)所有IC都要安装插座。等所有元器件和连线都焊好后,再把IC芯片插入插座内。

5. 思考题

(1)如何使自制的数字电压表的测量范围扩大,从现在的0~±1.999 V扩展为0~±19.99 V、0~±199.9 V和0~±1999 V?

(2)改变数字电压表的参考电压V_{REF}数值,使其增大,则显示数值将如何变化?

二、采用 ICL7107 A/D 转换器的数字电压表

采用 MC14433 型 A/D 转换器的直流数字电压表由多片集成电路组成，元器件较多，但对于了解双积分型 A/D 转换器的工作原理、译码/驱动、LED 共阴极数码显示以及它们之间的连接和综合应用、调试是十分有益的。

实际上，实现直流数字电压表的方法有很多种，例如，还可以采用一片大规模集成电路 ICL7107 和 LED 数码管完成设计。此种设计电路简单，功耗低，抗干扰性强，也不需要另外的驱动器件，调试使用方便。

1. ICL7107 芯片的功能介绍

ICL7107 芯片上包含双积分型 A/D 转换所必需的模拟电路和数字电路两部分。模拟部分包括跟随器、积分器、模拟开关和基准电压源等；数字部分包括内部时钟发生器、逻辑控制单元、锁存器、十进制计数器、译码器及 LED 显示驱动器等。

ICL7107 芯片采用 40 线双列直插式封装，它的引脚排列如图 7.40 所示。

ICL7107 的引脚功能如下：

V^+ 和 V^-：电源的正极与负极，典型电压值为±5 V。

A_1～G_1：个位显示驱动信号，接至个位数码管的 a～g 各引脚上。

A_2～G_2：十位显示驱动信号，接至十位数码管的 a～g 各引脚上。

A_3～G_3：百位显示驱动信号，接至百位数码管的 a～g 各引脚上。

AB_4：千位显示驱动信号，接至千位数码管的 b、c 两引脚上。

POL：负极性显示输出端，接至千位数码管的 g 引脚上，用来显示负值。

INT：积分器输出端，接积分电阻。

BUFF：缓冲放大器的输出端，接积分电阻。

A/Z：积分器和比较器的反相输入端，接自动调零电容。

IN^+ 和 IN^-：模拟量输入端，分别接输入信号的正端和负端。

COM：模拟信号公共端，即模拟地。

C_{REF}^+ 和 C_{REF}^-：外接基准电容。

V_{REF}^+ 和 V_{REF}^-：基准电压的正端和负端。

TEST：测试端。该端经 500Ω 电阻接至逻辑电路的公共地。当作测试指示时，把它与 V^- 短接后，LED 全部笔段被点亮，显示“1888”。

OSC_1～OSC_3：时钟振荡器的引出端，外接阻容元件组成多谐振荡器。

ICL7107

引脚	名称	名称	引脚
1	V^+	OSC_1	40
2	D_1	OSC_2	39
3	C_1	OSC_3	38
4	B_1	TEST	37
5	A_1	V_{REF}^+	36
6	F_1	V_{REF}^-	35
7	G_1	C_{REF}^+	34
8	E_1	C_{REF}^-	33
9	D_2	COM	32
10	C_2	IN^+	31
11	B_2	IN^-	30
12	A_2	A/Z	29
13	F_2	BUFF	28
14	E_2	INT	27
15	D_3	V^-	26
16	B_3	G_2	25
17	F_3	C_3	24
18	E_3	A_3	23
19	AB_4	G_3	22
20	POL	GND	21

图 7.40　ICL7107 的引脚排列图

2. 电路组成

由 ICL7107 构成的数字电压表电路由 ICL7107 型 A/D 转换器、阻容元件和共阳极 LED 组件组成，如图 7.41 所示。

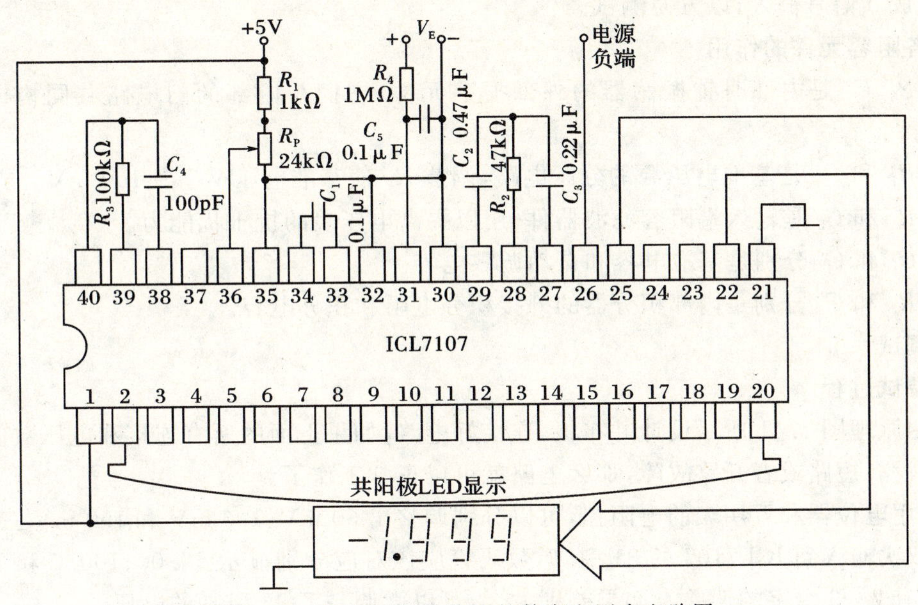

图 7.41　由 ICL7107 构成的数字电压表电路图

此电路可以实现满量程为 200 mV 的数字电压表的设计，电路中用到的元器件的配置如表 7.16 所示。

表 7.16　数字电压表的元器件配置表

序号	名称	型号规格	元件标号	数量
1	集成电路	ICL7107		1
2	七段显示器	共阳极		4
3	电阻器	1 kΩ	R_1	1
4	电阻器	47 kΩ	R_2	1
5	电阻器	100 kΩ	R_3	1
9	电阻器	1 MΩ	R_4	1
10	可调电位器	24 kΩ	R_P	1
12	电容器	0.1 μF	C_1	1
13	电容器	0.47 μF	C_2	1
14	电容器	0.22 μF	C_3	1
15	电容器	100 pF	C_4	1
16	电容器	0.01 μF	C_5	1

3. 外接各元件的作用

1)电压及输入信号的确定

(1)芯片 1 引脚(V^+)接供电电压+5 V(DC)。

(2)26 引脚(V^-)接负电压，数值在−3～−5 V 都属正常，但不能接正电压和零电压。

(3)36 引脚(V_{REF}^+)接基准电压，数值是 100 mV，即

$$V_{REF}^+=\frac{1}{2}V_{xmax}=\frac{1}{2}\times 200\ \text{mV}=100\ \text{mV}$$

(4)31 引脚(IN^+)是信号输入引脚，可以输入 ±199.9 mV 的电压。在一开始，可以把它

接地，造成 0 信号输入，以方便测试。

2)各阻容元件的作用

(1)R_3、C_4 是内部时钟振荡器的外部振荡元件，它们与内部的门电路共同构成多谐振荡器。

(2)R_P 和 R_1 是基准电压源的分压电路，调节 R_P 使基准电压 $V_{REF}^{+}=100$ mV。

(3)R_4 和 C_5 是输入端阻容滤波器件，用以提高电压表的抗干扰能力。

(4)C_1 和 C_2 分别是基准电容和自动调零电容。

(5)R_2 和 C_3 分别是内部积分器的外接积分电阻和积分电容。

4. 调试

1)调试过程

按照原理图 7.41 所示设计并布板，连接好电路，如果上面的所有连接和电压数值都是正常的，也没有短路或者开路故障，那么电路就可以正常工作了。

(1)用电位器和万用表的电阻挡，可以分别调整出 50 mV、100 mV 和 190 mV 三种电压，把它们依次输入到 ICL7107 的 31 引脚，数码管应该对应分别显示 50.00、100.0 和 190.0 数值，允许有 2～3 个字的误差。如果差别太大，可以微调一下 36 引脚的电压。

(2)把 31 引脚和 36 引脚短接，即把基准电压 V_{REF}^{+} 作为信号输入到芯片的信号端 IN^{+}，这时，数码管显示的数值最好是 100.0，通常在 99.70～100.3 之间，越接近 100.0 越好。这个测试是看看芯片的比例读数转换情况，与基准电压具体是多少数值无关，也无法在外部调整这个读数。如果差得太多，就需要更换芯片了。

2)量程的扩展

可以把图 7.41 所示的满量程为 200 mV 的电压表改变为满量程为 2.0 V 的电路，这样它的测量范围就变成了 0～±1.999 V。

具体方法如下：

(1)取基准电压 $V_{REF}^{+}=1.0\text{V}$($V_{REF}^{+}=\frac{1}{2}V_{xmax}=\frac{1}{2}\times 2.0\text{V}=1.0\text{V}$)。

(2)更换阻容数值，$R_1=1.5\ \text{k}\Omega$，$R_P=20\ \text{k}\Omega$，$R_2=470\ \text{k}\Omega$，$C_2=0.047\ \mu\text{F}$。

5. 注意事项

(1)认准引脚。把芯片的缺口朝左放置，左下角就是第 1 引脚。许多厂家在第 1 引脚旁边打上一个小圆点作为标记。确定了第 1 引脚之后，按照反时针方向，依次是第 2～第 40 引脚。

(2)不要在电路本身没有送上工作电源的时候就加上信号，这样很容易损坏芯片。断掉工作电源前，必须先把信号撤掉。

(3)数字电压表属于测量工具，它的好坏直接影响测量结果，因此在制作数字电压表时，使用的电阻要求精度均不能低于 1%。在分流、分压和标准电阻中，最好能够使用 0.5%或者 0.1%精度的电阻。

(4)尽管数字电压表的输入阻抗可以达到 1 000 MΩ，但是这个阻抗仅仅是对输入信号而言的，与通常电力系统泛称的绝缘电阻是不同的。因此，不能把高于芯片供电电压的任何电压输入到电路中，以免造成损失或者危险。

(5)电路中的电容 C_1、C_2 和 C_3 都不能使用磁片电容。

(6)数字显示用的数码管为共阳型，制作时 2 kΩ 可调电阻最好选用多圈电阻，分压电阻

选用误差较小的金属膜电阻。

6. 应用此电路实现数字电压表的特点

(1)集成度高。ICL7107 只需接少数阻容元件就可完成 A/D 转换器的功能,可直接驱动共阳极 LED 显示器,不需另加任何驱动器件。

(2)精度高。芯片 ICL7107 内含自动校零和自动极性转换功能,而且输入精度高,总误差小于 1 个字。

(3)功耗低。在±5 V 供电电压条件下,其本身的功耗小于 15 mV,适用于各种便携式数字表。

三、采用 ICL7106 A/D 转换器的数字电压表

ICL7106 是 CMOS 型 3 位半双积分型 A/D 转换器,其芯片包括 A/D 转换所必需的全部有源器件,集成度高,与 ICL7107 很相似。不同的是,ICL7106 使用 LCD 液晶显示,而 ICL7107 则是驱动 LED 数码管作为显示,除此之外,两者的应用基本是相通的。

1. 芯片 ICL7106 的外引脚排列及应用电路

ICL7106 的外引脚除了 21 引脚与 ICL7107 的不同外,其余的引脚排列都相同。ICL7107 的 21 引脚是逻辑地(GND),而 ICL7106 的 21 引脚(BP)接液晶背电阻,如图 7.42(a)所示。

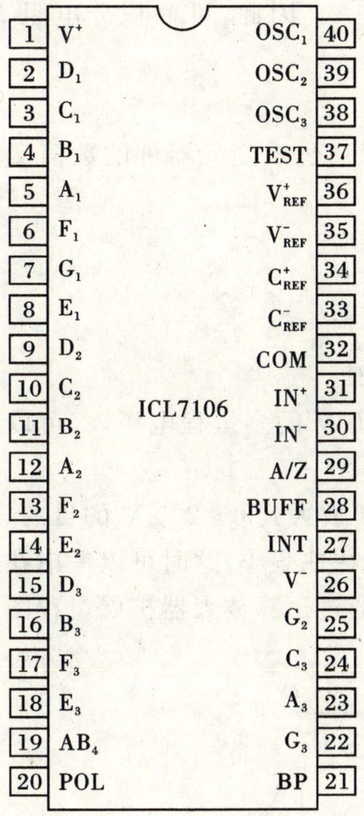

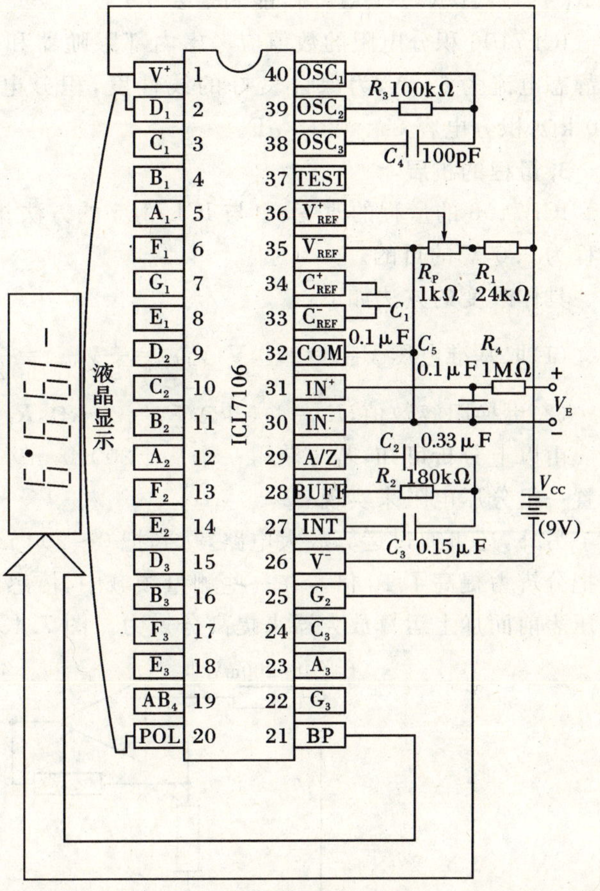

(a)

(b)

图 7.42 ICL7106 的外引脚排列及数字电压表电路图

(a)ICL7106 的外引脚排列图; (b)由 ICL7106 构成的数字电压表电路图

由 ICL7106 构成的数字电压表电路图如图 7.42(b)所示，电路图中仅通过一只 9V(DC)电池，数字电压表就可正常使用。

2. 电路参数的选定

1)时钟信号

ICL7106 所用的时钟信号有三种选取形式：

(1)外接 RC 相移网路。

(2)外接时钟信号直接输入，可由 40 引脚直接输入。

(3)外接石英晶体方式。

本电路采用的方式是外接 RC 相移网路，构成一个时钟信号发生器。根据 ICL7106 的时钟信号的要求(频率范围为 16～48 kHz)，为抑制工频干扰，应选取 50 Hz 的整数倍。图 7.42(b)中的时钟频率为 40 kHz。

2)基准电压

此电路是按照满量程为 200 mV 设计的，故基准电压 V_{REF}^{+} 的数值是 100 mV。

3)阻容数值

R_P 和 R_1 是基准电压源的分压电路，调节 R_P 的数值可使基准电压 $V_{REF}^{+}=100$ mV。当选取 $R_1=24$ kΩ、$R_P=1$ kΩ 时，能满足要求。

ICL7106 积分电阻的数值应考虑内部跟随器和积分器输出级的负载能力。积分器输出级静态电流为 6 μA，为保证良好的线性度，积分电流取 1 μA。因此，可取积分电阻 $R_2=180$ kΩ，积分电容 $C_3=0.15$ μF。

3. 量程的扩展

ICL7106 的量程的改变，也与 ICL7106 的方法相同，可以通过改变元器件的数值实现满量程为 2.0 V 的目的。

具体改变的方法如下：

(1)取基准电压 $V_{REF}^{+}=1.0$ V($V_{REF}^{+}=\frac{1}{2}V_{xmax}=\frac{1}{2}\times 2.0=1.0$ V)。

(2)更换阻容数值，$R_1=1.5$ kΩ，$R_P=20$ kΩ，$R_2=1.8$ MΩ。

由以上分析可知，若想获得一个从±200.0 mV 至±1 000 V 的多量程电压表，可以通过配置一组分压电阻来实现。

另外，还可通过运算放大电路，达到把 0～200 mV 的电压放大到 0～2.0 V 的目的，相当于把分辨力提高了 10 倍。在一些测量领域中，传感器的信号往往很小，这时可以考虑在数字电压表前面加上运算放大器来提高分辨力。图 7.43 所示为通过运算放大器扩展量程图。

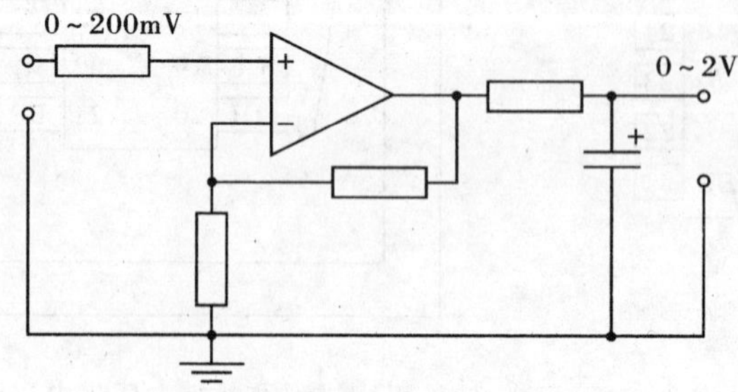

图 7.43　通过运算放大器扩展量程图

四、采用 ICL7116 A/D 转换器的数字电压表

实现 3 位半的数字电压表的芯片的选择方法很多，除了上面介绍的芯片以外，还可以采用 ICL7116 A/D 转换器实现设计要求。

ICL7116 A/D 也是一种双积分型 A/D 转换器，它的芯片上集成了 A/D 转换所需的模拟电路和数字电路，同样外部接少量的阻容元件就可组成一个 3 位半的数字电压表，电路组成如图 7.44 所示。

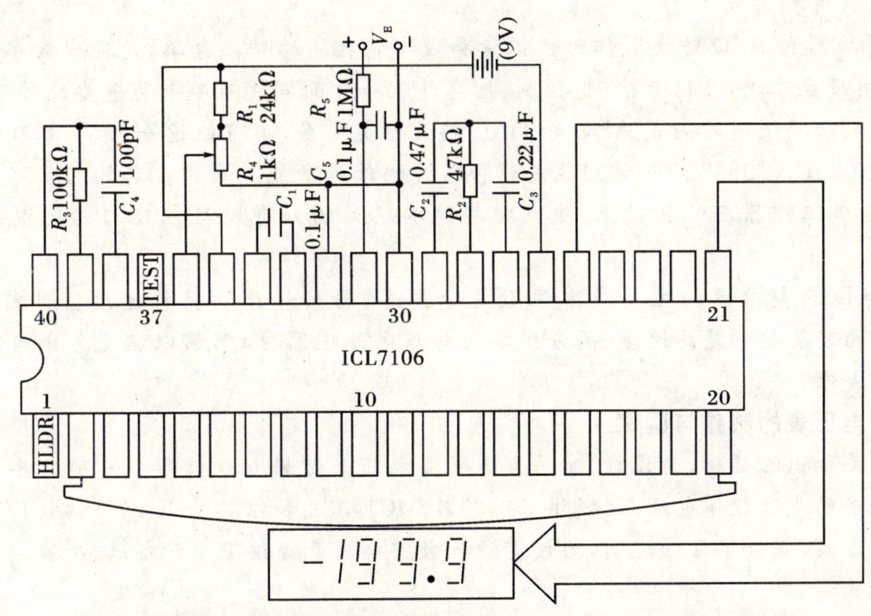

图 7.44　由 ICL7116 A/D 组成的数字电压表电路图

由图 7.44 可以看出，ICL7116 与前面介绍的 ICL7106 相比，1 引脚变成了 HLDR 端，它的作用是具有保持功能，可以根据实际测量的需要，把测量值保持任意长的时间。并且在保持期内，ICL7116 A/D 转换器还可以继续工作，但显示的改变只有保持输入端变成低电平时发生。如果不需要显示保持功能，则可以把 HLDR 端与 TEST 端(37 脚)相接。

图 7.44 所示电路中各参数是按照满量程为 200mV 所标注的，它的设计思路和方法与 ICL7107 和 ICL7106 的相同。

项目小结

通过本项目的学习，要求掌握的主要内容有以下几点：

1. A/D 转换器

A/D 转换器将模拟信号转换为数字信号，简称为 ADC。A/D 转换须经过采样、保持、量化、编码四个步骤才能完成。采样、保持由采样一保持电路完成；量化和编码须在转换过程中实现。逐次比较型 ADC 是将输入模拟信号和 DAC 依次产生的比较电压逐次比较，其转换原理与天平称重物一样，只不过所使用的比较数码依次减半。双积分型 ADC 则是通过两

次积分，将输入模拟信号转换成与之成正比的时间间隔，并在该时间间隔内对时钟脉冲进行计数来实现转换的。

2. D/A 转换器

D/A 转换器将数字信号转换为模拟信号，简称为 DAC。D/A 转换的基本思想是权电流相加。电路通过输入的数字量控制各位电子开关，决定是否在电流求和点加入该位的权电流。D/A 转换器从工作原理上可分为权电阻网络 DAC、T 型电阻网络 DAC 和倒 T 型电阻网络 DAC 等，其中倒 T 型电阻网络 DAC 具有 D/A 转换的精度和速度都较高的优点，因此得到了广泛应用。

D/A 转换器和 A/D 转换器作为模拟量和数字量之间的转换电路，是现代数字系统的重要部件，应用日益广泛，在信号检测、控制、信息处理等方面发挥着越来越重要的作用。

可供我们选择使用的集成 ADC 和 DAC 芯片种类很多，不可能逐一列举，本项目重点介绍了 ADC0809、DAC0832 两种常用集成转换芯片的外部功能及应用。其他芯片可通过查阅手册，在理解其工作原理的基础上，重点把握这些芯片的外部特性以及与其他电路的接口方法。

A/D 和 D/A 转换器的主要技术参数是分辨率、转换精度和转换速度。目前，A/D 和 D/A转换器的发展趋势是高速度、高分辨率及易与微处理器接口，用以满足各个应用领域对信号处理的要求。

3. 数字电压表的制作与调试

通过相关知识的链接，为设计、制作直流数字电压表做好知识储备。本项目要求设计制作的是 3 位半的直流数字电压表，提供了以芯片 MC14433 和以芯片 ICL7106/ICL7107 等为主体的设计方案，并做了详细说明，为读者设计数字电压表提供了多种备选方案。

思考与练习 7

7.1　常见的 A/D 转换器有几种，其特点分别是什么？

7.2　为什么 A/D 转换需要采样、保持电路？

7.3　分析 8 位逐次逼近型 ADC 需要几个时序脉冲才能完成一次转换。

7.4　输入 ADC 的信号中，最高正弦波分量的频率为 10 kHz，为了达到不失真转换，采样频率 f_s 至少应为多大？

7.5　一个 8 位逐次逼近型 ADC 电路，输入基准电压 $V_{REF}=10V$，现加入的模拟电压 $u_i=6.84V$。求：

(1)ADC 输出的数字是多少？

(2)误差是多少？

7.6　求一个 10 位逐次逼近型 ADC 电路，当时钟频率为 1MHz 时，其转换时间是多少？如果要求完成一次转换时间小于 10 μs，那么时钟应选多少？

7.7　已知 A/D 转换器输入的模拟电压不超过 10 V，求基准电压 V_{REF} 应为多少？若想转换成 8 位二进制数，它能分辨的最小模拟电压是多少？转换成 16 位二进制数，能分辨的最小模拟电压又是多少？

7.8　一个 8 位权电阻 D/A 转换器电路如题 7.8 图所示。输入 $D=D_7D_6\cdots D_0$，相应的权电阻 $R_7=R_0/2^7$，$R_6=R_0/2^6$，…，$R_1=R_0/2^1$，已知 $R_0=10\ M\Omega$，$R_F=50\ k\Omega$，$V_{REF}=10\ V$。求：

(1)u_o 的输出范围。

(2)输入 $D=10010110$ 时的输出电压。

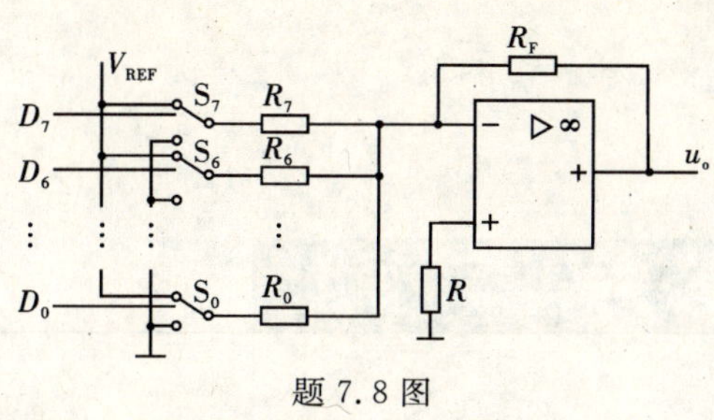

题 7.8 图

7.9　一个 8 位 T 型电阻网络 DAC，$R_F=3R$，若 $D_7\sim D_0=00000001$ 时，$u_o=-0.04$ V，求当输入二进制数为 01010110 和 11111111 时的 u_o 各为多少？

7.10　一个 8 位倒 T 型电阻网络 D/A 转换器，若 $R_F=3R$，$V_{REF}=6$ V，求输入二进制数为 00000001、10000000 和 01111111 时的输出电压值分别为多少？

7.11　一个 10 位 D/A 转换器在输入全为 1 时的输出电压为 6 V，求 D/A 转换器输入二进制为 1001101001 时，其输出电压值为多少？

7.12　若 A/D 转换器输入的模拟电压不超过 10 V，问基准电压 V_{REF} 应为多少？若转换成 8 位二进制数，它能分辨的最小模拟电压是多少？若转换成 16 位二进制数，它能分辨的最小模拟电压是多少？

7.13　对于满刻度为 10 V 的 ADC，若要达到 1 mV 的分辨率，其位数应为多少？当输入模拟电压为 5.5 V时，输出数字量是多少？

7.14　一个 DAC 转换器的最小分辨电压为 5 mV，满刻度输出电压为 10 V，求该电路的分辨率和输入数字量的位数是多少？

参考文献

[1] 刘长国.数字电子技术[M].北京:北京交通大学出版社,2008.
[2] 杨志忠.数字电子技术,2版[M].北京:高等教育出版社,2003.
[3] 陈千红.电子技术[M].西安:西安电子科技大学出版社,2007.
[4] 庄俊华.Multisim10入门及应用[M].北京:机械工业出版社,2008.
[5] 何首贤.数字电子技术及应用[M].北京:北京大学出版社,2008.
[6] 聂典.Multisim10计算机仿真在电子电路设计中的应用[M].北京:电子工业出版社,2009.
[7] 沈任元,吴勇. 数字电子技术基础[M].北京:机械工业出版社,2000.
[8] 康华光.电子技术基础数字部分,4版[M].北京:高等教育出版社,2000.
[9] 梁德厚.数字电子技术及应用[M].北京:机械工业出版社,2003.
[10] 顾永杰.电工电子技术基础[M].北京:高等教育出版社,2005.
[11] 邱敏,刘文清.电工电子技术与实训[M].北京:中国轻工业出版社,2005.
[12] 王成安.现代电子技术基础[M].北京:机械工业出版社,2005.
[13] 苏丽萍.电子技术基础[M].西安:西安电子科技大学出版社,2005.
[14] 刘守义.数字电子技术,2版[M].西安:西安电子科技大学出版社,2006.
[15] 孙津平.数字电子技术[M].西安:西安电子科技大学出版社,2005.
[16] 江晓安.数字电子技术,2版[M].西安:西安电子科技大学出版社,2001.
[17] 江晓安.数字电子技术学习指导与题解[M].西安:西安电子科技大学出版社,2004.
[18] 杨颂华.数字电子技术基础[M].西安:西安电子科技大学出版社,2006.